非常容易跟着做

时尚编绳技法

各种结法 · 潮流手绳 · 暖意项链 · 唯美挂件

GOODTIME编辑部　编著

北京出版集团公司
北京美术摄影出版社

图书在版编目（CIP）数据

非常容易跟着做. 时尚编绳技法 / GOODTIME编辑部编著. — 北京 : 北京美术摄影出版社, 2019.4
（手作生活）
ISBN 978-7-5592-0212-3

I. ①非… II. ①G… III. ①绳结 — 手工艺品 — 制作
IV. ①TS973.5

中国版本图书馆CIP数据核字(2018)第259759号

手作生活
非常容易跟着做 时尚编绳技法
FEICHANG RONGYI GENZHE ZUO SHISHANG BIANSHENG JIFA
GOODTIME编辑部 编著

出 版 北京出版集团公司
北京美术摄影出版社
地 址 北京北三环中路6号
邮 编 100120
网 址 www.bph.com.cn
总发行 北京出版集团公司
发 行 京版北美（北京）文化艺术传媒有限公司
经 销 新华书店
印 刷 鸿博昊天科技有限公司
版印次 2019年4月第1版第1次印刷
开 本 787毫米×1092毫米 1/16
印 张 16.5
字 数 150千字
书 号 ISBN 978-7-5592-0212-3
定 价 69.00元

前言

生活不是一个颜色，它是多姿而又多彩的，一根简单的绳子便可以点亮你的整个生活。编绳的发源可以追溯到史前时代，据说当时有一个人利用藤或柳枝，结了第一个绳结，以后我们的祖先就继续不断用这种绳结来连接和绑扎东西，在后世的研究记载中这个结就是我们现在所叫的单结，最后结绳就逐渐演变成装饰品，从而发展成为老少皆宜的编绳手工艺品。编绳的取材多种多样，讲究的是心手合一，心的遐想，手的轻拢，不需要过长的时间，一个完美的绳结就呈现在你的手上，为生活增添别样色彩。

本书特色在于它主要为编绳零基础的读者而写。市面上大多数编绳类书籍其难度远远高于本书，对于一些零基础的读者根本无法习作。本书选取的例子都是应用比较多的基础结，对于很多具有难度的绳结，去繁就简，以简单的编绳技巧呈现出经典的绳结，难度适宜，可以给读者提供一个很好的编绳学习体验。同时，市面上的编绳书籍，主要是针对手绳的编制，而本书从手绳、项链绳，到挂件，涵盖了市面上绝大部分的编绳类型。

本书的执笔人未央老师关注手作编绳多年，是国内编绳达人，有众多拥趸，是“百度贴吧”知名吧主、淘宝编绳类人气店铺店主。本书从编绳所需的工具、材料讲起，引领读者进入编绳的殿堂；同时将各类编绳会涉及的结法，按照难易程度分为“一学就会”“略有难度”“创新实用”三个层级，共讲解了27种结法；另外，本书按照手绳、项链绳、挂件的分类一共设置了33个实操案例，每一个案例都包含材料、用量、耗时、结法等信息，一步步、手把手教会读者编制方法。本书难度较低，以经典的绳结编法，引领读者步入编绳的世界，让读者爱上编绳的艺术，享受编绳的过程。

本书老少皆宜，适合各年龄段喜欢编绳的读者朋友，尤其适合爱好编绳的初学者，它可以作为希望速成编绳工艺的朋友们的一本经典教程图书。由于时间有限，书中难免有不足之处，敬请广大读者批评指正。

GOODTIME 编辑部

案例展示

P129
云海

P133
朝阳

P137
缤纷

阑珊
P141

P144
十全十美

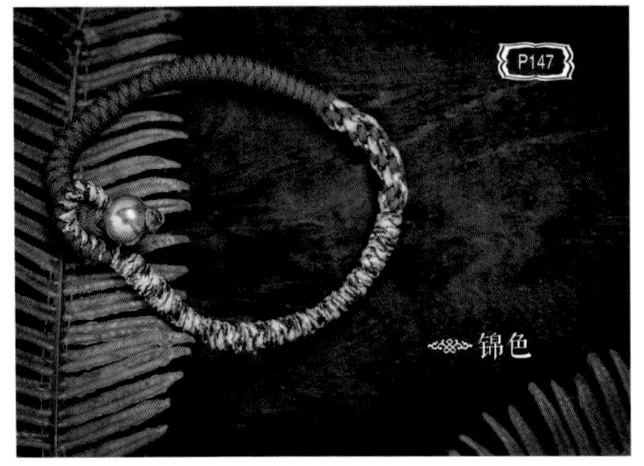
P147
锦色

童趣
P150

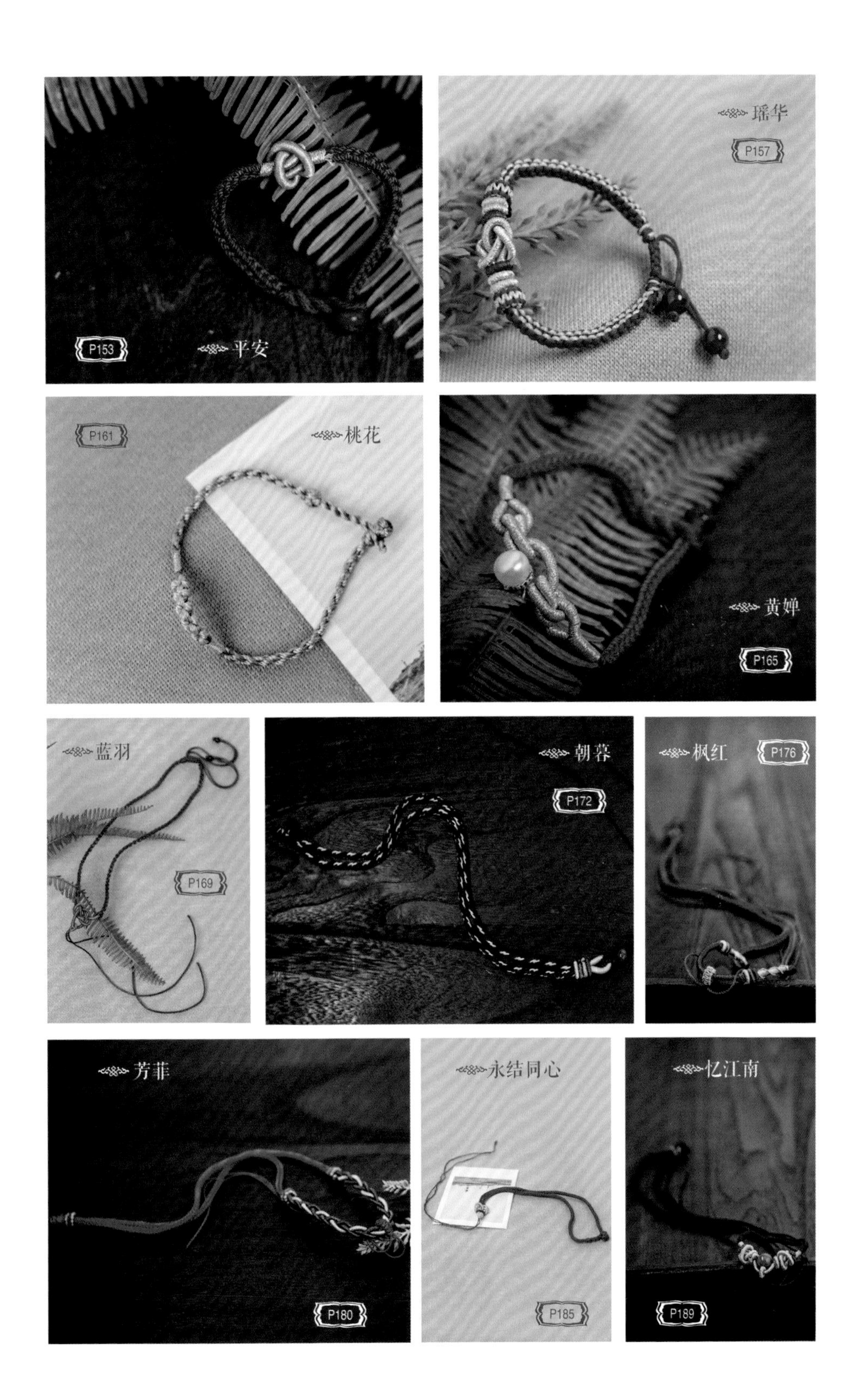
平安
P153
瑶华
P157
P161
桃花
黄婵
P165
蓝羽
P169
朝暮
P172
枫红
P176
芳菲
P180
永结同心
P185
忆江南
P189

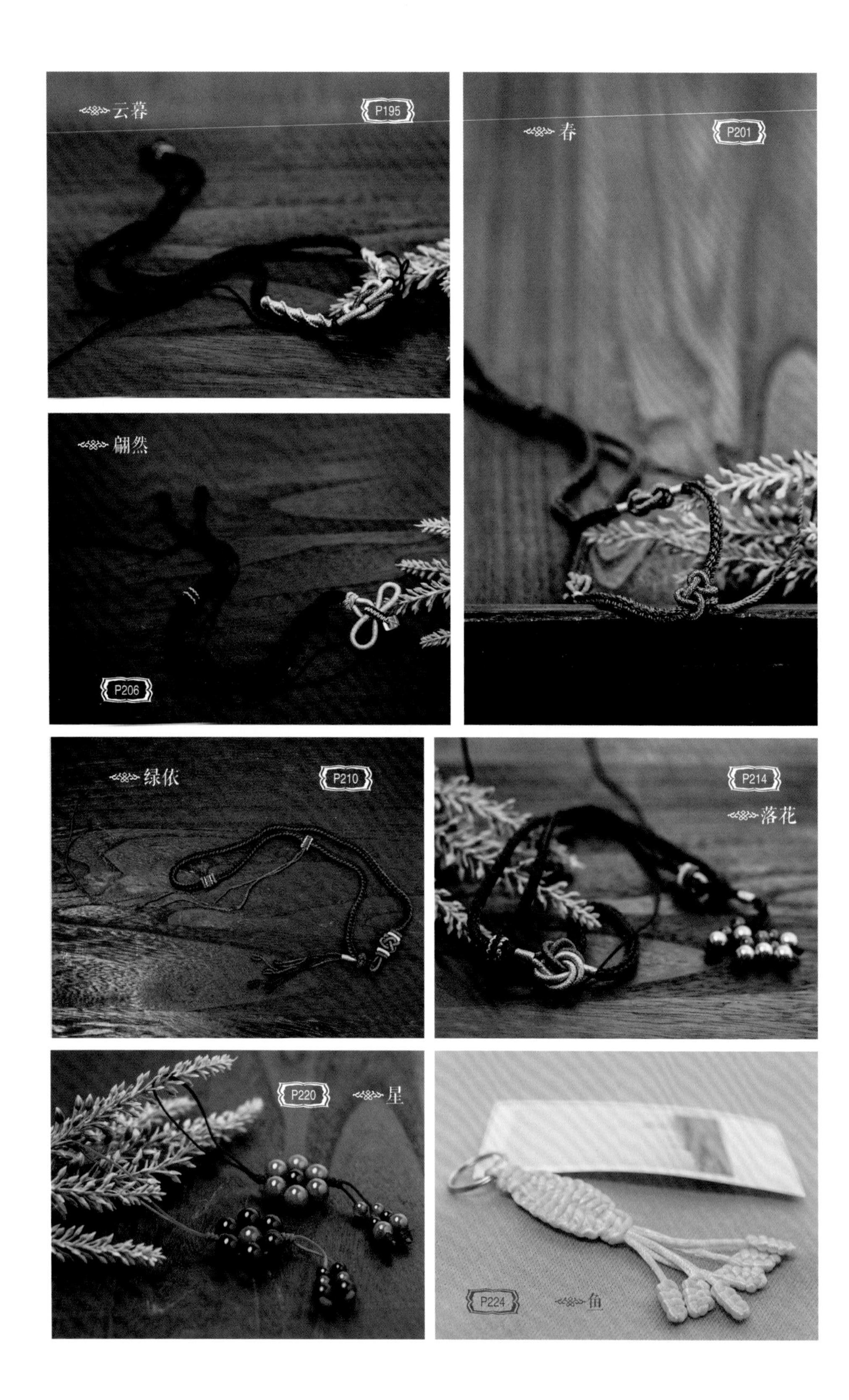
云暮
P195
春
P201
翩然
P206
绿依
P210
P214
落花
P220
星
P224
鱼

P227
碧波

繁花
P231

蝶梦
P236

相思
P241

紫菱
P245

P249
卿我

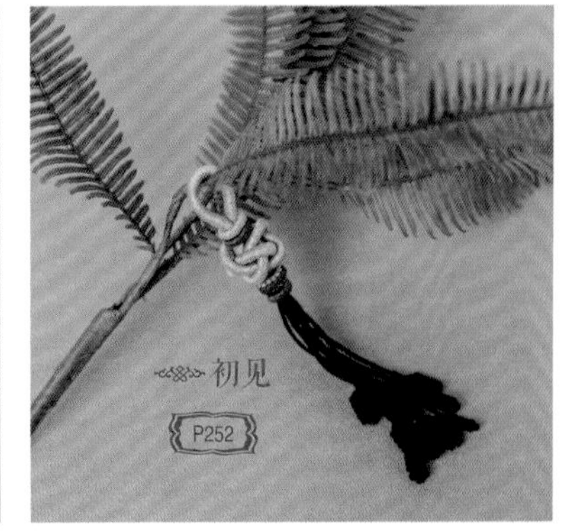
初见
P252

红妆
P257

疏影
P260

第 1 章

必须知道的编绳基础知识

第 2 章

非常容易学结法

原创案例

时尚潮流的手绳

原创案例

温馨暖意的项链绳

原创案例

雅致唯美的挂件

第 1 章

必须知道的编绳基础知识

必备材料与工具

- 基本工具
- 常用线材
- 精美配件

常见的问题及小技巧

- 如何烧粘接线
- 如何捻细绳线
- 如何进行单线、多线穿珠
- 编绳的用线量

如何开头结尾?

1.1 必备材料与工具

1.1.1 基本工具

剪刀

剪刀一般用于剪掉多余的线头，最好选用刀口锋利的剪刀，这样用起来才会顺手，剪口才整齐美观。

打火机

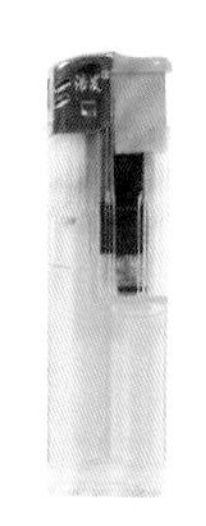

打火机一般用于接线和作品收尾时烧粘。在操作时需要注意掌握火焰及烧粘的时间。

大头针 / 垫板

在制作复杂结体时，经常会用到大头针，结合垫板一起使用，以固定绳结线材，利于制作。

钩针

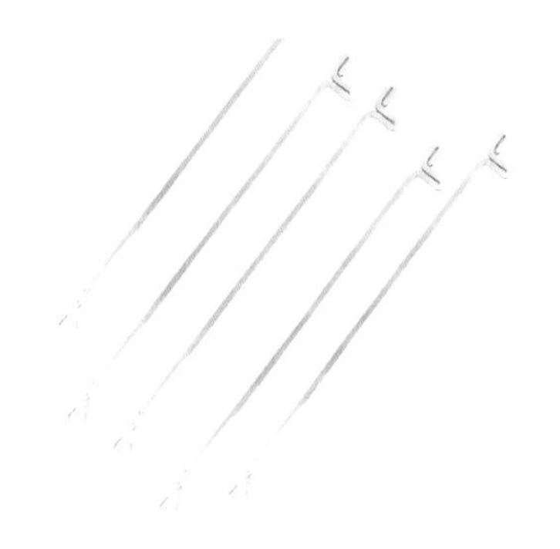

钩针可以在编绳中灵活地在线与线之间完成挑线、钩线、加线的动作，是编绳中常用的辅助工具之一。

软尺

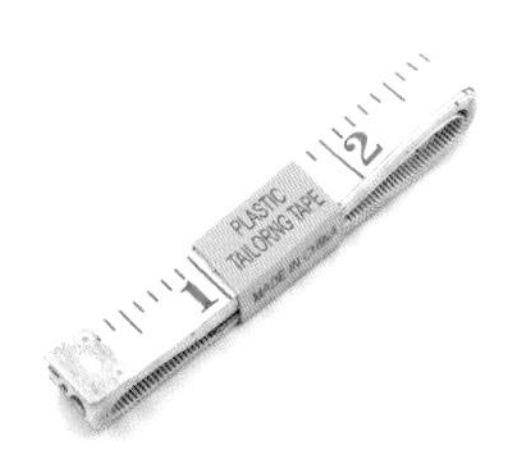

软尺用于测量手围、线材长短，方便收纳。

尖嘴钳

尖嘴钳用于线头抽拉，如绕线圈、平结线圈，还可用于一些金属配件的加紧固定。

胶水

用于黏结吊钟扣与绳结。个别结体线材容易松动，可用胶水加固。

1.1.2 常用线材

玉线

玉线颜色多样且鲜艳，是手工编绳最常用的线材之一，手感适中，抗拉强度高，用途比较广泛。按粗细不同可分为：71 号玉线（约 0.4 毫米）、72 号玉线（约 0.8 毫米）、A 玉线（约 1.0 毫米）、B 玉线（约 1.5 毫米）、C 玉线（约 2.0 毫米）。玉线可用于手绳、项链绳、挂件的编制，也可用于穿珠。

中国结线

中国结线手感顺滑，颜色丰富，光泽强度较好，用途比较广泛，可用来编制中国结和一些较为简单的手绳、项链绳或者作为夹心线使用。按粗细不同可分为：7 号线（约 1.5 毫米）、6 号线（约 2.0 毫米）、5 号线（约 2.5 毫米）、4 号线（约 3.0 毫米）、3 号线（约 5.0 毫米）、2 号线（约 6.0 毫米）、1 号线（约 9.0 毫米）。1、2、3 号线较粗，一般用于编制大型中国结。作为初学者，5 号线是首选，比较容易掌握控制。

股线

股线是用多股细线搓成的线，它的特点是软、滑，光泽度比较好，多用于手绳、项链绳等的精编。按股线粗细不同可分为：3 股线（约 0.2 毫米）、6 股线（约 0.4 毫米）、9 股线（约 0.6 毫米）、12 股线（约 0.8 毫米）、15 股线（约 1.0 毫米）、18 股线（约 1.2 毫米）、24 股线（约 1.6 毫米）。按材质又分为涤纶和锦纶，锦纶容易烧粘，涤纶光泽度好。适用于手绳、项链绳的精编。

彩金线

彩金线颜色鲜艳、有金属质感，做出来的成品比较华丽。和股线一样分为 3 股线、6 股线、9 股线、12 股线、15 股线等。3 股线和 6 股线多用于绕线和线圈的制作，还可以绕线以后做各种花结。12 股线和 15 股线较粗，可与其他线材混编。由于材质原因，彩金线不容易烧粘。

流苏线

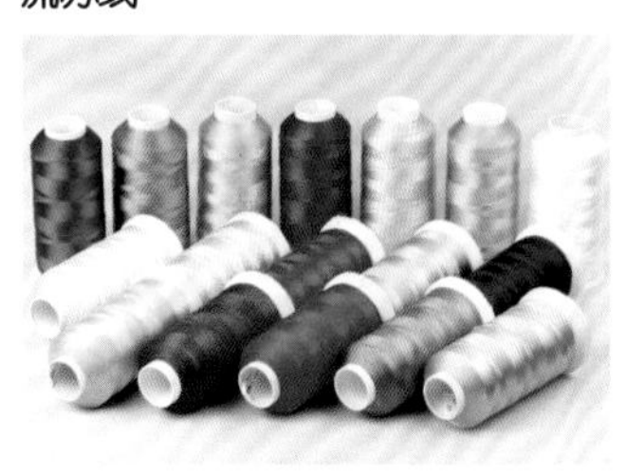

流苏线分三角丝（3 股线，粗约 0.2 毫米）和冰丝（2 股线，粗约 0.1 毫米）。三角丝有丝光感，触摸手感顺滑，可用来制作流苏或者线圈，也可绕线以后做各种花结。冰丝是一种人造丝，较细且软，因此只适合用来做流苏。

蜡线

蜡线一般常用的是韩国蜡线、南美蜡线、泰国蜡线。韩国蜡线采用涤纶纤维制作，表面光滑，防水防汗，可直接作为手绳、项链绳使用。南美蜡线是流苏花边常用蜡线，高温上蜡，颜色饱满，耐磨不褪色，成品更细腻。泰国蜡线是很多根高温丝过蜡之后制作而成，编制的过程中不回弹，方便塑型。南美蜡线和泰国蜡线的表面都有一层蜡质，编制过程中会黏手，但是退蜡以后非常漂亮。

1.1.3 精美配件

红玛瑙

石榴石

青金石

陶瓷

琉璃

黑玛瑙

蜜蜡

金属配件

1.2 常见的问题及小技巧

1.2.1 如何烧粘接线

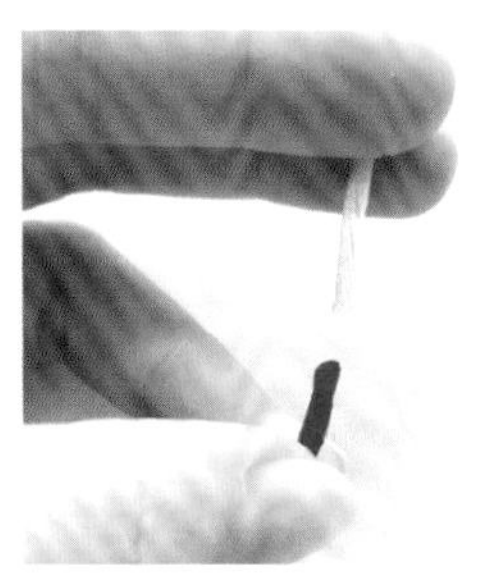

01 左手拇指和无名指捏住一根线，食指和中指夹住另一根线，使两根线保持在一条水平线上，中间隔1厘米左右。

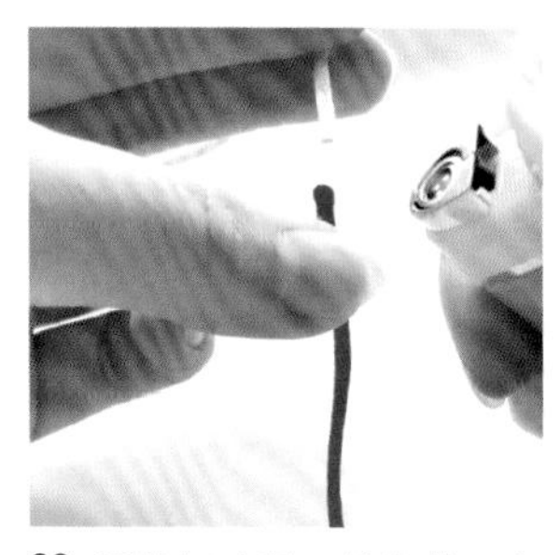

02 保持好步骤1的姿势，右手拿打火机，利用火苗外焰烧其中一根线1~2秒钟。

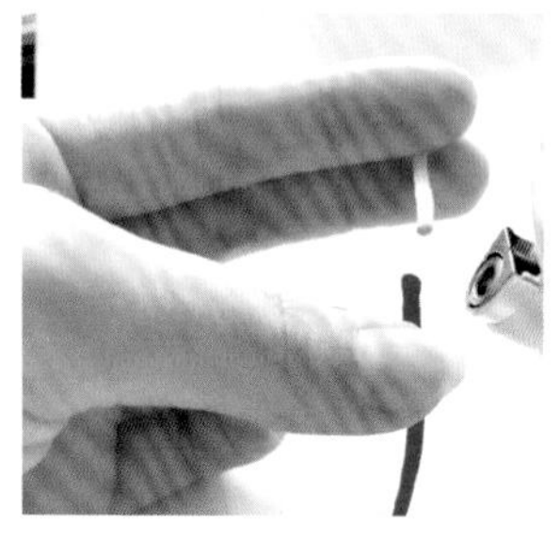

03 将其中一根线的线头烧熔。

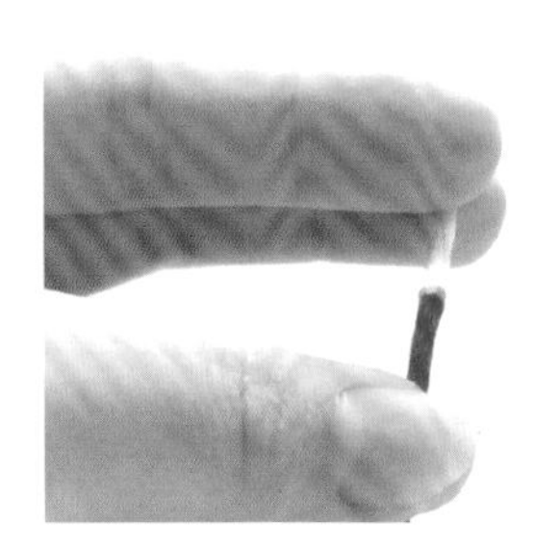

04 将两根线贴紧，停留2秒钟。

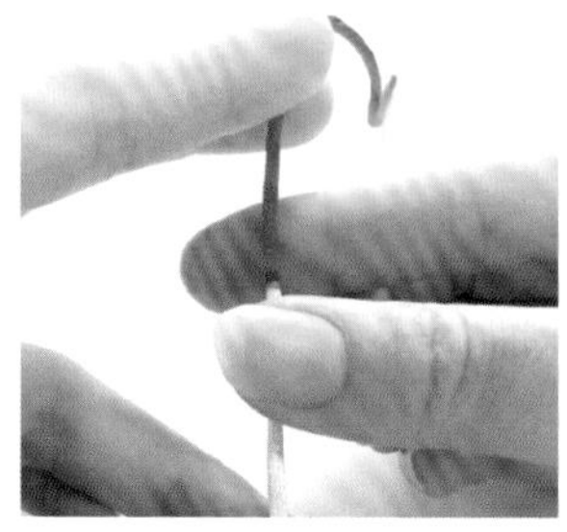

05 等1秒，用右手食指和拇指捏住接口处前后搓，将接口处捻平、捻光滑（注意要掌握好搓捻的时间，小心被烫伤）。

06 接线完成。

—— 温馨提示 ——

在没有熟练掌握技巧前，烧粘接线时，务必注意烧的时间，以免被烫伤。

1.2.2 如何捻细绳线

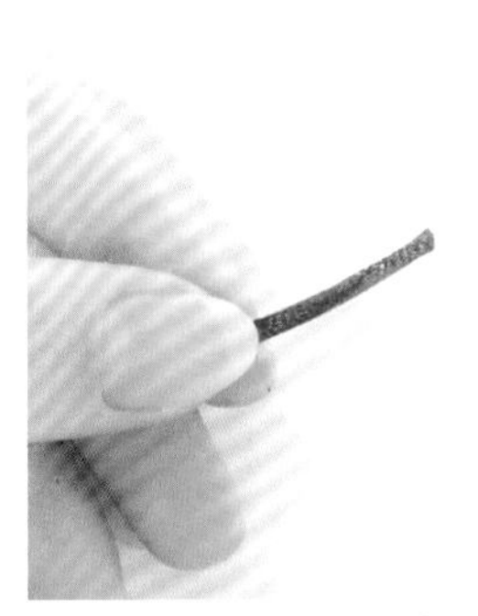

01 左手拇指和食指拿线，留出1.5~2厘米。

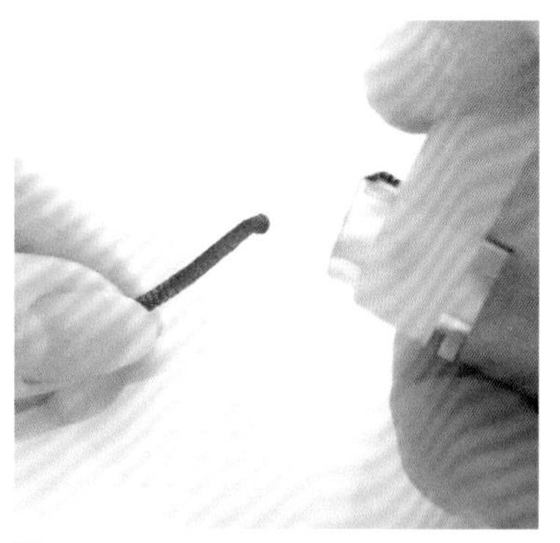

02 右手拿打火机靠近线头，用外焰烧1~2秒钟，将线头烧熔。

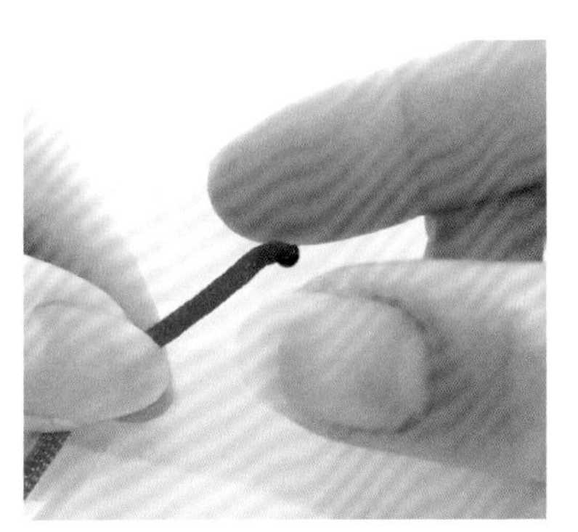

03 烧熔后等1秒钟，用右手拇指和食指捏住烧熔的线头，一边前后搓，一边拉长。

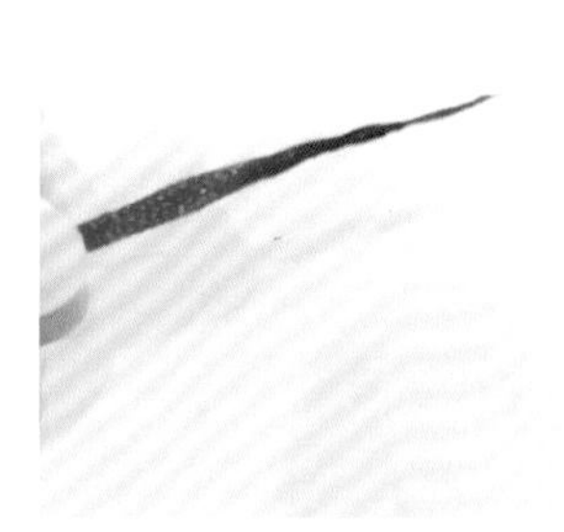

04 完成。

——— 温馨提示 ———

为了方便演示，这里用了5号线，其他型号的线方法一样。注意烧熔的时间，小心烫伤。

1.2.3 如何进行单线、多线穿珠

单线

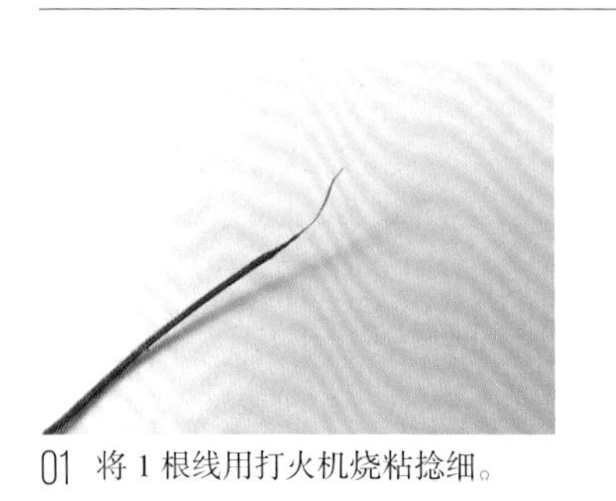

01 将 1 根线用打火机烧粘捻细。

02 轻松穿过珠子，完成。

多线

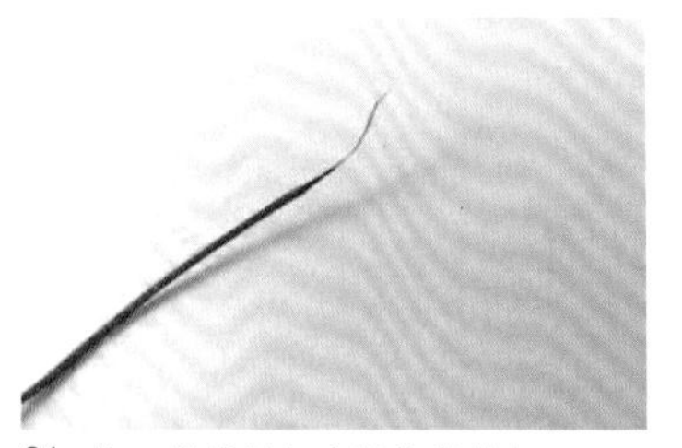

01 将 1 根线用打火机烧粘捻细。

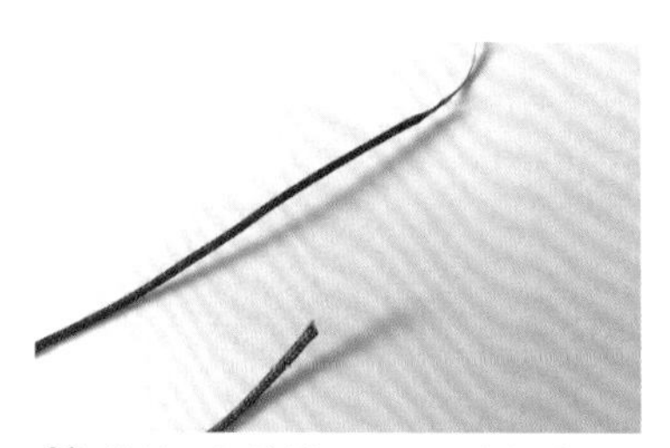

02 将另 1 根线错开 1~2 厘米摆放。

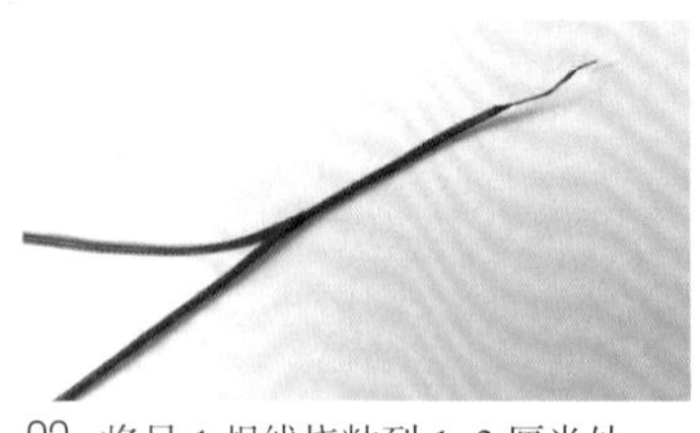

03 将另 1 根线烧粘到 1~2 厘米处。

04 轻松穿过珠子，完成。

1.2.4 编绳的用线量

在一些常用的基础结里，编制起来比较费线的要数金刚结和玉米结。例如：如果要做一条手围 16 厘米的金刚结绳，大概需要 1 根 2.5 米的线。一条 50~60 厘米的金刚结项链绳，大概需要 1 根 7~8.5 米的线。如果做一个 16 厘米手围的四线玉米结手绳，大概需要 4 根 1 米的线；做 50~60 厘米的项链绳，大概需要 4 根 2.5~3.3 米的线。

四股辫、八股辫这类股辫，就不是很费线。股辫类（二股辫、四股辫、六股辫、八股辫、十六股辫）的用线量，大概比例是 1:1.8。例如：做一条手围 16 厘米的八股辫手绳，大概需要 8 根 30 厘米的线；做一条 50~60 厘米的八股辫项链绳，大概需要 8 根 90~110 厘米的线。

1.3 如何开头结尾

根据不同的款式、不同的线材以及不同的编法，手绳、项链绳的开头结尾方式很多。大体分为两大类：从中间向两端编，被称为双向活扣；从一端向另一端编，被称为单向活扣。

双向活扣

双向活扣即先做中间花型部分，做好中间，再分别向两端做，两端尾部预留出一定距离做延伸，然后用平结、秘鲁结、蛇结、金刚结或者线圈把手绳、项链绳固定为环状。延伸部分可以直接穿珠，也可以做花结装饰，比如纽扣结、雀头结、凤尾结等。这种编制方式适用于中间花型比较复杂、线比较多、不知道手围大小的情况，弊端就是佩戴以后左右会多出一条延长绳部分。

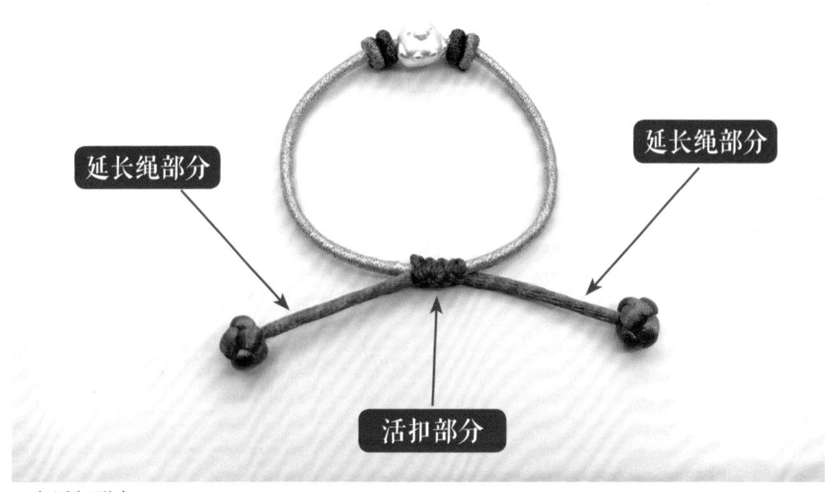

双向活扣形态

如何制作双向活扣

01 做好主绳部分，两端交叉重叠放在一起。

02 另取 1 根线放在交叉重叠部分的下面。

03 做双向平结。

04 做 3~6 组双向平结（注意双向平结一定要拉紧）。

05 剪掉双向平结上多余的线，用打火机烧粘烫平。完成。

各种活扣形式展示

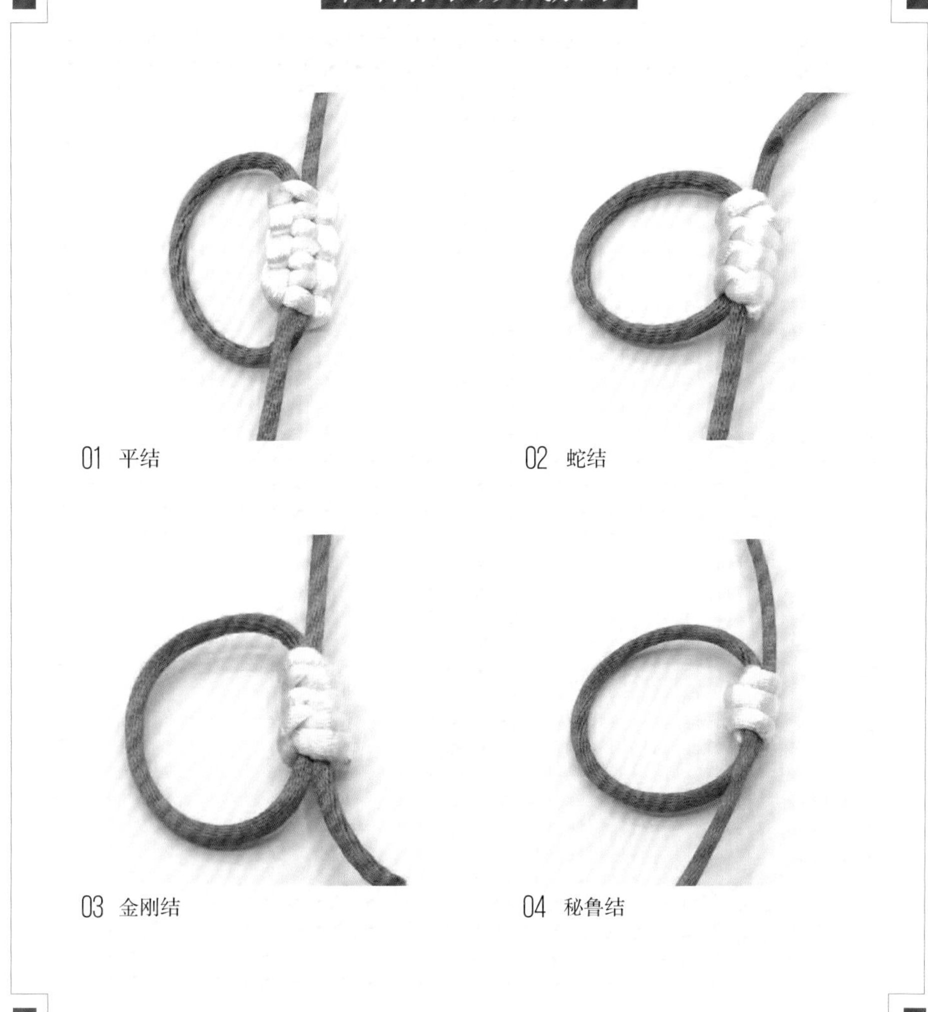

01 平结

02 蛇结

03 金刚结

04 秘鲁结

各种延长绳形式展示

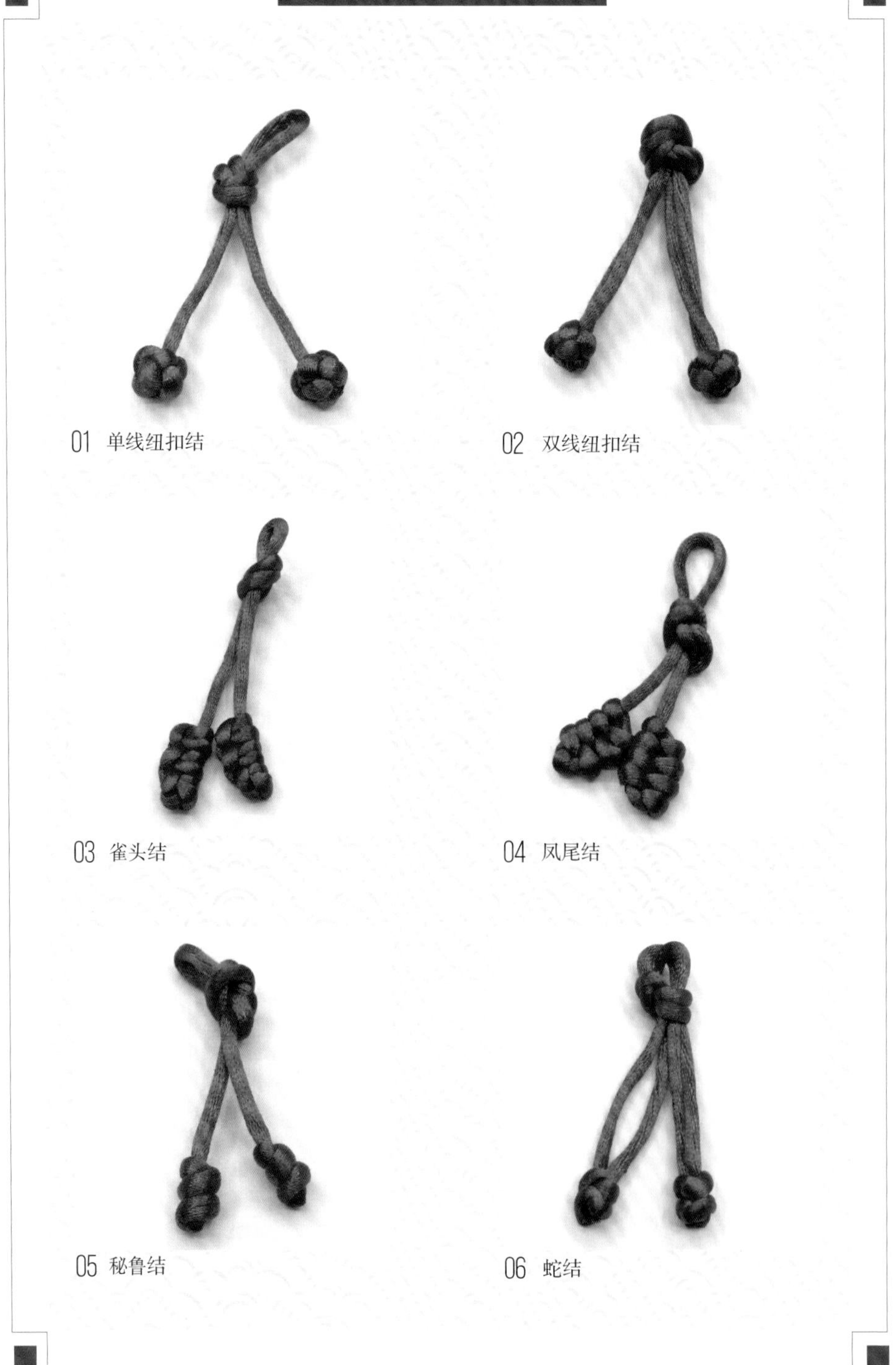

01 单线纽扣结

02 双线纽扣结

03 雀头结

04 凤尾结

05 秘鲁结

06 蛇结

单向活扣

单向活扣即从一端开始预留出扣圈，然后向另一端编。扣眼部分可以用二股辫、蛇结、金刚结、雀头结、绕线等来制作。编完主绳，结尾部分可以直接穿珠子，也可以做纽扣结等。做扣眼时，一定提前试一下，尾扣和扣眼大小是否合适。这种编制方式适用于制作单一结体，即尺寸固定的手绳、项链绳。

单向活扣形态

如何制作单向活扣

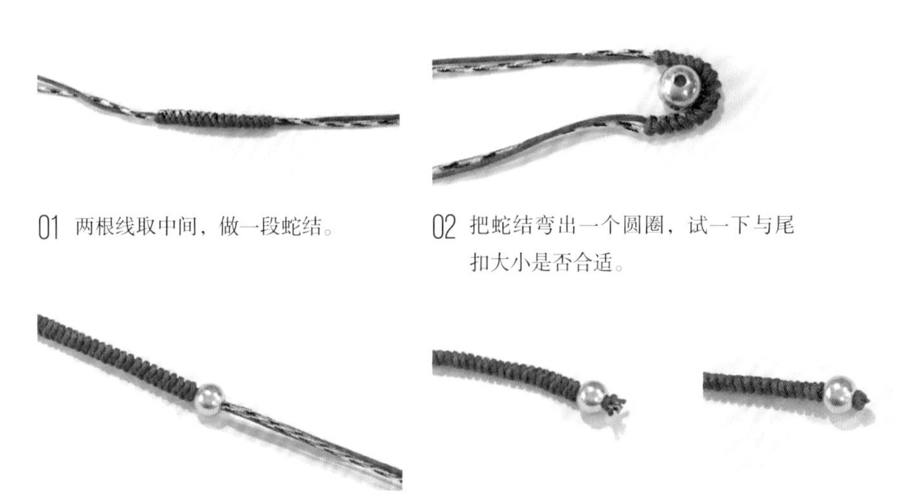

01 两根线取中间，做一段蛇结。

02 把蛇结弯出一个圆圈，试一下与尾扣大小是否合适。

03 主体编制完成，尾部穿一颗珠子。

04 做一个蛇结，留出 0.2 厘米左右，剪掉多余的线。

05 用打火机烧粘烫平。

各种扣圈形式展示

01 金刚结对折做扣圈

02 绕线做扣圈

03 蛇结对折成圈

04 雀头结对折成圈

05 二股辫

06 直接对折成圈

各种尾扣形式展示

01 单线纽扣结

02 双线纽扣结

03 多线纽扣结

04 直接穿珠

第 2 章

非常容易学结法

初级结法：一学就会

- 平结
- 蛇结
- 金刚结
- 玉米结
- 雀头结
- 爱心结
- 秘鲁结
- 凤尾结
- 二股辫
- 三股辫
- 四股辫

中级结法：略有难度

- 纽扣结
- 双联结
- 同心结
- 菠萝结
- 双钱结
- 吉祥结
- 绕线
- 斜卷结
- 圆编六股辫
- 八股辫

高级结法：创新实用

- 曼陀罗结
- 桂花结
- 绕线线圈
- 平结线圈
- 流苏
- 十六股辫

2.1 初级结法：一学就会

2.1.1 平结

平结是常用的基础结之一，也被称为方结、平接结，因完成后的形状非常扁平而得名。平结由于编结方法不同，可分为单向平结和双向平结。

单向平结

[参考案例：枫红（P176）]

单向平结编出来是扭转的，呈螺旋上升状，一般用于手绳、项链绳的编制，还可以用于绳体的装饰。

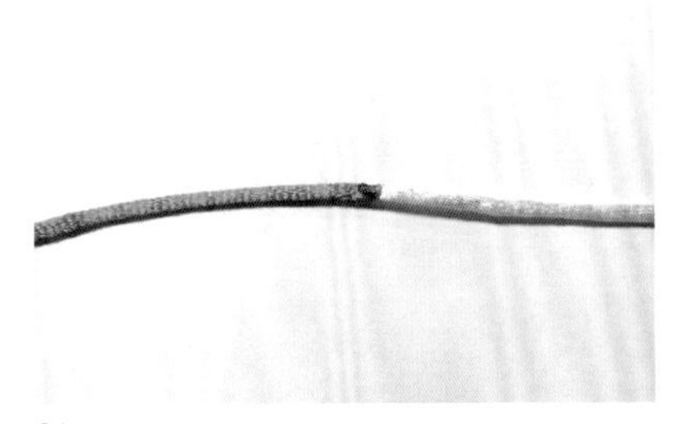

01 为了方便演示，这里接了一根双色线。

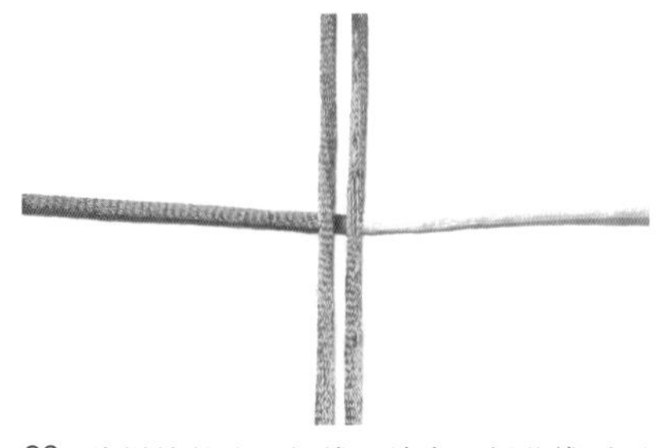

02 将拼接的这一根线，放在 2 根蓝线下面。

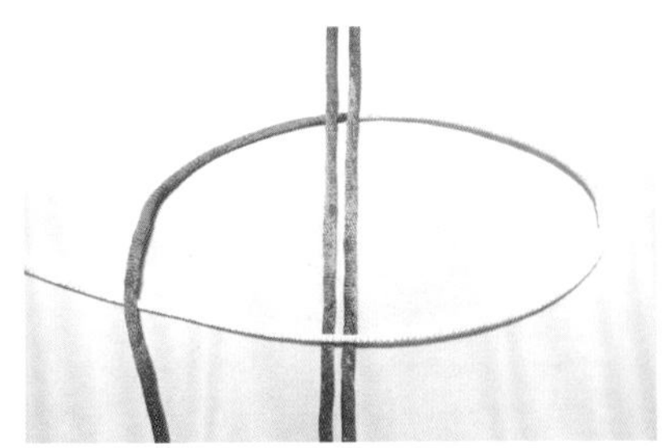

03 黄线向左压过 2 根蓝线，红线放在黄线上面。

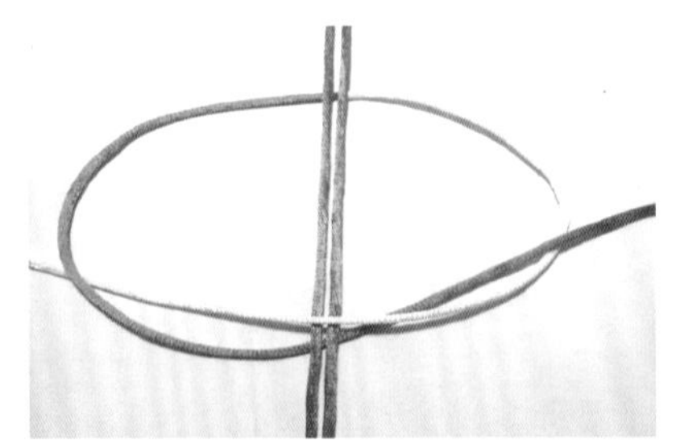

04 红线向右从下穿过 2 根蓝线，从右侧黄线圈穿出。

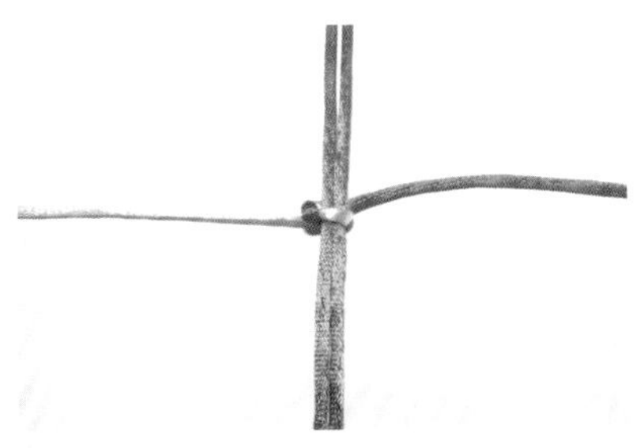

05 拉紧红线、黄线。

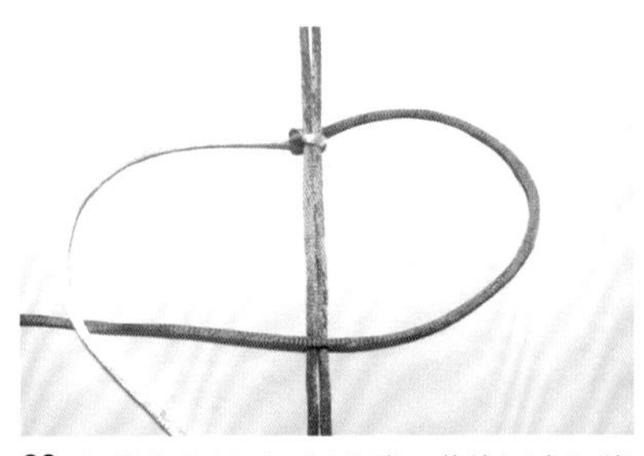

06 红线向左压过 2 根蓝线，黄线压在红线上面。

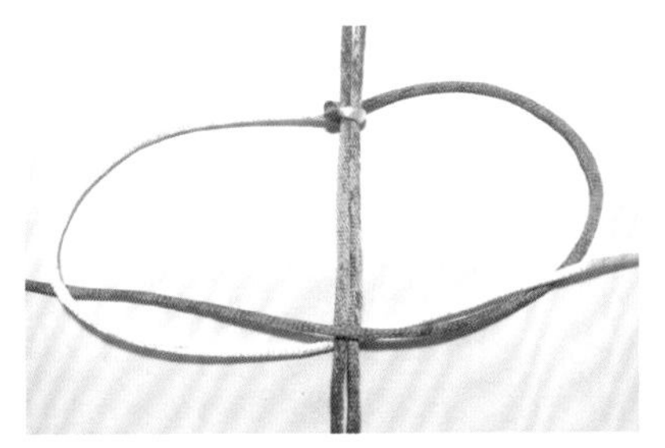

07 黄线向右从下穿过 2 根蓝线，从右侧红线圈穿出。

08 拉紧红线、黄线。

09 重复 3~5 步。黄线向左压过 2 根蓝线，红线压在黄线上面。红线向右从下穿过 2 根蓝线，从右侧黄线圈穿出。

10 拉紧红线、黄线。

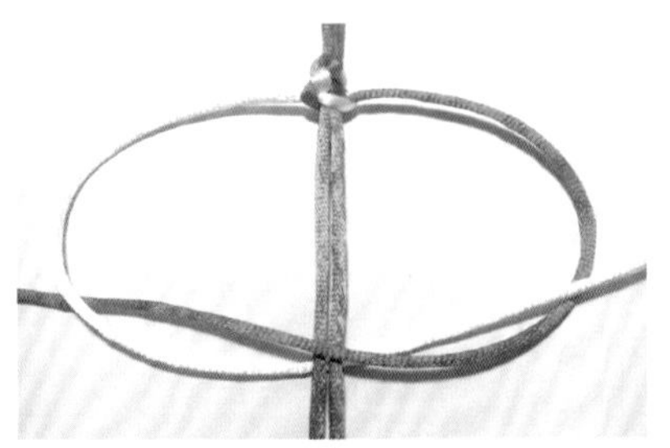

11 红线向左压过 2 根蓝线，黄线压在红线上面。黄线向右从下穿过 2 根蓝线，从右侧红线圈穿出。

12 拉紧红线、黄线。此时已经很明显地看出结体是扭转的，而且每一层都是一红一黄有规律地排下来。

13 单向平结就完成了。单向平结在编的过程中会自然旋转。

双向平结

［参考案例：缤纷（P137）］

双向平结的外观如梯子，结体扁平垂直，可以编手链、项链，也可以编一些动物的身体部分，如蜻蜓的身体部分就是用双向平结编成的。还可以做成线圈，用来装饰手绳、项链绳等挂饰。

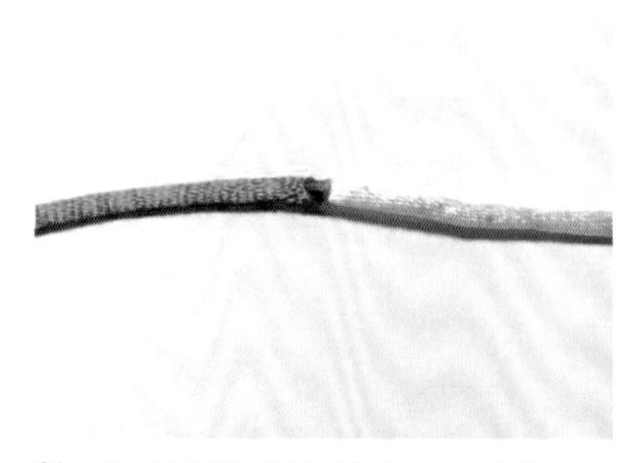

01 为了方便演示这里接了一根双色线。

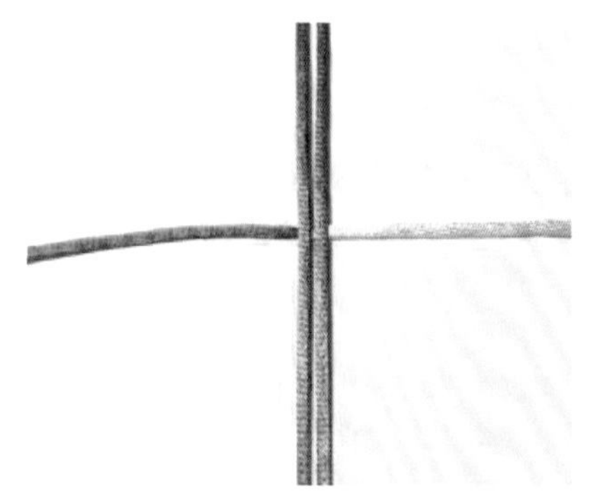

02 将拼接的这一根线放在 2 根蓝线下面。

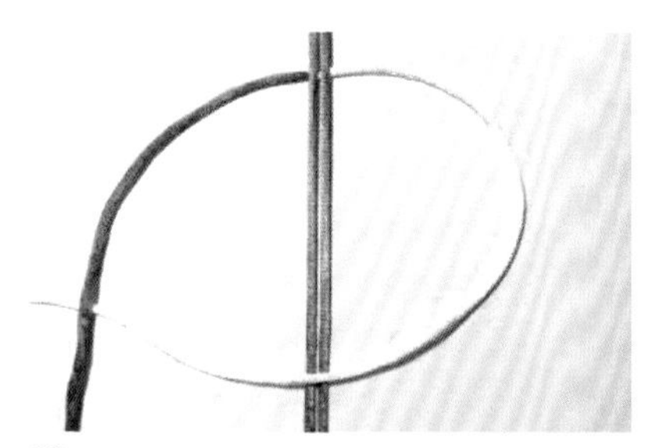

03 黄线向左压过 2 根蓝线，红线放在黄线上面。

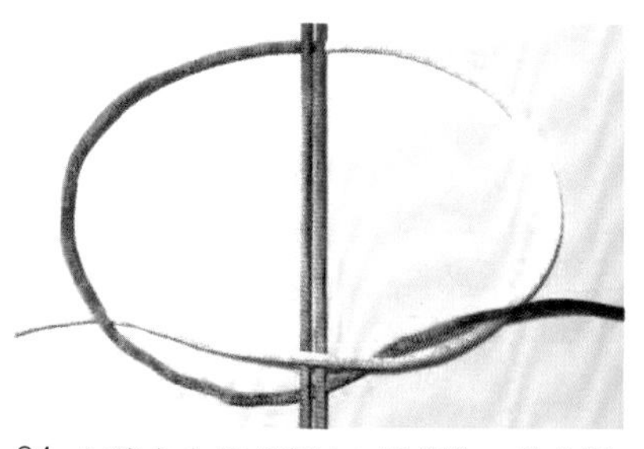

04 红线向右从下穿过 2 根蓝线，从右侧黄线圈穿出。

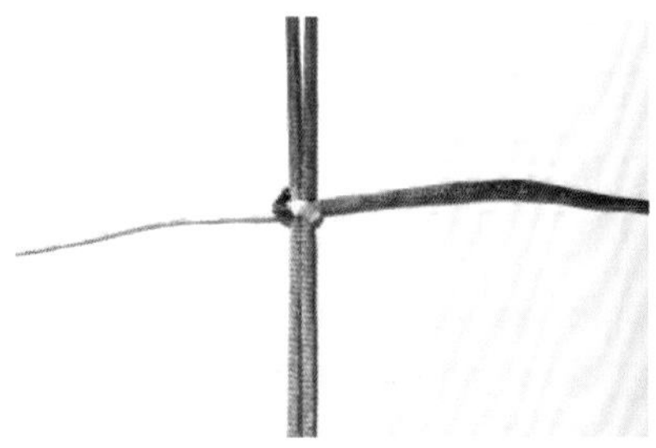

05 拉紧红线、黄线。

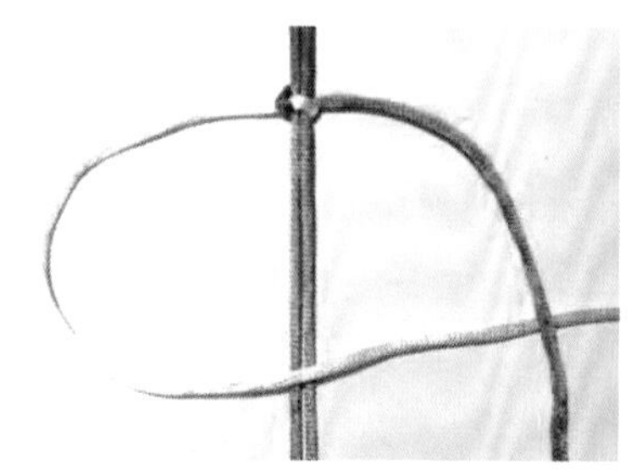

06 黄线向右压过 2 根蓝线，红线压在黄线上面。

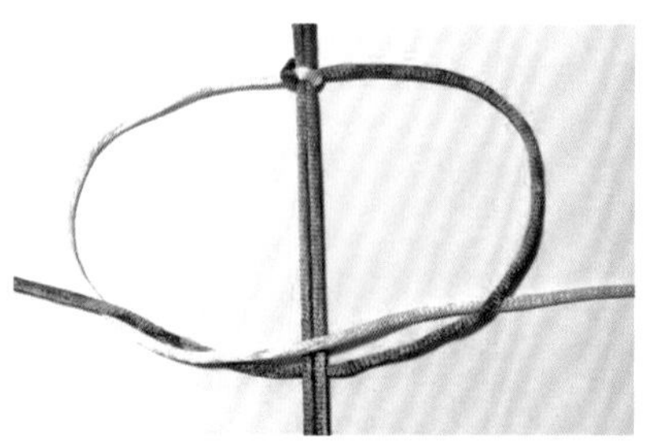

07 红线向左从下穿过 2 根蓝线，从左侧黄线圈穿出。

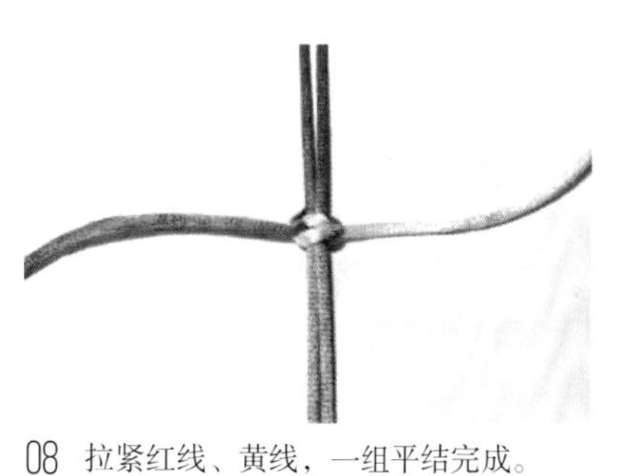

08 拉紧红线、黄线，一组平结完成。

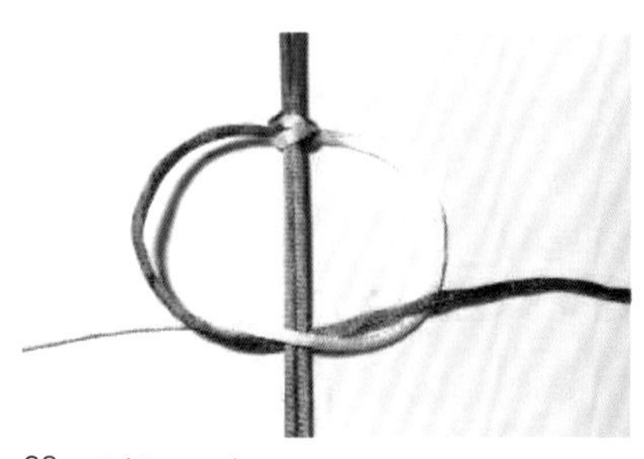

09 重复 3~8 步。

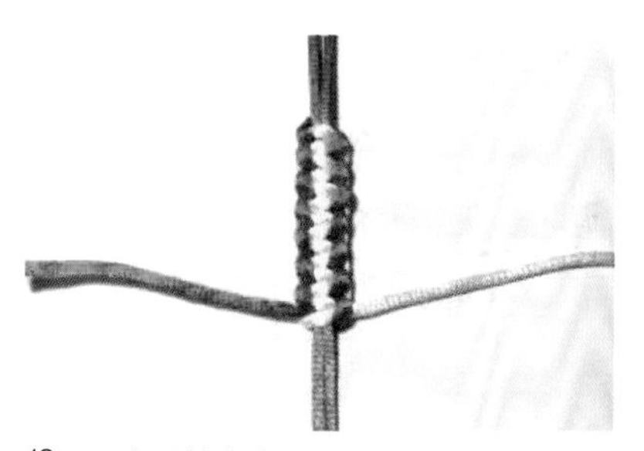

10 双向平结完成。

——— 温馨提示 ———

由平结演变出的结体非常多，如蝴蝶结、拉结等，也可通过编线、芯线位置的互换，线数量的增加，加入配珠等方式，做出千变万化的平结编绳饰品。

2.1.2 蛇结

[参考案例：云海（P129）]

常用的基础结之一。形如蛇骨，结体稍有弹性，结式简单大方，常用于手绳、项链绳的编制。

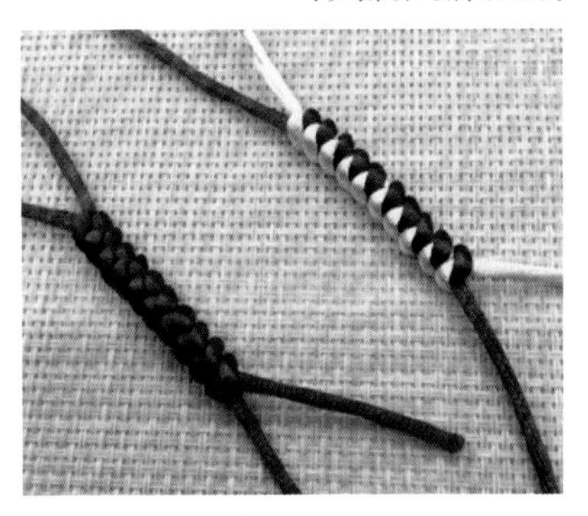

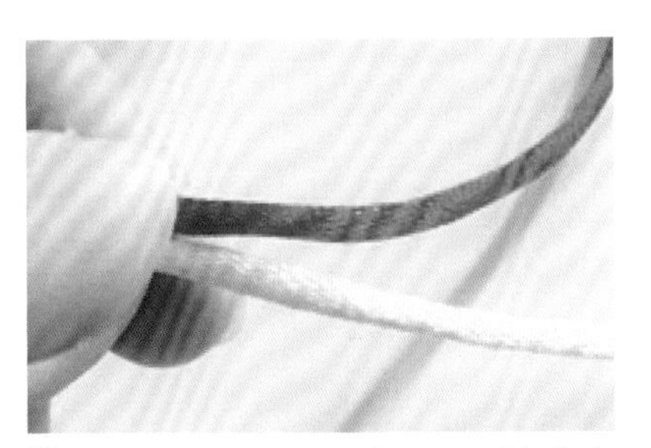

01 准备 1 红、1 黄两根线，用左手拇指和食指捏住，红线在上黄线在下。

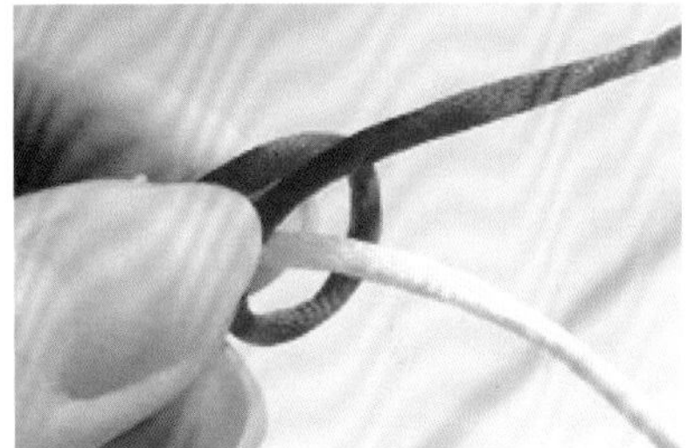

02 上方红线由后向前包住黄线做一个圈。

03 黄线向上，压住 2 根红线。

04 黄线由后向前从红线圈穿出。此时红线在上黄线在下。

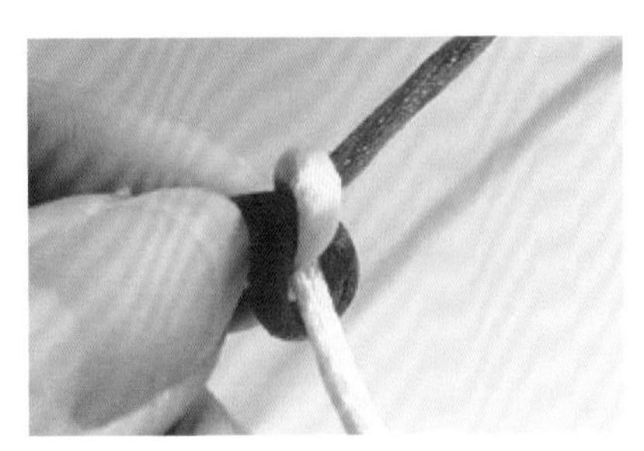

05 拉紧红线、黄线。

06 一个蛇结完成。拉线时，2 根线同时使用匀力拉紧。

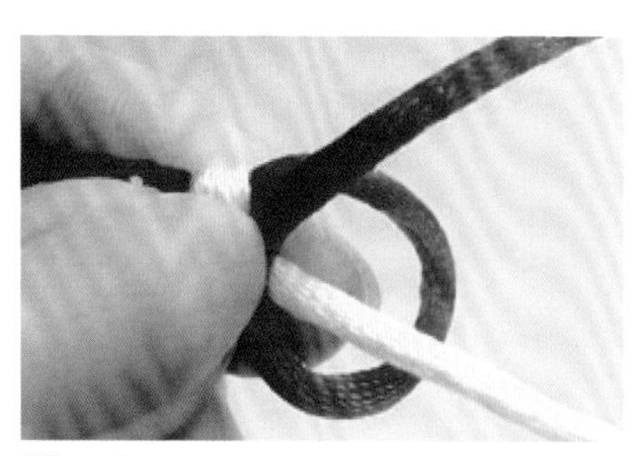

07 重复 2~6 步，上方红线由后向前包住黄线做一个圈。

08 黄线向上压住 2 根红线，由后向前从红线圈穿出。

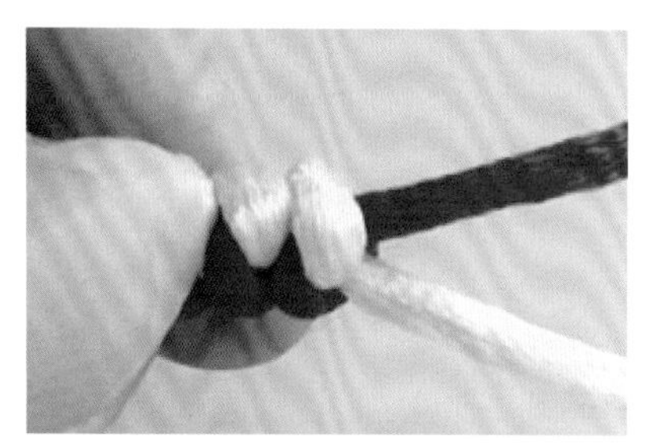

09 使用匀力同时拉紧红线、黄线（每个蛇结做好，红线、黄线的位置都是不变的）。

10 蛇结完成。

2.1.3 金刚结

[参考案例：锦色（P147）]

常用基础结之一。和蛇结外观相似，但蛇结容易松散变形，而金刚结更为牢固。金刚结代表平安吉祥，常用于手绳编制。

01 准备 1 红、1 黄两根线。用左手拇指和食指捏住。红线在上，黄线在下。

02 下方黄线向后包住红线做一个圈，回到下方。

03 红线由后向前包住黄线做一个圈，并向后穿过黄线圈。

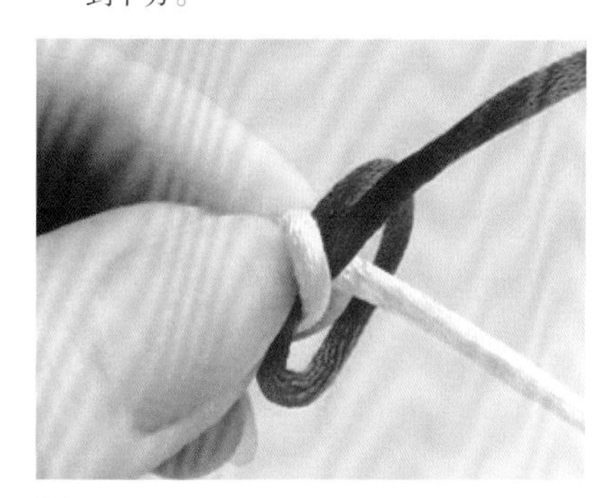

04 拉紧黄线，固定红线圈。此时红线圈在下。

05 捏住编好的位置，把整个结体前后翻转。红线圈在上（注意：每次翻转结体时都要朝同一个方向）。

06 黄线由后向前包住红线做一个圈，并向后穿过红线圈。

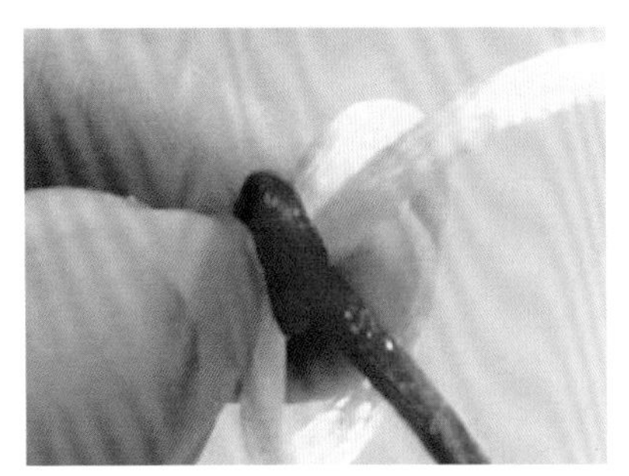
07 拉紧红线，固定黄线圈。此时黄线圈在下。

08 前后翻转结体，此时黄线圈在上。重复3~7步。

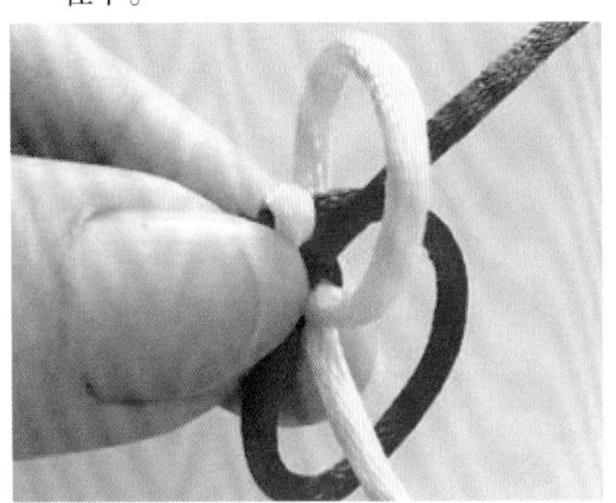
09 红线由后向前包住黄线做一个圈，并向后穿过黄线圈。

10 拉紧黄线，固定红线圈。此时红线圈在下。

11 前后翻转结体，此时红线圈在上。

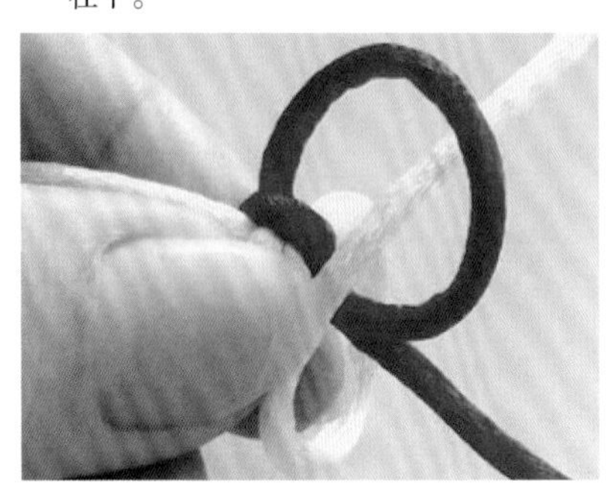
12 黄线由后向前包住红线做一个圈，并向后穿过红线圈。

13 拉紧红线，包住黄线圈。此时黄线圈在下。

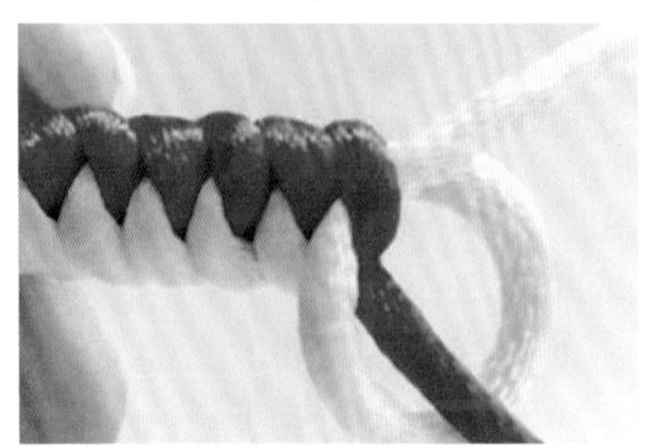
14 编到合适长度开始收尾，拉紧黄线。

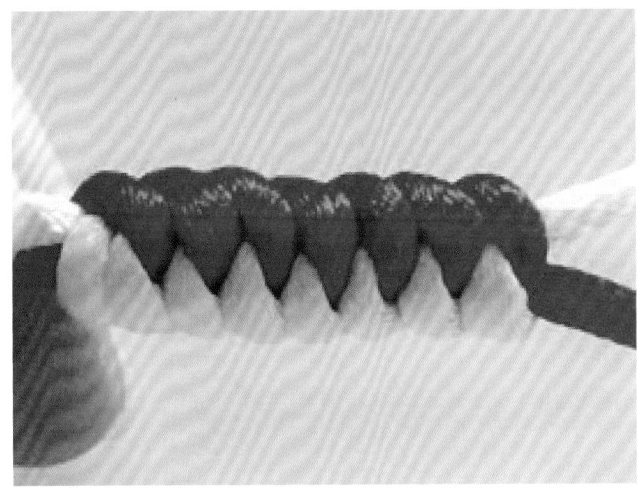

15 金刚结完成。

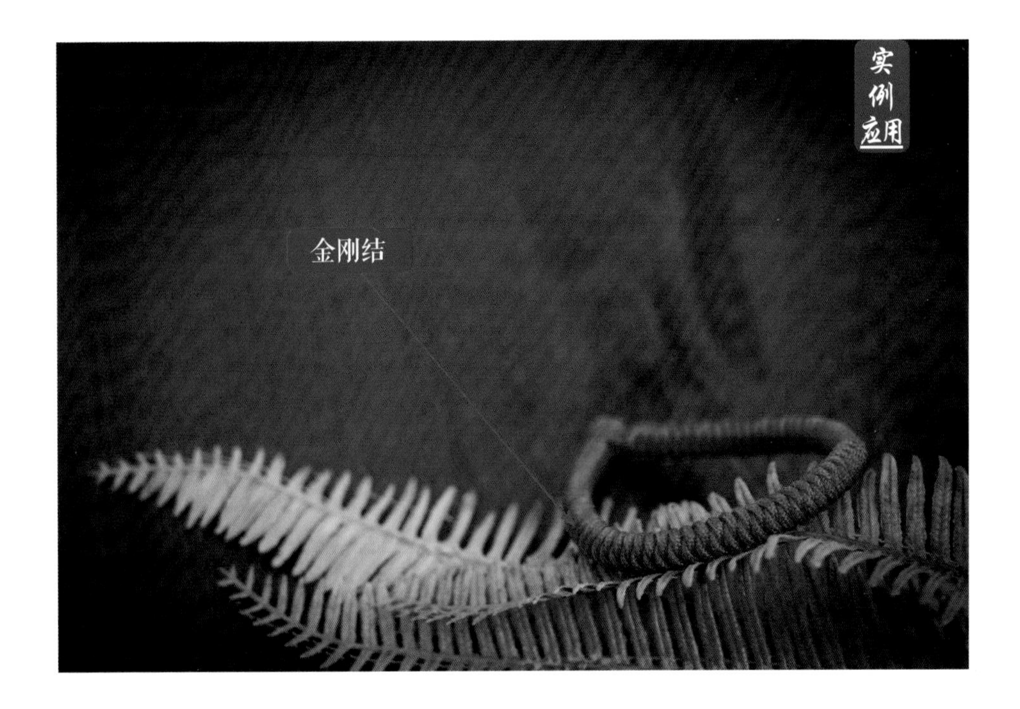

2.1.4 玉米结

玉米结因形似玉米而得名，既可以单独做成手绳、项链绳，还可以做成小挂饰。

玉米结（圆）

［参考案例：锦色（P147）］

01 准备1红、1黄两根线，一横一竖摆好，竖向红线在下，横向黄线在上。

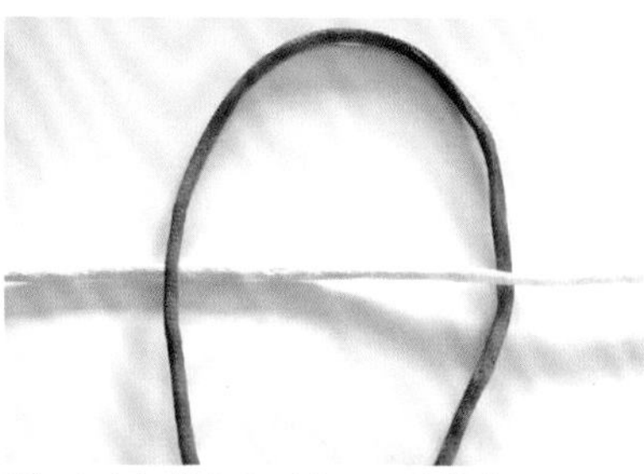

02 上方红线向左下方，压在黄线上面。

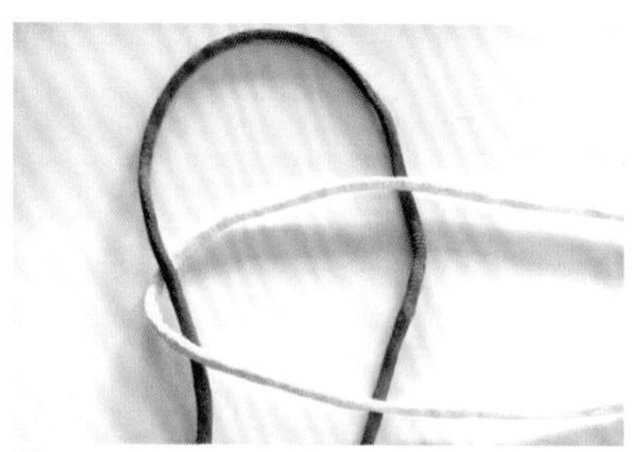

03 左方黄线向右，压在2根红线上面。

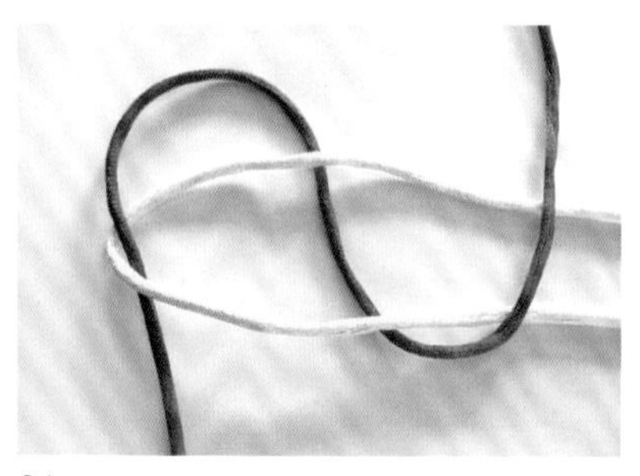

04 右下方红线向上，压在2根黄线上面。

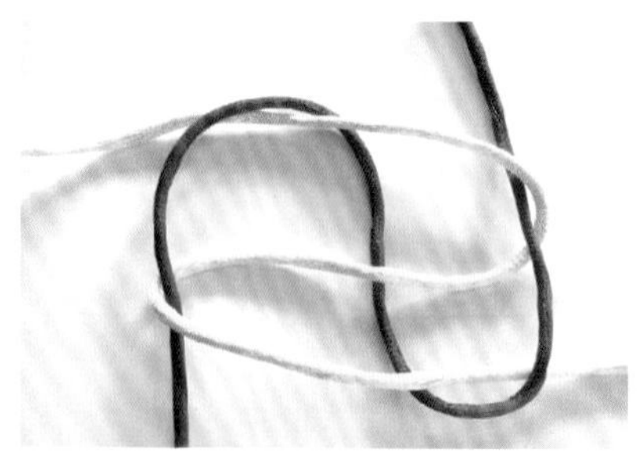

05 右上方黄线向左，压过2根红线，并穿过左上方的红线圈。

06 拉紧上下左右4根线。

07 重复2~6步。上方红线向左下方，压在黄线上面。

08 左方黄线向右，压在 2 根红线上面。

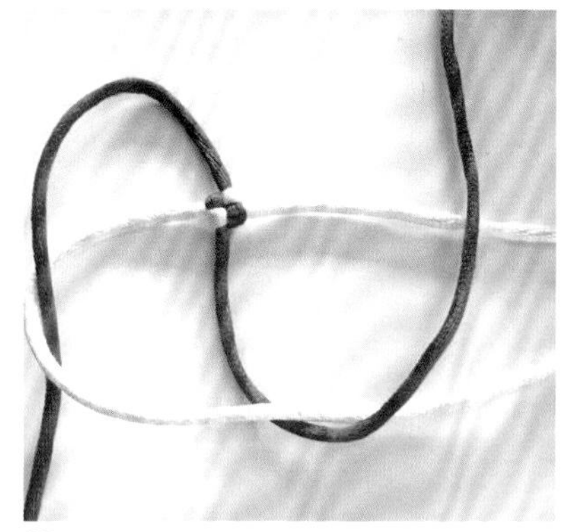

09 右下方红线向上，压在 2 根黄线上面。

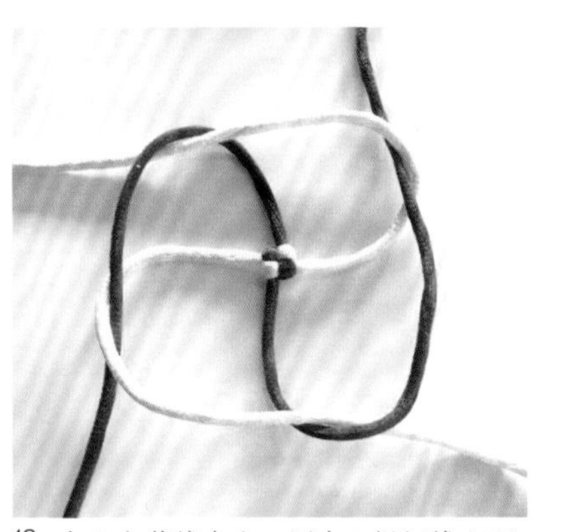

10 右上方黄线向左，压在 2 根红线上面，并穿过左上方红线圈。

11 拉紧上下左右 4 根线。

12 重复 2~6 步，圆玉米结完成。

玉米结（方）

[参考案例：瑶华（P157）]

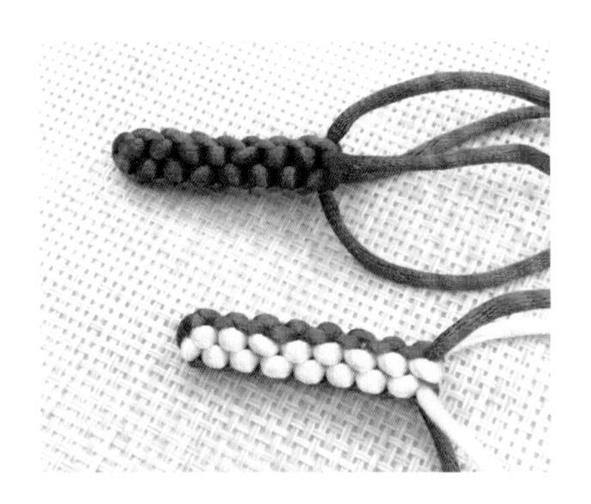

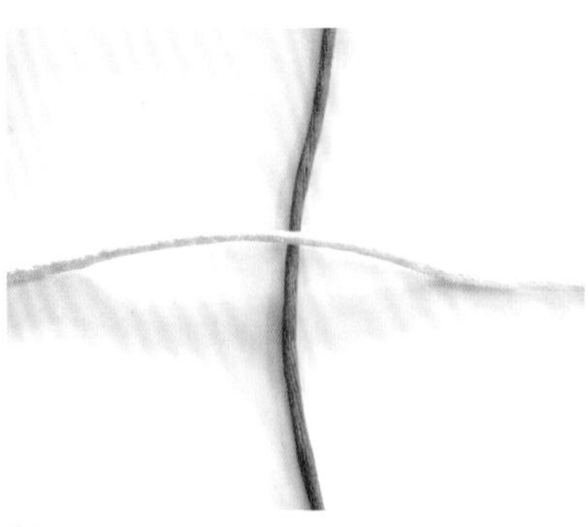

01 准备 1 红、1 黄两根线，一横一竖摆好，竖向红线在下，横向黄线在上。

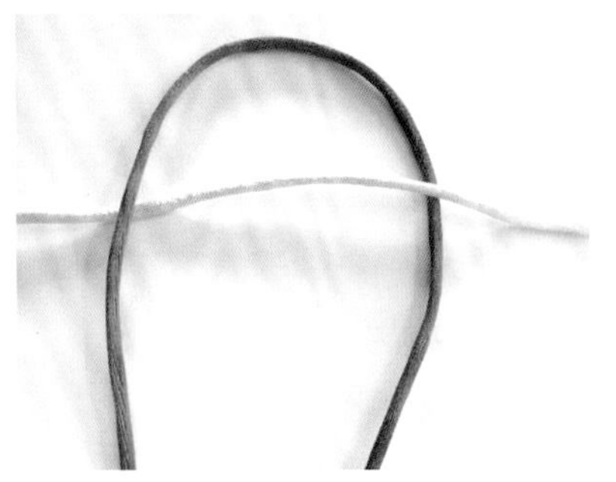

02 上方红线向左下方，压在黄线上面。

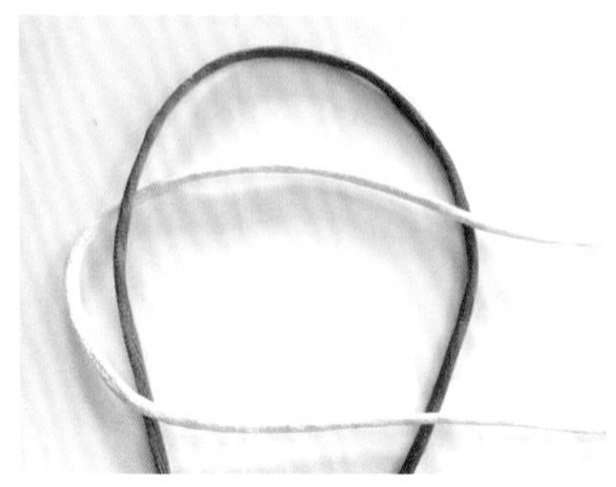

03 左方黄线向右，压在 2 根红线上面。

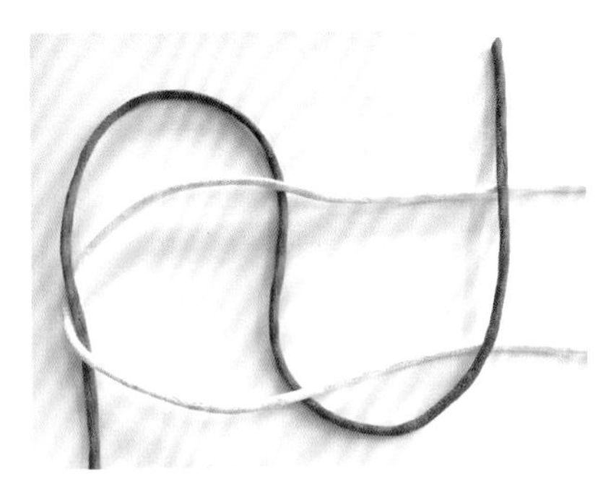

04 右下方红线向上，压在 2 根黄线上面。

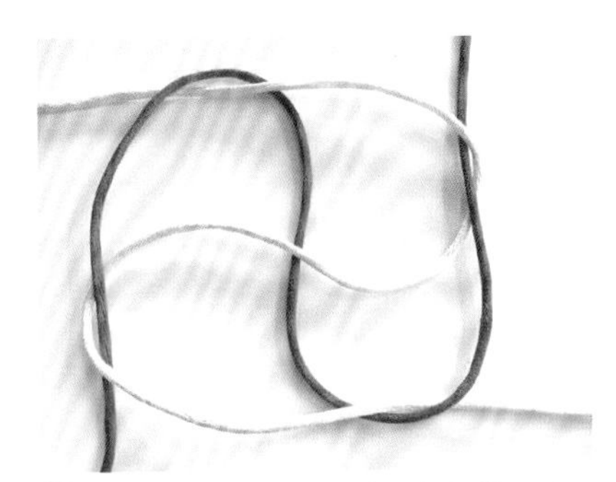

05 右上方黄线向左，压在 2 根红线上面，并穿过左上方红线圈。

06 拉紧上下左右 4 根线。

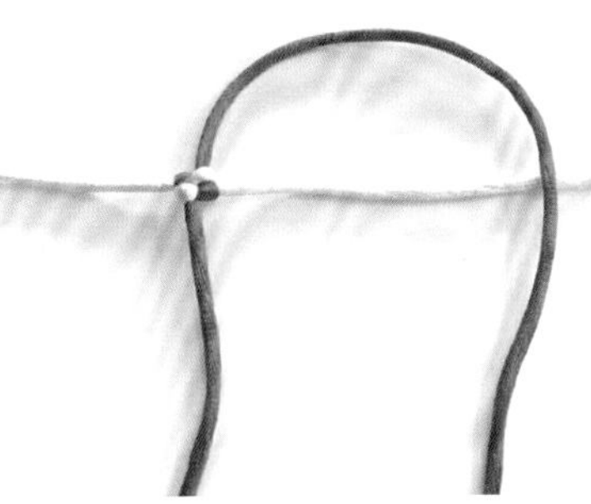

07 上方红线向右下方，压在黄线上面。

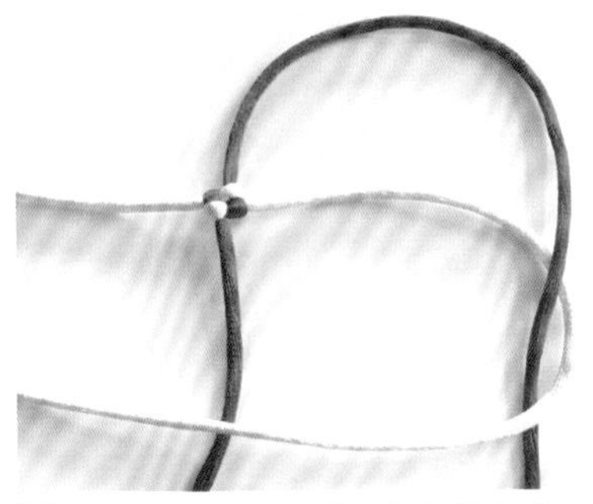

08 右方黄线向左，压在 2 根红线上面。

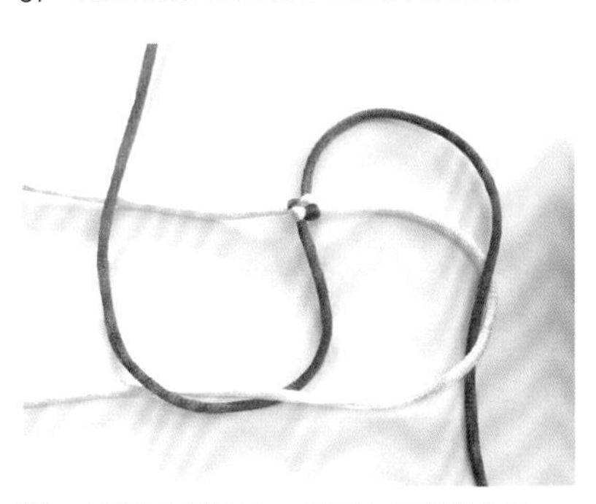

09 左下方红线向上，压在 2 根黄线上面。

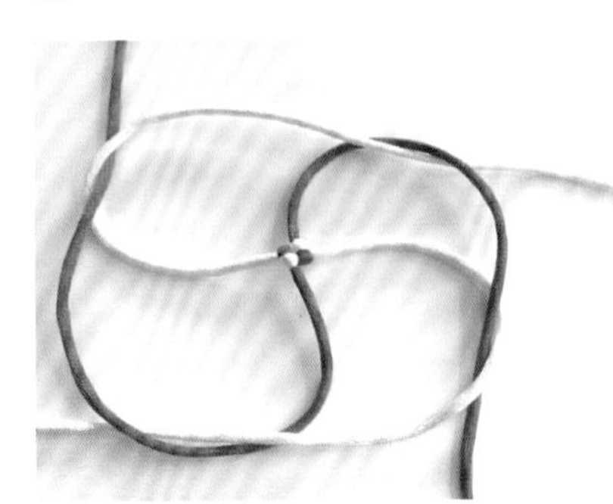

10 左上方黄线向右，压在 2 根红线上面，并穿过右上方红线圈。

11 拉紧上下左右 4 根线。一组方玉米结完成。

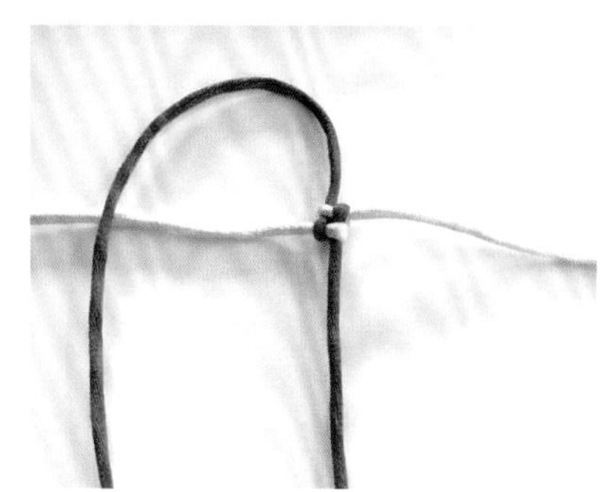

12 重复 2~10 步，上方红线向左下方，压在黄线上面。

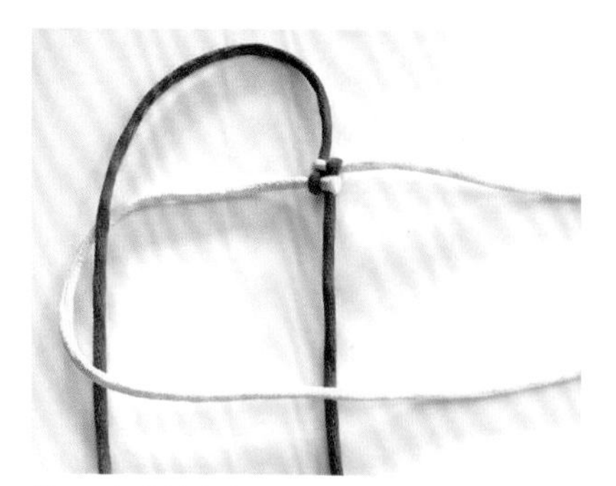

13 左方黄线向右，压在 2 根红线上面。

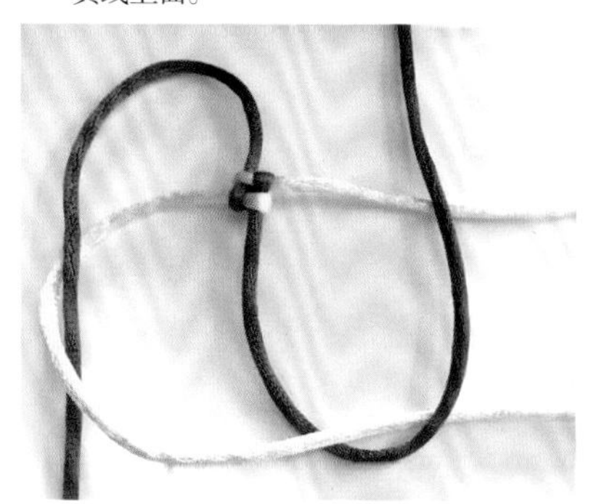

14 右下方红线向上，压在 2 根黄线上面。

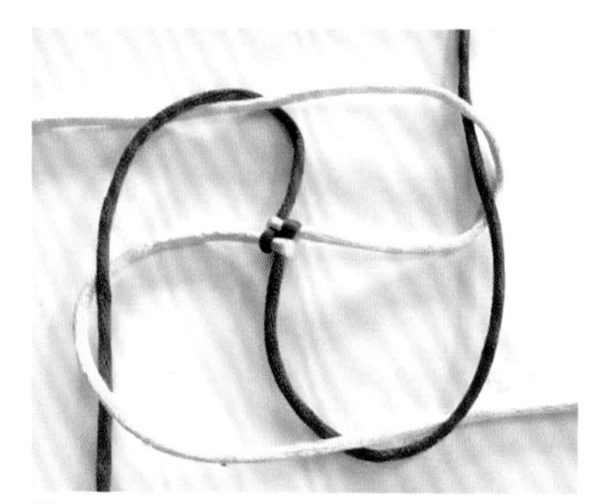

15 右上方黄线向左，压在 2 根红线上面，并穿过左上方红线圈。

16 拉紧上下左右 4 根线。

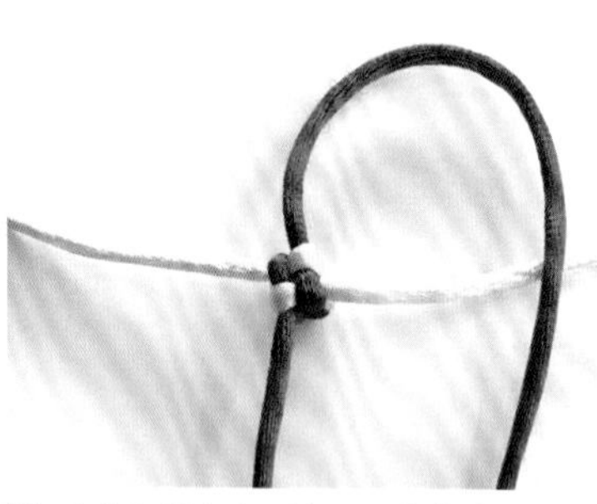

17 上方红线向右下方，压在黄线上面。

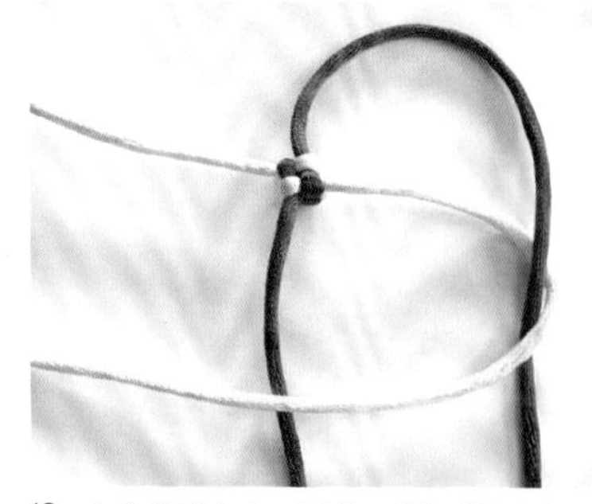

18 右方黄线向左，压在 2 根红线上面。

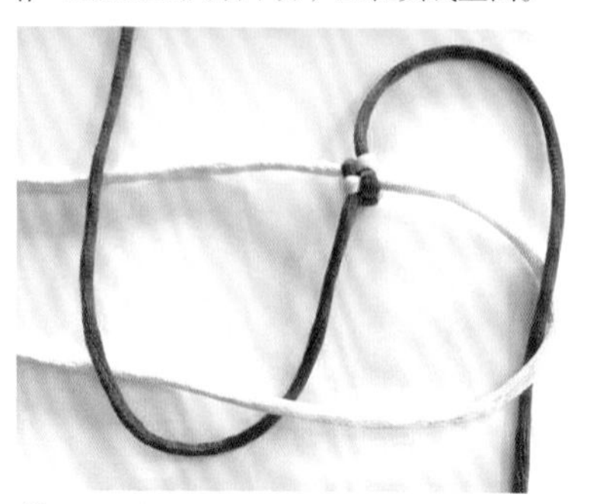

19 左下方红线向上，压在 2 根黄线上面。

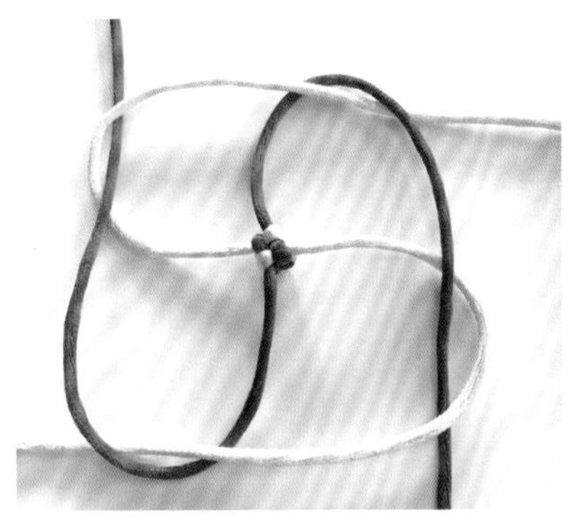

20 左上方黄线向右，压在 2 根红线上面，并穿过右上方红线圈。

21 拉紧上下左右 4 根线。

22 重复 2~10 步，方玉米结完成。

实例应用
玉米结（方）

2.1.5 雀头结

【参考案例：桃花（P161）云暮（P195）卿我（P249）】

雀头结是常用基础结之一，结体简单大方，整齐美观。常用于手绳、项链绳开头代替扣眼，时尚编绳中应用广泛。雀头结象征着喜上眉梢，心情雀跃。

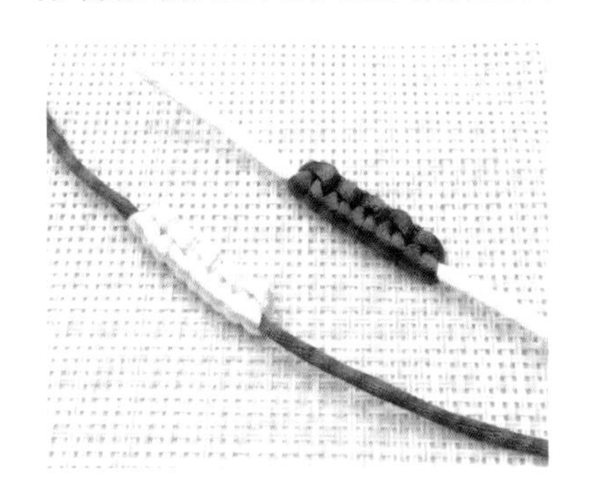

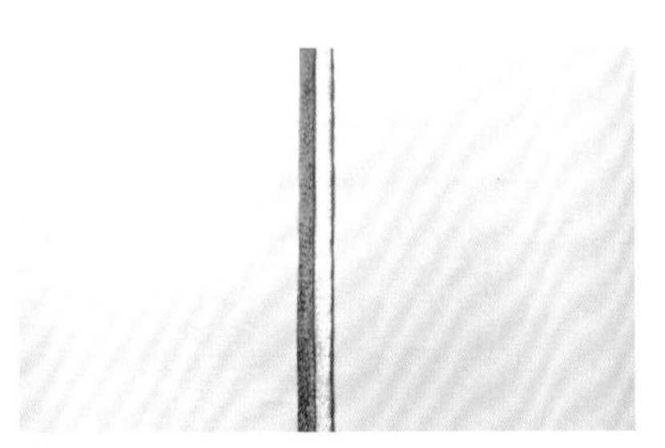

01 准备 1 根红线、1 根黄线。

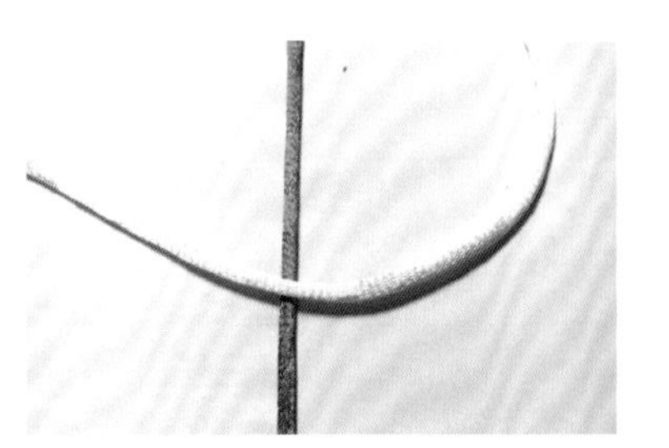

02 红线、黄线呈十字交叉状，右侧黄线向左压过红线。

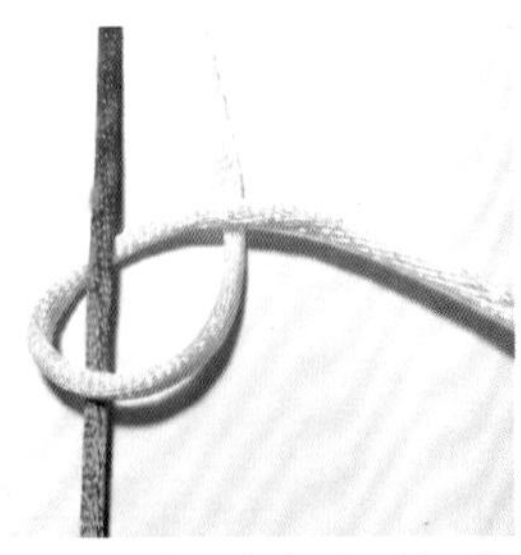

03 左侧黄线向右从红线下方穿过，并压住右侧黄线。

04 拉紧黄线。

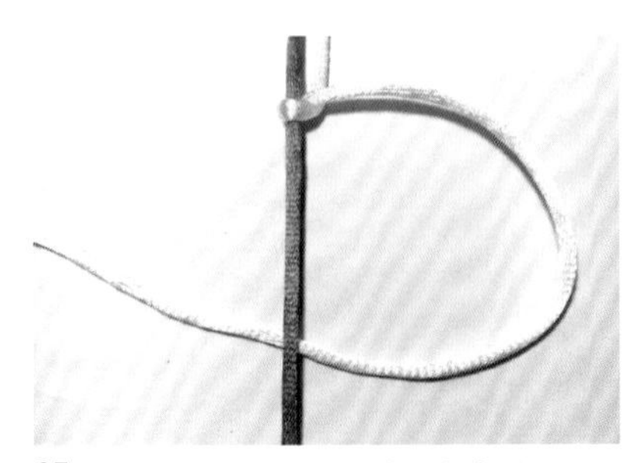

05 右侧黄线向左，从红线下方穿过。

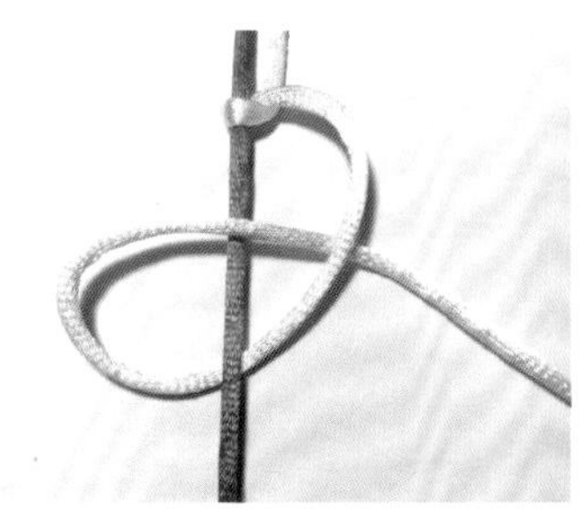

06 黄线向右压过红线，从右侧黄线圈由上至下穿出。

07 拉紧黄线，一组雀头结做好。

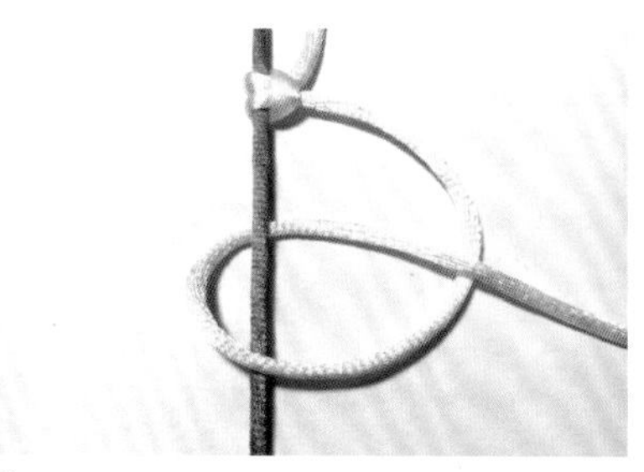

08 重复 2~7 步，右侧黄线向左压过红线。黄线向右从红线下穿过，从右侧黄线圈由下至上穿出。

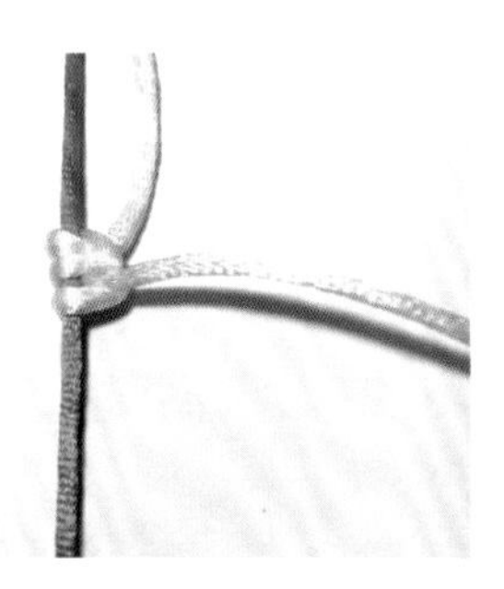

09 拉紧黄线。

10 右侧黄线向左，从红线下穿过。黄线向右压过红线，从右侧黄线圈由上至下穿出。

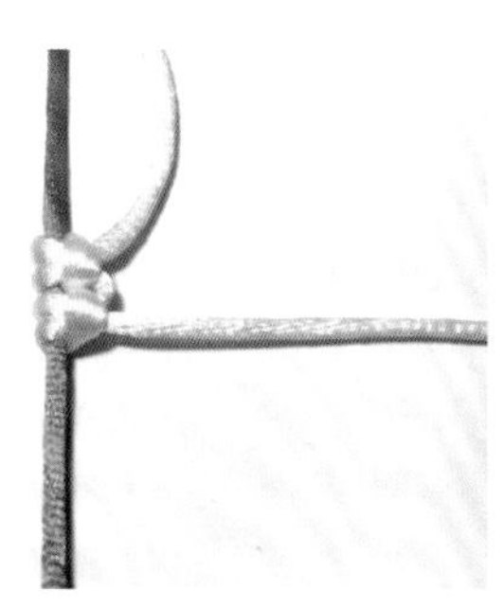

11 拉紧黄线。

12 完成。

实例应用
雀头结

2.1.6 爱心结

[参考案例：春（P201）]

因编好后结体呈爱心状，故得名爱心结。是在雀头结的基础上编制而成，简单易学，美观大方。多用于手绳、项链绳系挂坠。

01 准备 1 根红线和需要做爱心结的手绳、项链绳（这里用笔代替主绳）。

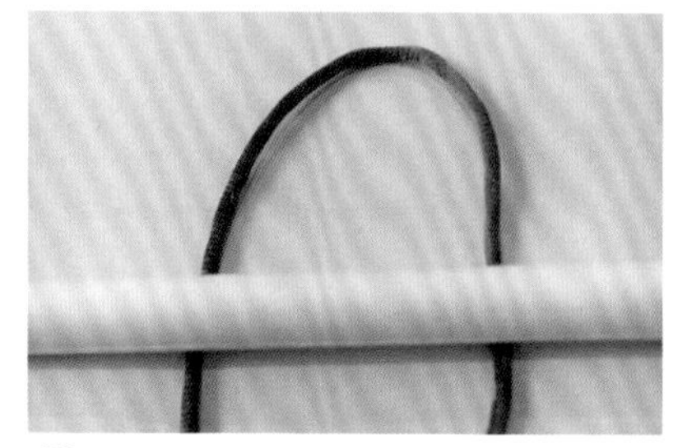

02 红线对折，压在笔下面。

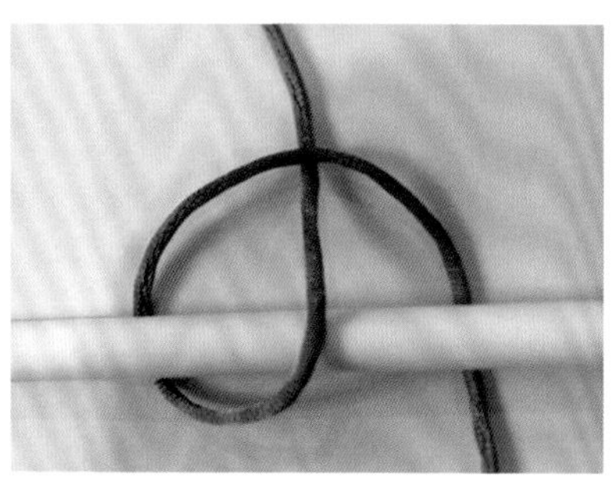

03 左下红线向左上，压在笔上面，并由上至下穿过红线圈。

04 右下红线向右上，压在笔上面，并由上至下穿过红线圈。

05 把线调紧一些。

06 左上红线向左下，压在笔上面，并由上至下穿过左下红线圈。

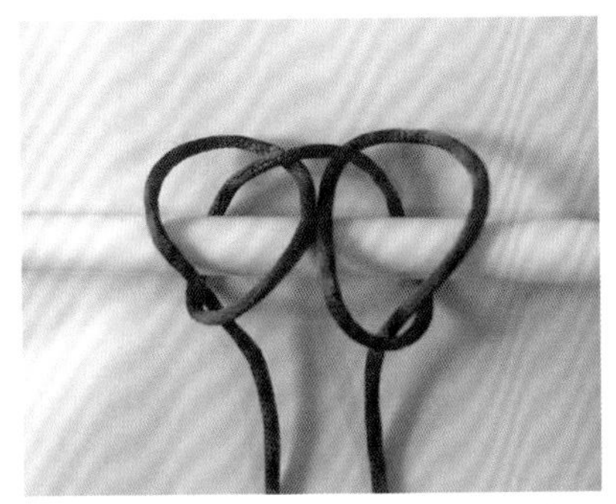

07 右上红线向右下，压在笔上面，并由上至下穿过右下红线圈。

08 拉紧线，调整好，爱心结完成。

爱心结

2.1.7 秘鲁结

[参考案例：繁花（P231）]

秘鲁结常用于手绳和项链绳结尾，起到调节大小的作用。

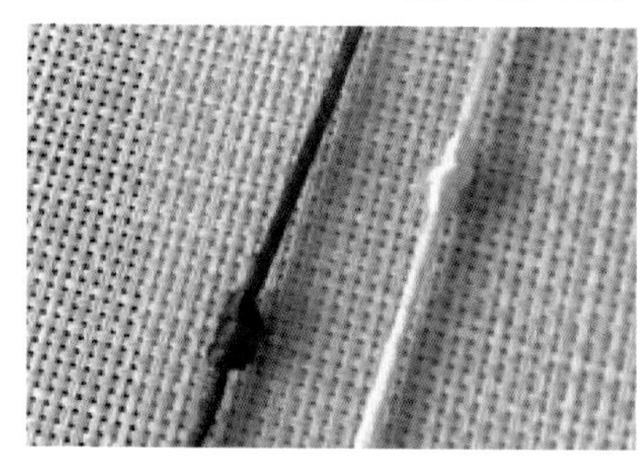

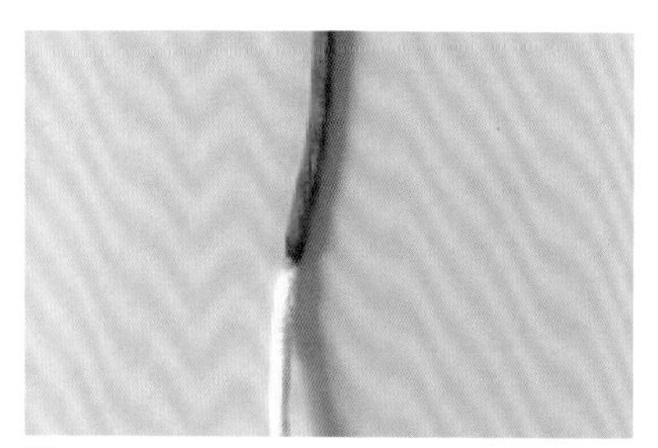

01 准备 1 根线，为了方便演示，接了一根双色线。

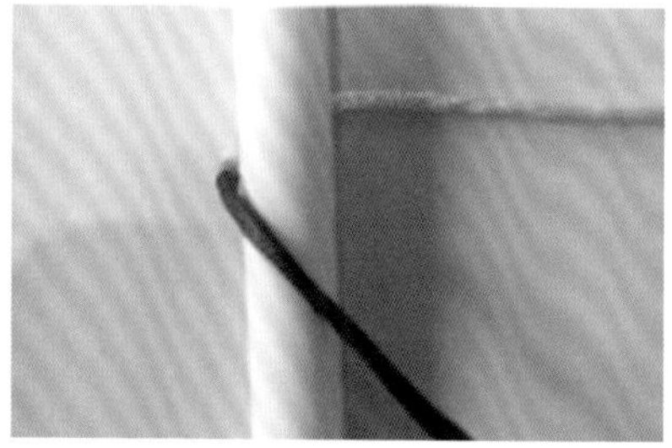

02 黄线由前向后围绕需要捆绑的线做半个圈。

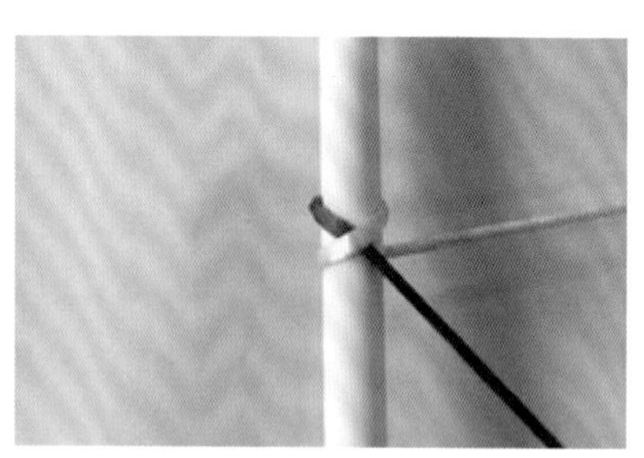

03 黄线继续由前向后围绕需要捆绑的线绕圈。

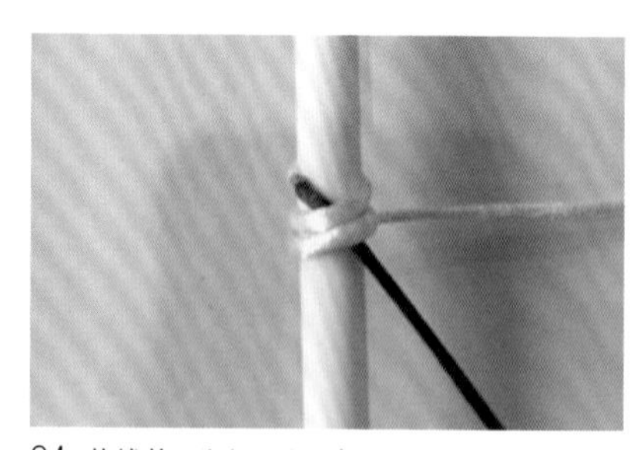

04 黄线绕两圈以后准备收尾。

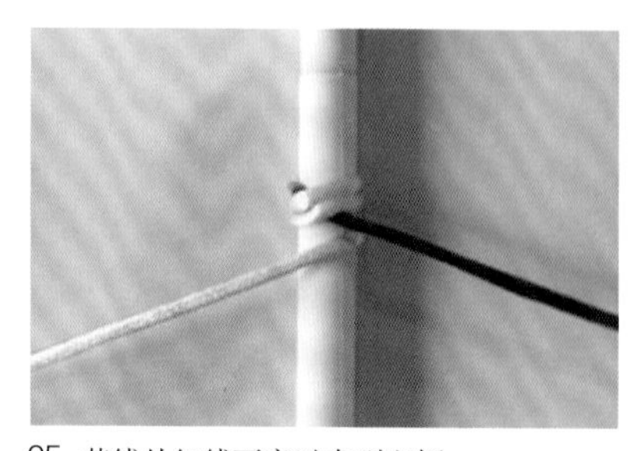

05 黄线从红线下穿过来到左侧。

06 黄线由下至上同时穿过已经绕好的两个黄线圈。秘鲁结完成。

实例应用
秘鲁结

2.1.8 凤尾结

[参考案例：绿依（P210）鱼（P224）]

凤尾结又名发财结，因为形似凤凰尾巴而得名，既简单又实用，多用于小挂饰、手绳结尾。它简单大方，又很美观，能起到很好的装饰作用。

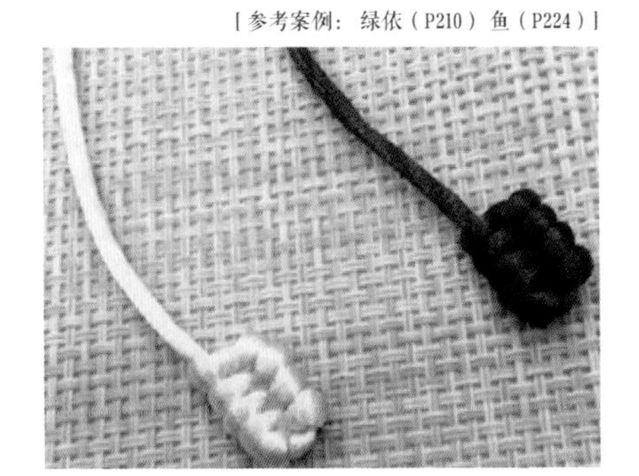

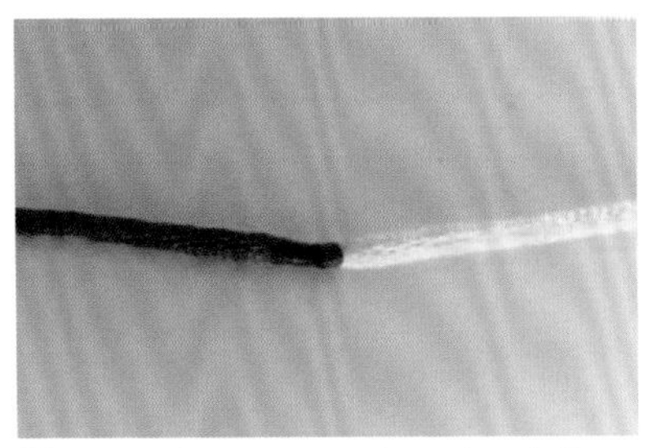

01 为了方便演示，此处接了一根双色线。

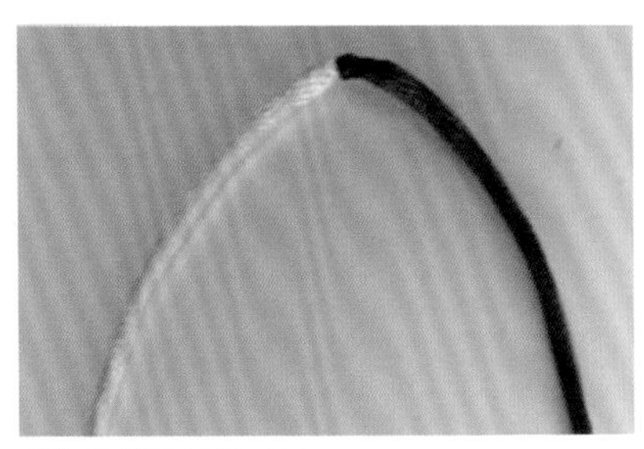

02 将拼接的线对折。

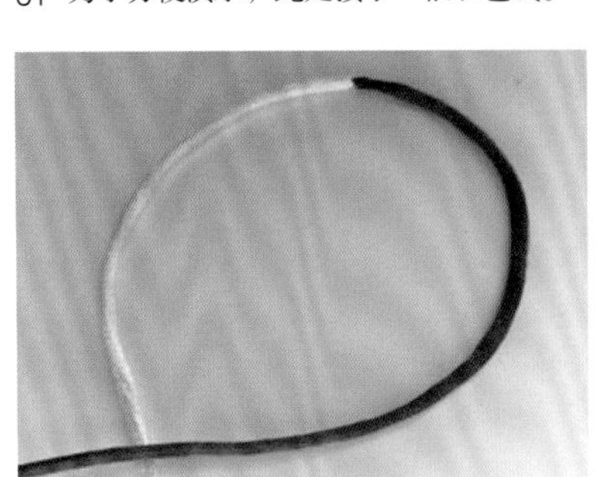

03 右边红线向左，压在黄线上面。

04 红线向右，由下至上穿出红、黄 2 线形成的圈。

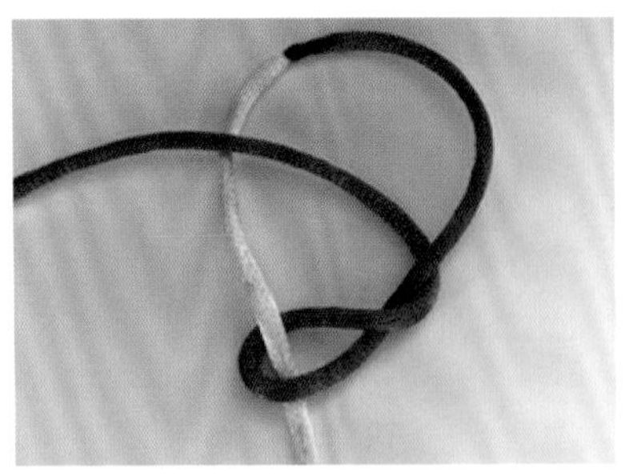

05 红线向左，由下至上穿过红、黄 2 线形成的圈。

06 红线向右，由下至上穿出红、黄 2 线形成的圈。

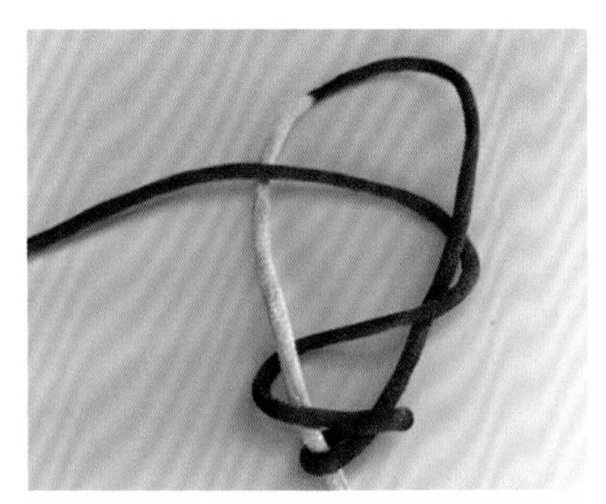

07 红线向左，由下至上穿出红、黄 2 线形成的圈。

08 红线向右，由下至上穿出红、黄 2 线形成的圈。

09 重复 3~8 步，调紧线。

10 拉紧黄线，凤尾结完成。

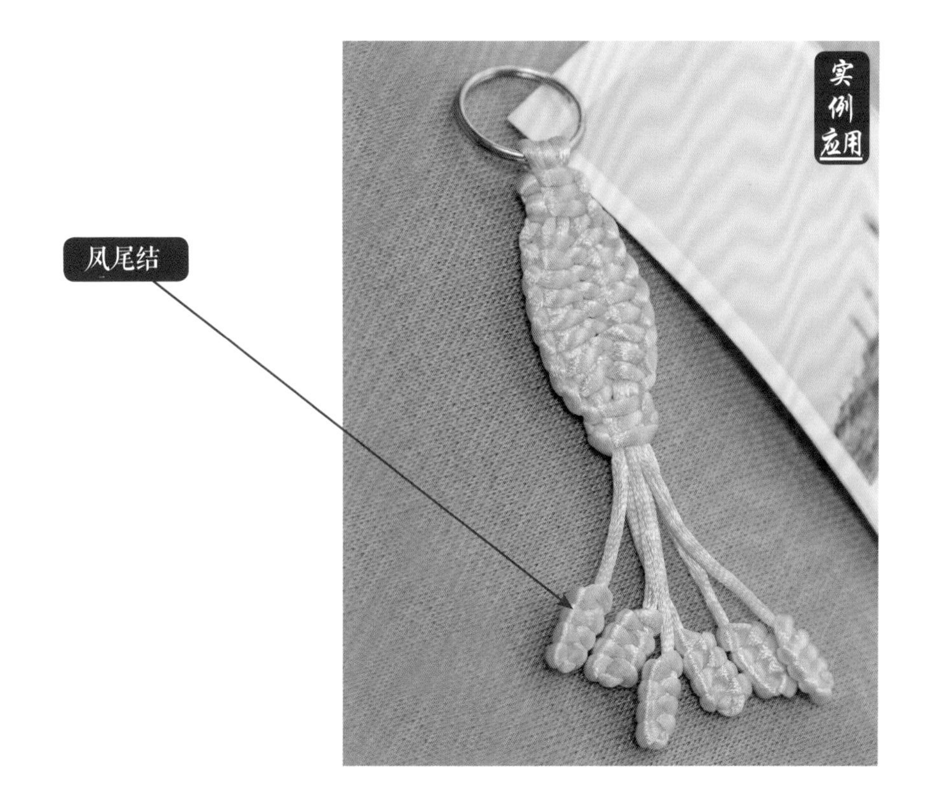

2.1.9 二股辫

[参考案例：平安（P153）桃花（P161）]

二股辫简单易学，结形美观大方，其多用于手绳、项链绳开头，当作扣眼，也可以直接制作简易手绳、项链绳等。

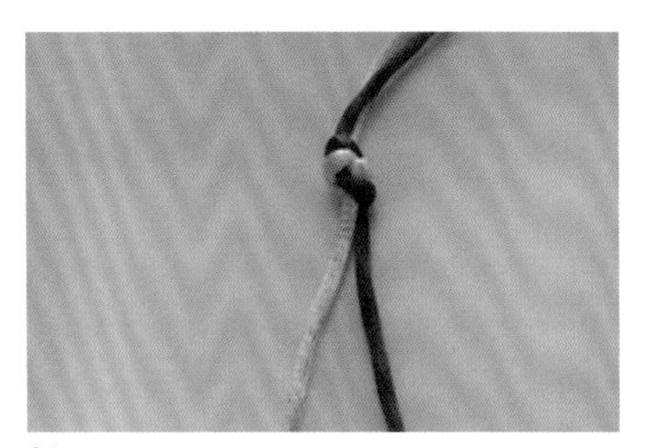

01 准备红、黄2根线。红线在右，黄线在左。

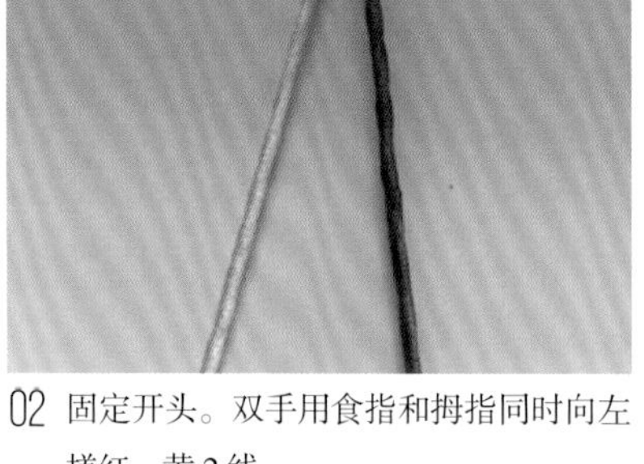

02 固定开头。双手用食指和拇指同时向左搓红、黄2线。

03 边搓的同时，交换红、黄2线的位置。

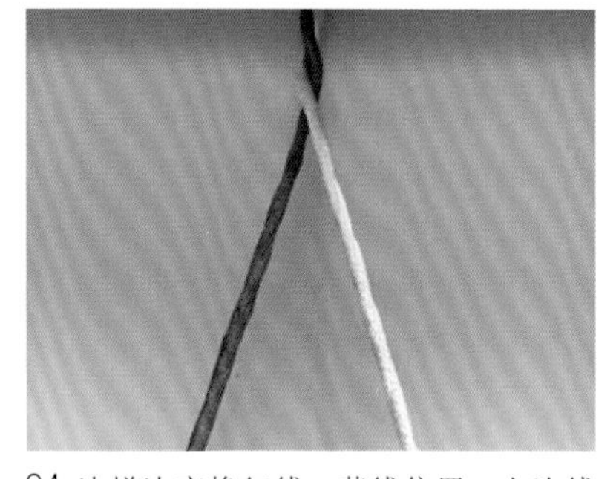

04 边搓边交换红线、黄线位置。左边线压右边线。

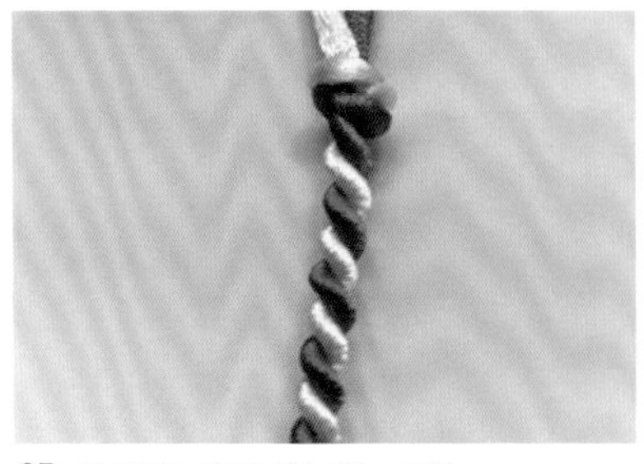

05 搓的同时要拉紧红线、黄线。

06 二股辫完成。

实例应用
二股辫

2.1.10 三股辫

［参考案例：芳菲（P180）］

三股辫以左右线互相交叉编制而成，是一种非常简单实用的结，一般用于手绳、项链绳的编制。

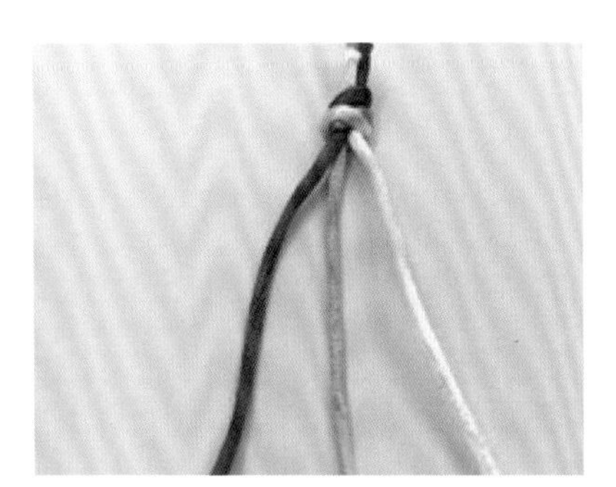

01 准备红、粉、黄 3 根线，开头打一个活扣固定。

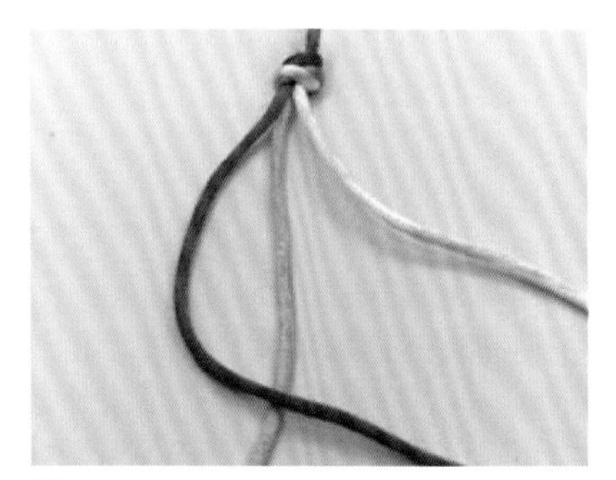

02 左侧红线向右压在中间粉线上面。

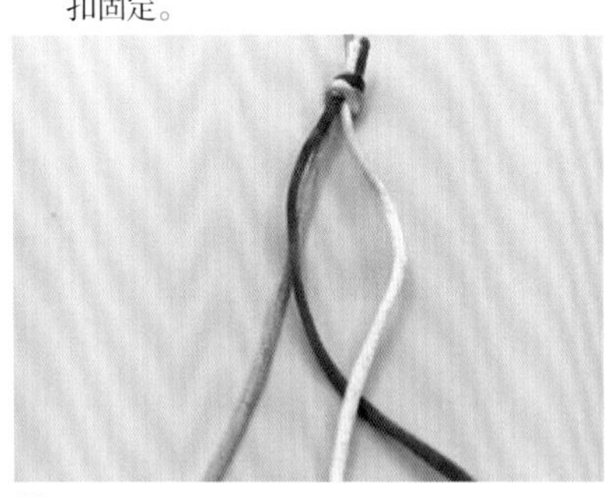

03 右侧黄线向左压在中间红线上面。

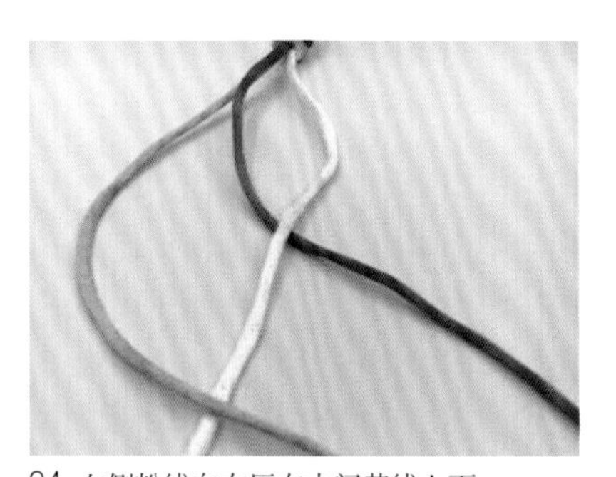

04 左侧粉线向右压在中间黄线上面。

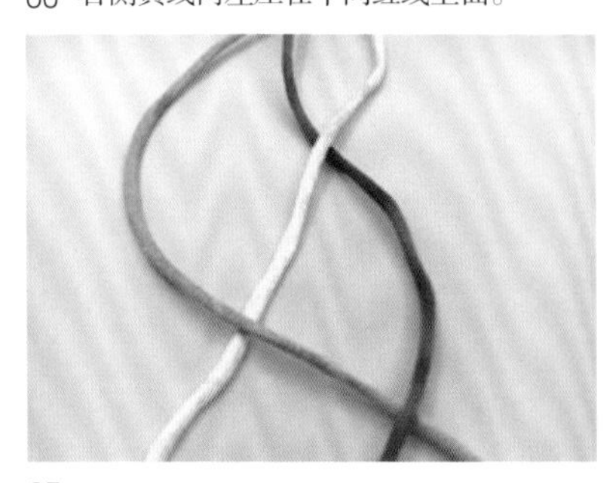

05 右侧红线向左压在中间粉线上面。

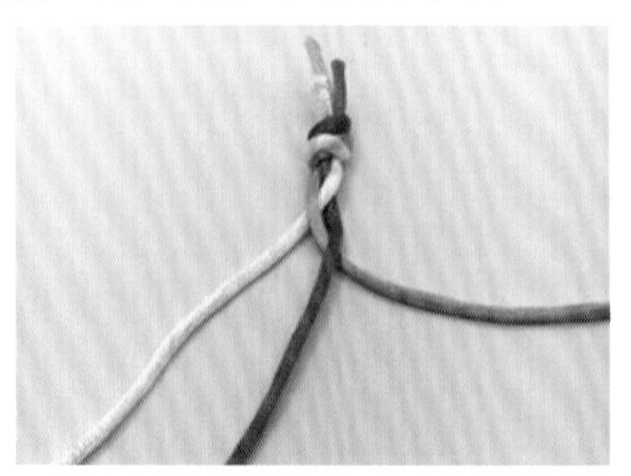

06 拉紧调好线。

07 左侧黄线向右压在红线上面。

08 右侧粉线向左压在中间黄线上面。

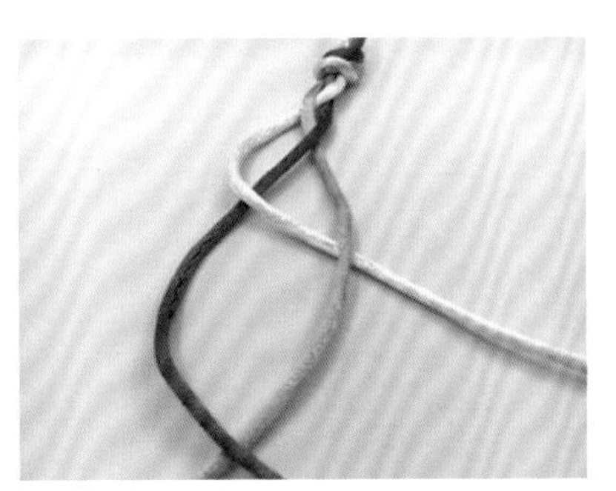

09 左侧红线向右压在中间粉线上面。

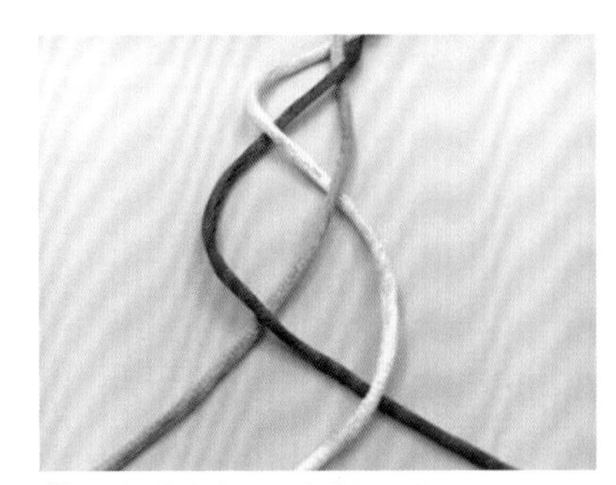

10 右侧黄线向左压在中间红线上面。

11 拉紧线调整好。

12 重复 2~11 步，完成。

三股辫

2.1.11 四股辫

[参考案例：阑珊（P141）紫菱（P245）蝶梦（P236）]

四股辫为四线相绕，互相交替旋转。四股辫也叫作四季平安，一般用于手绳、项链绳的编制。

01 准备 1 根红线，中间对折做一个蛇结。

02 另取一根黄线，左红线在黄线上，右红线在黄线下。

03 中间 2 根红线交叉，左红线压在右红线上面（此时红线左右交换）。

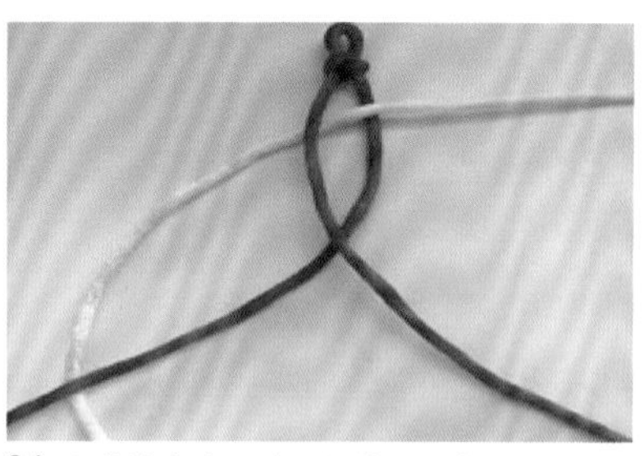

04 左黄线向右，从左红线下面穿过。

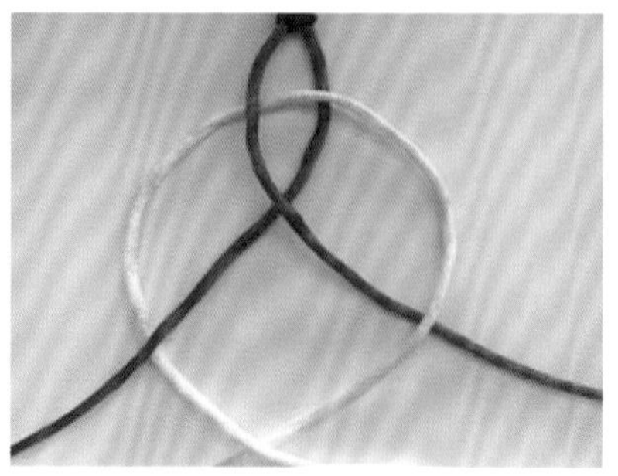

05 右黄线向左，压在右红线上面。然后中间 2 根黄线交叉，左黄线压在右黄线上面（此时黄线左右交换）。

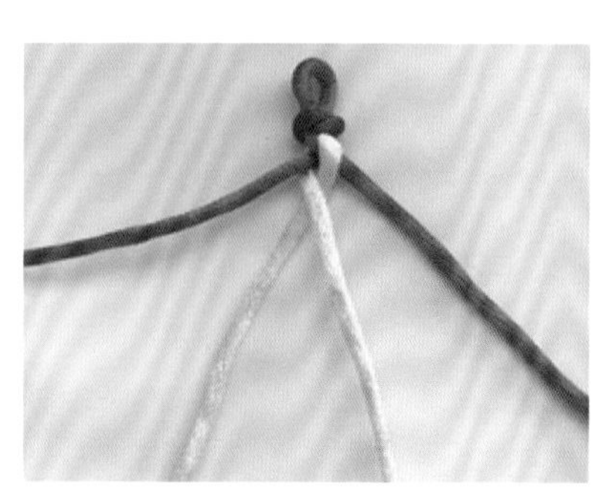

06 拉紧 4 根线。

07 左红线向右，压在左黄线上面。

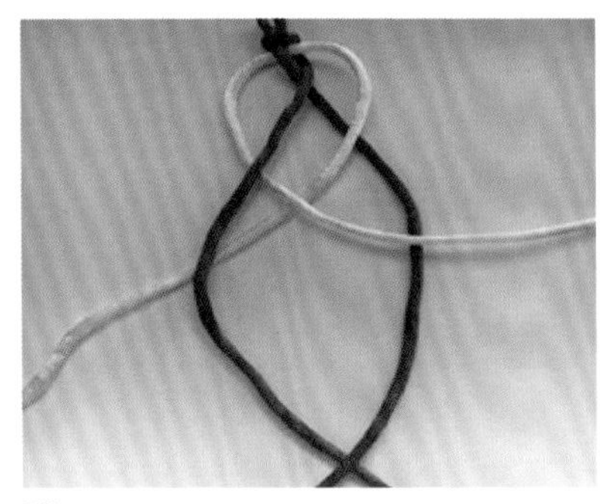

08 右红线向左，从右黄线下面穿过。中间 2 根红线交叉，右红线压在左红线上面（此时红线左右交换）。

09 拉紧 4 根线。

10 重复 4~9 步。左黄线向右，从左红线下面穿过。右黄线向左，压右红线上面。然后中间 2 根黄线交叉，左黄线压在右黄线上面。

11 左红线向右，压在左黄线上面。右红线向左，从右黄线下面穿过。然后中间 2 根红线交叉，右红线压在左红线上面。

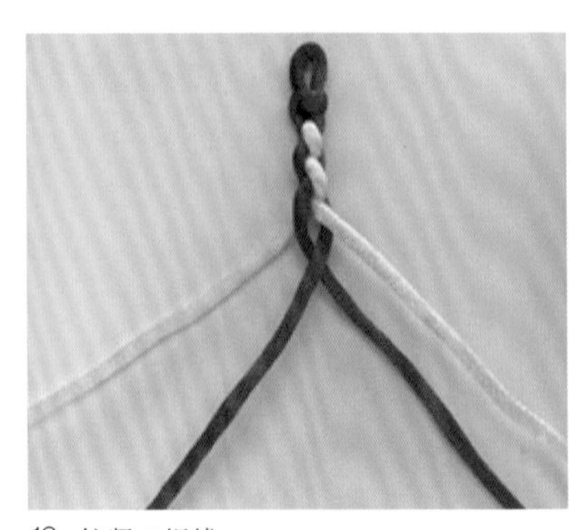

12 拉紧 4 根线。

13 四股辫完成。

2.2 中级结法：略有难度

2.2.1 纽扣结

纽扣结是一种历史悠久的中国传统结，也是常用基础结之一，学名疙瘩扣，在生活中也是一种很常用的结。纽扣结最早应用在中国古代的服饰中，既实用又起到装饰作用。它既可以在手绳、项链绳结尾时使用，又可与其他结体组合搭配制作出漂亮的手绳、项链绳、耳饰挂件等。纽扣结分为单线纽扣结和双线纽扣结。

单线纽扣结

[参考案例：童趣（P150）]

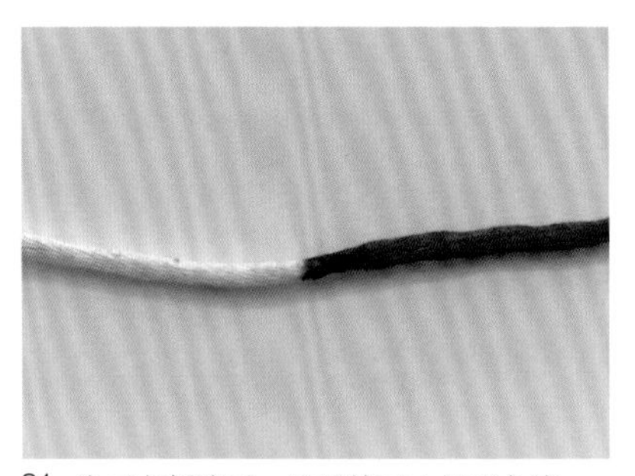

01 为了方便演示，这里接了1根双色线。

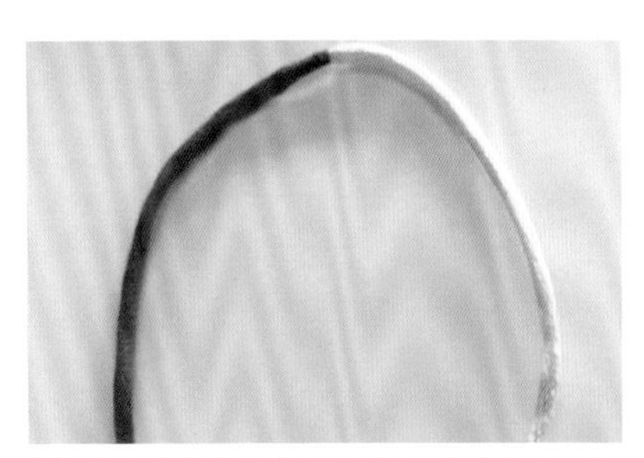

02 将这根拼接双色线对折，黄线在右，红线在左。

03 红线向右，压在黄线上面。

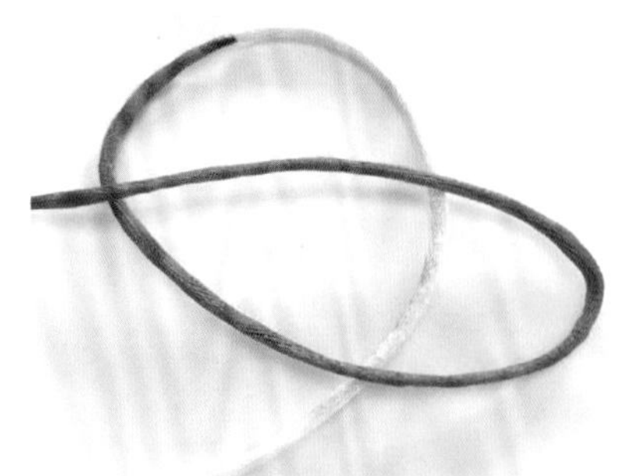

04 红线向左，形成一个圈，压在黄线上面。

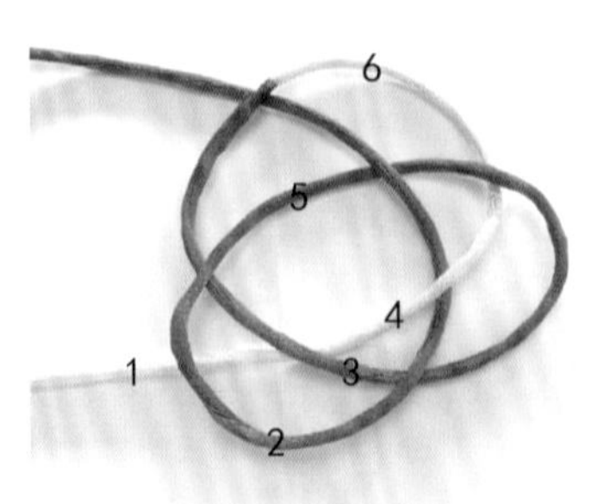

05 如图所示，左侧红线逆时针依次压黄1、红3，挑黄4，压红5，挑线6出。注意每根线的数字标注。

06 左上方红线逆时针向右上方，压黄 1、红 2，挑红 3、黄 4，并从正中间圈中由下至上穿出。

07 左右拉紧红线、黄线。

08 调好线，完成。

实例应用

双线纽扣结

[参考案例：初见（P252）]

常用于手绳、项链绳结尾，也可用于固定线头。

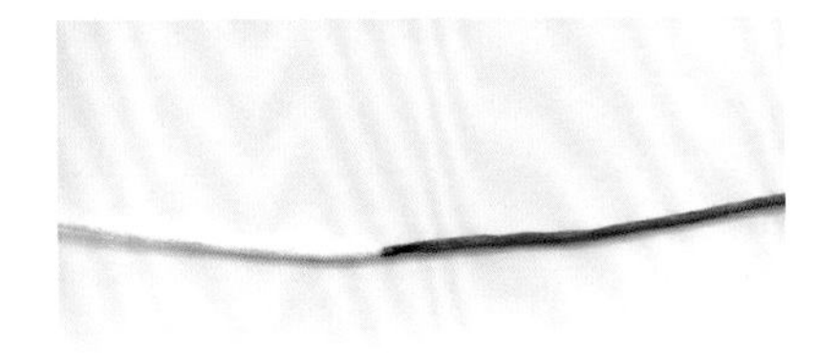

01 为了方便演示，这里接了一根双色线。

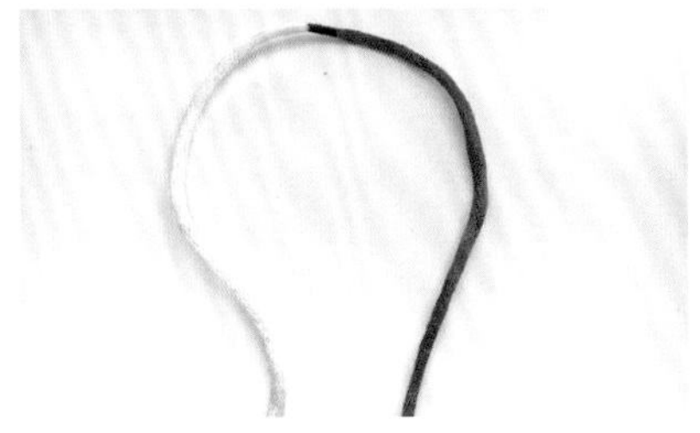

02 将这根拼接双色线对折，黄线在左，红线在右。

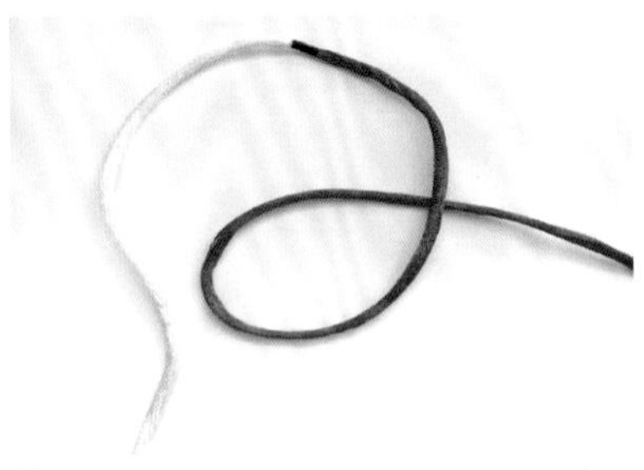

03 右侧红线向下弯折形成一个圈（注意：线的上下位置要弄清楚）。

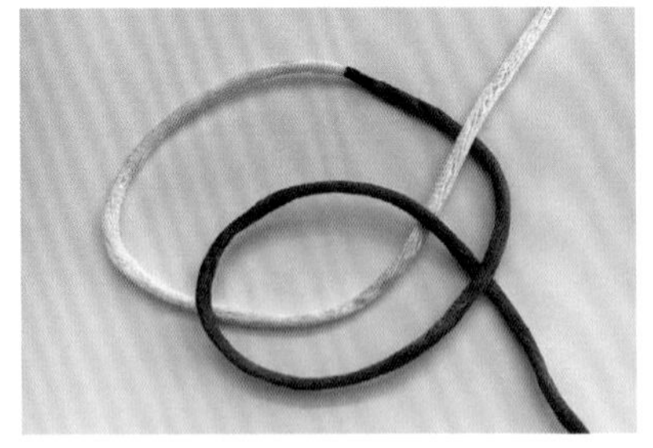

04 左侧黄线向右上方。右侧红线圈压在左侧黄线上面。

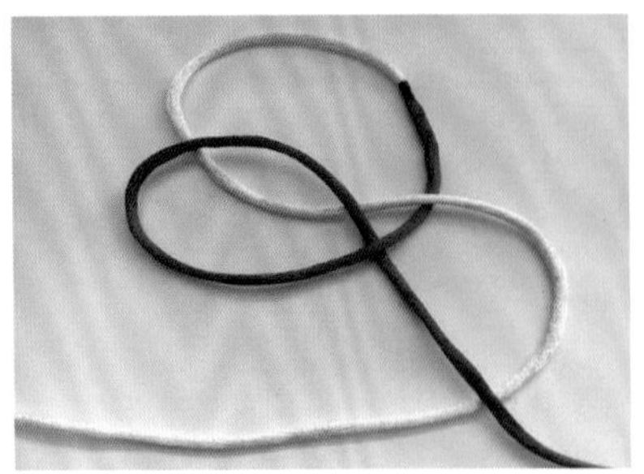

05 黄线顺时针穿过右下方红线（注意：红线在上，黄线在下）。

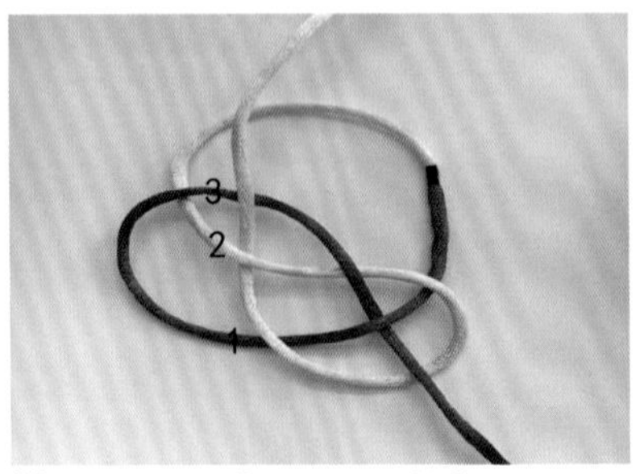

06 黄线向上，依次压红 1、挑黄 2、压红 3。

07 拉起接线处。

08 下方红线顺时针绕过竖着的黄线，并由上至下穿过正中间形成的方孔。

09 上方黄线顺时针绕过竖着的红线，并由上至下穿过正中间形成的方孔。

10 双手同时拉紧两端的线。

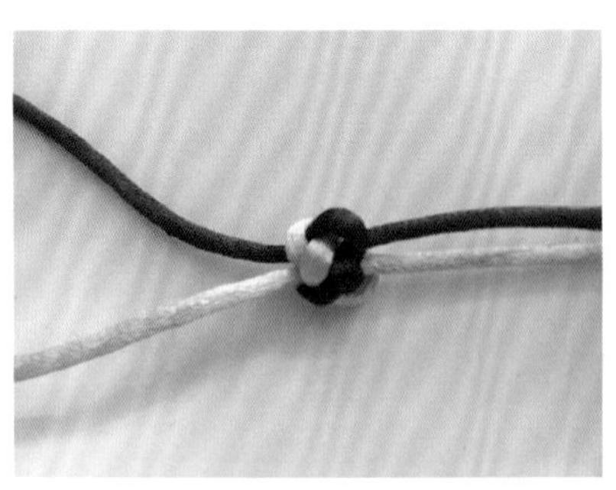

11 整理调线。

12 双向纽扣结完成。

双线纽扣结

2.2.2 双联结

双联结又叫“双扣结”，其由两个单死扣结相套相扣形成X状。其结形浑圆小巧，而且不易松散。因此，它常被用于编制结饰的开端或者结尾，固定主结上下连接部分。它也可经过绕线以后应用到手绳、项链绳上做装饰。

双联结（纵向）

［参考案例：忆江南（P189）］

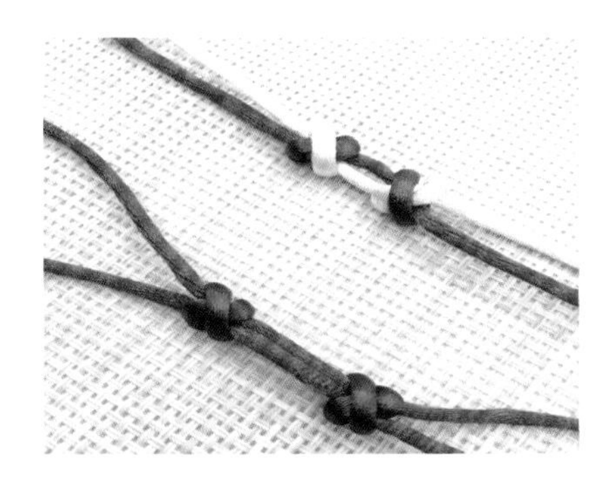

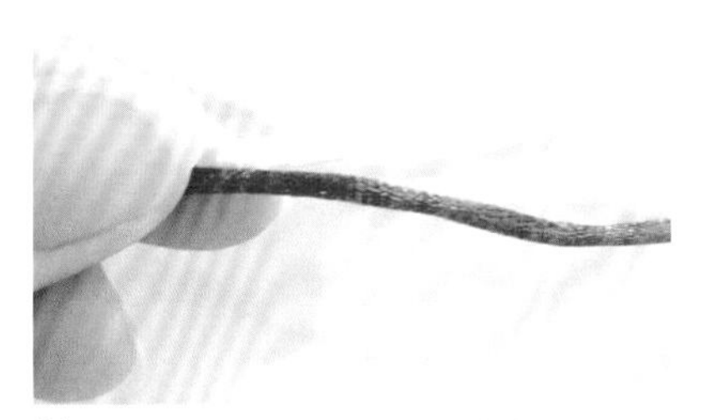

01 取1根红线、1根黄线。黄线在上、红线在下，用拇指和食指捏住2根线。

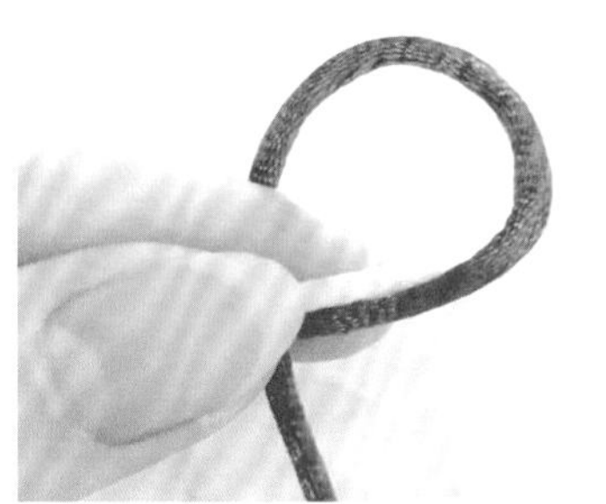

02 下方红线包住黄线向后围成一个圈，回到下方，用食指和无名指捏住。

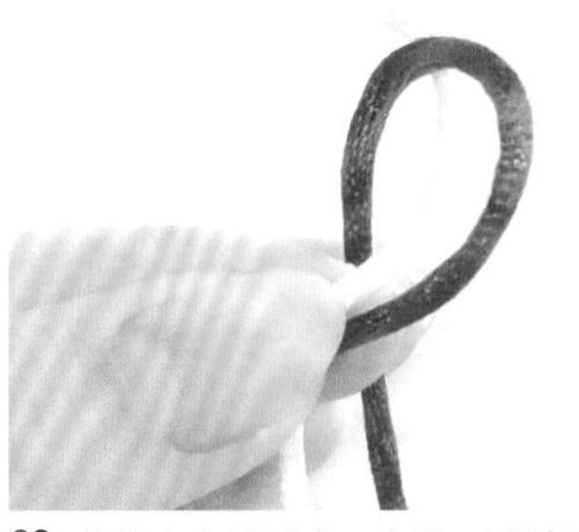

03 黄线也向后围成一个圈，回到下方，同样用食指和无名指捏住（注意：此时黄线圈在左红线圈在右，下方的线也是黄线在左红线在右，这个位置不要弄错）。

04 用黄线穿过红线圈，再穿过黄线圈。

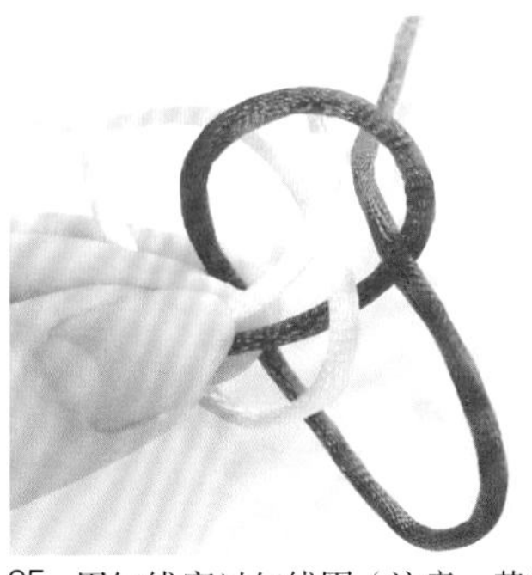

05 用红线穿过红线圈（注意：黄线穿红、黄线圈，红线只穿红线圈）。

06 向右同时拉紧红线、黄线。

07 用匀力同时拉紧红线、黄线，呈十字交叉状。

08 结形调好，双联结完成，正面如图。

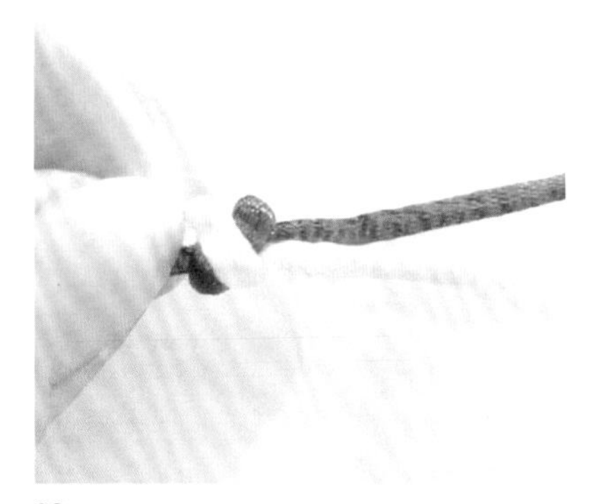

09 背面如图。

双联结（纵向）

双联结（横向）

［参考案例：黄蝉（P165）春（P201）］

01 准备红、黄2根线。红线在右，黄线在左。

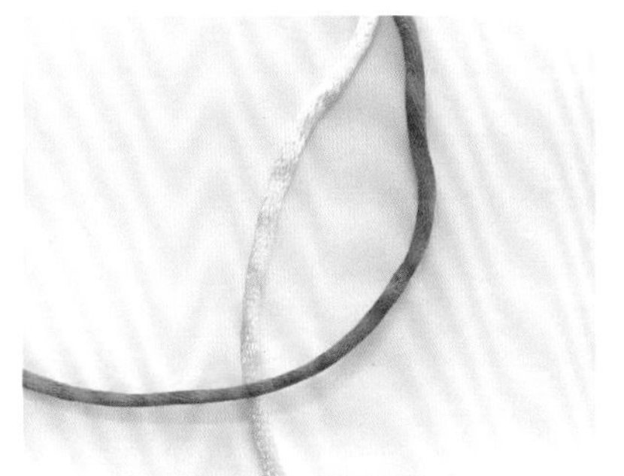

02 红线向左，压在黄线上面。

03 红线向右，从黄线下面穿过，形成上下两个圈。

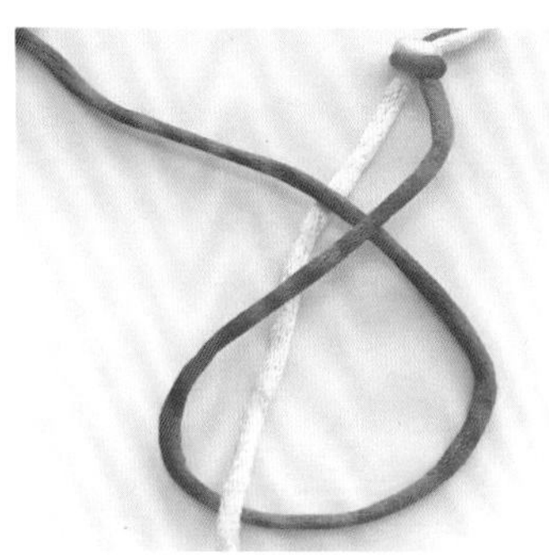

04 红线向左上方，并由下至上穿过上面的圈。

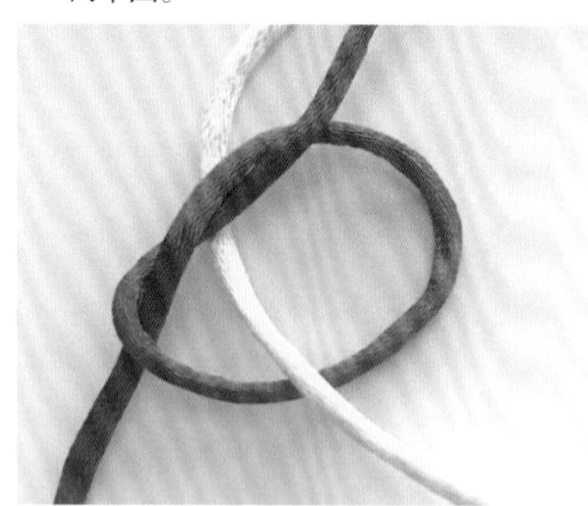

05 红线由上至下穿过左下方的红线圈。

06 黄线向左，从红线下面穿过。

07 黄线顺时针，压在左上方黄线上，然后由下至上同时穿过红线圈和黄线圈。

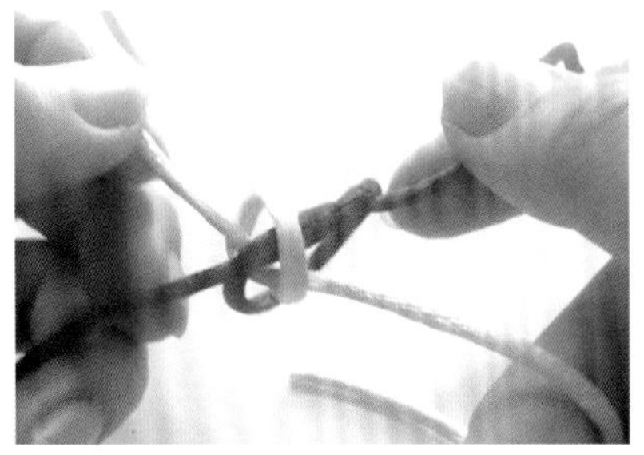

08 同时拉紧两端的两根线。

09 调好线，横向双联结完成。

10 另一面如图所示。

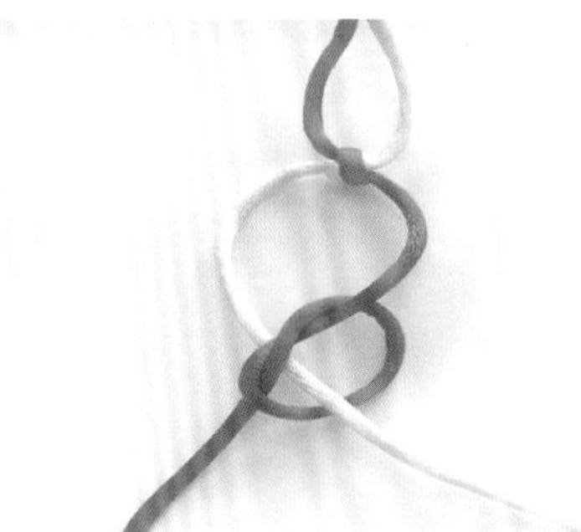

11 重复 2~10 步。红线向左压在黄线上面，然后逆时针做一个圈，先由下至上穿过上方的圈再由上至下穿过左下方的圈。

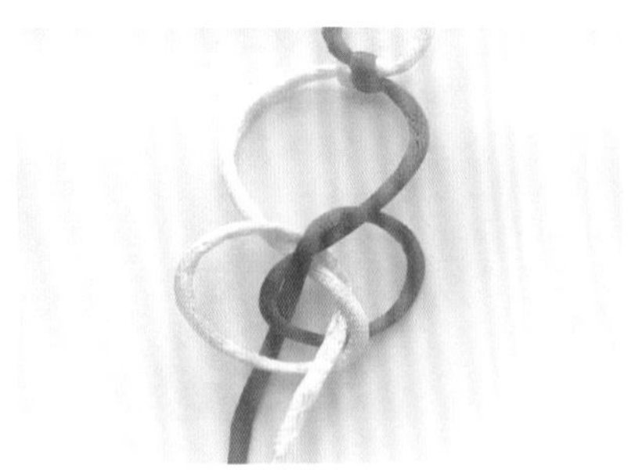

12 黄线向左压在红线上面，顺时针压在左上黄线上面，然后由下至上同时穿过红圈和黄线圈。

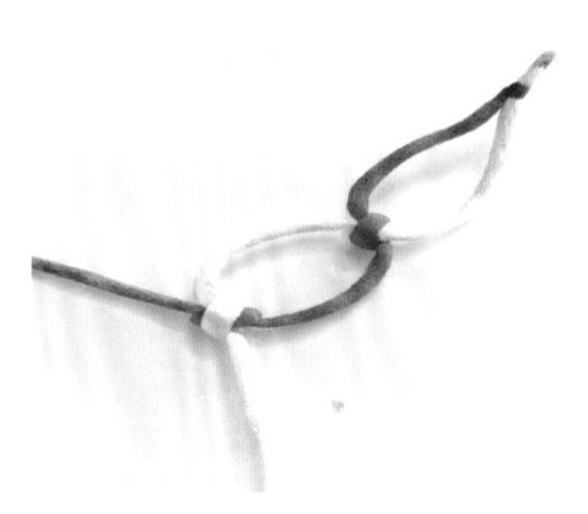

13 调好线，横向双联结完成。

实例应用
双联结（横向）

2.2.3 同心结

【参考案例：碧波（P227）】

同心结是一种古老而寓意深长的中国结，由两股绳分别做成活扣相套而成。因两结相连的特点，故常作为爱情的象征，有“永结同心”“夫妻同心”“永远恩爱”之意。

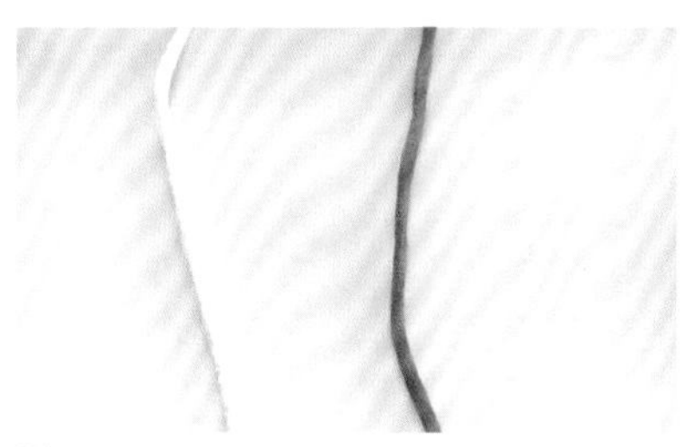

01 为了方便演示，准备红、黄 2 根线，烧粘接成双色线。

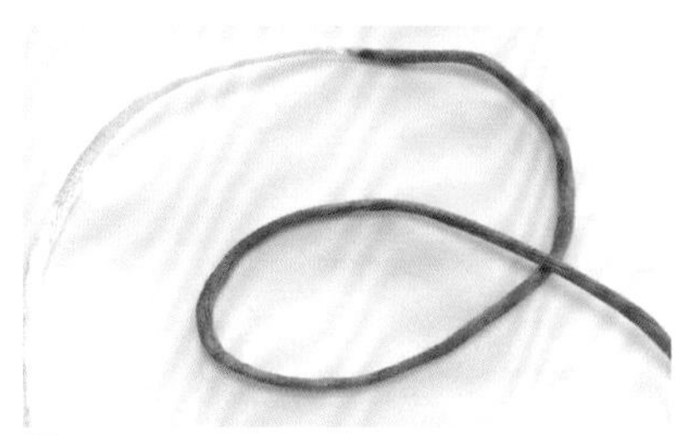

02 红线顺时针做一个圈（注意：红线的上下位置要确定好）。

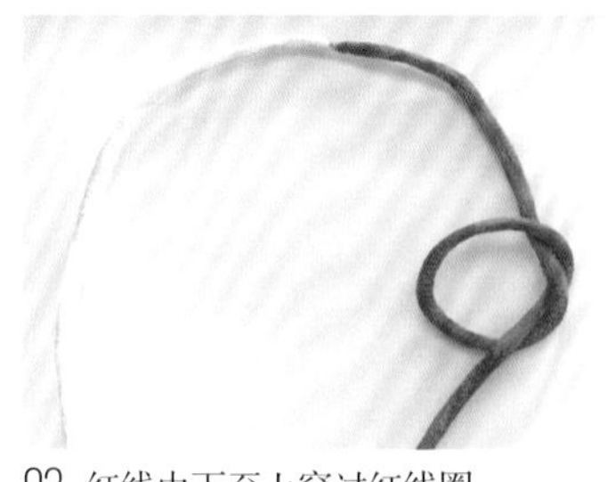

03 红线由下至上穿过红线圈。

04 黄线由上至下穿过红线圈，然后逆时针做一个圈（注意黄线的上下位置）。

05 黄线由上至下穿过黄线圈。

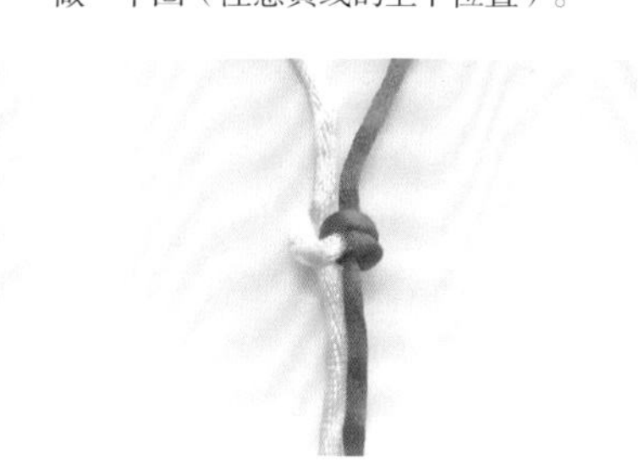

06 调好线，同心结完成。

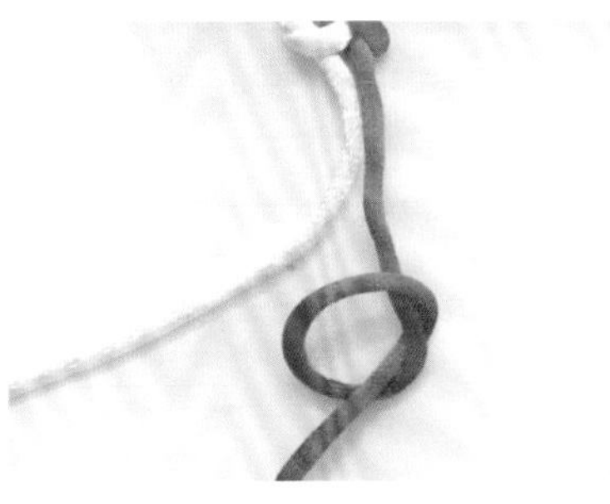

07 重复 2~6 步，红线顺时针做一个圈，并由下至上穿过红线圈（注意：红线圈的上下位置）。

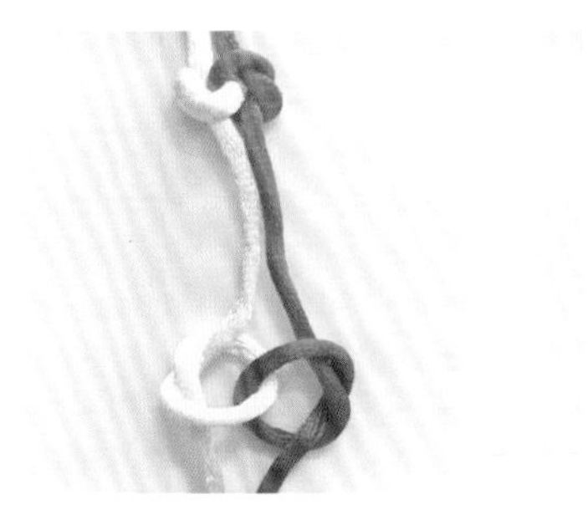

08 黄线由上至下穿过红线圈，然后做一个黄线圈，并由上至下穿过黄线圈。

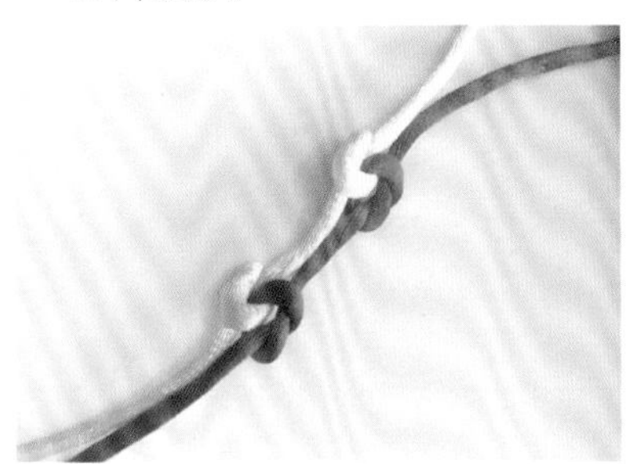

09 调好形状，同心结完成。

实例应用

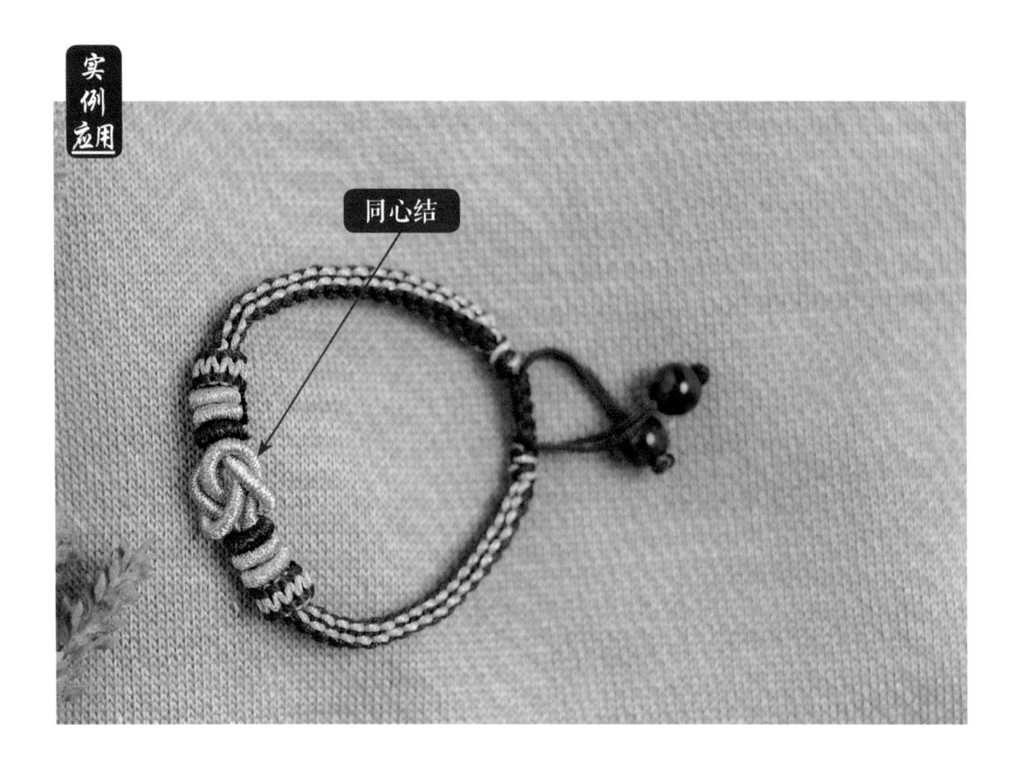

2.2.4 菠萝结

[参考案例：翩然（P206）]

菠萝结是常用基础结之一。它由双钱结变化而来，常用于项链绳、挂饰的编制。

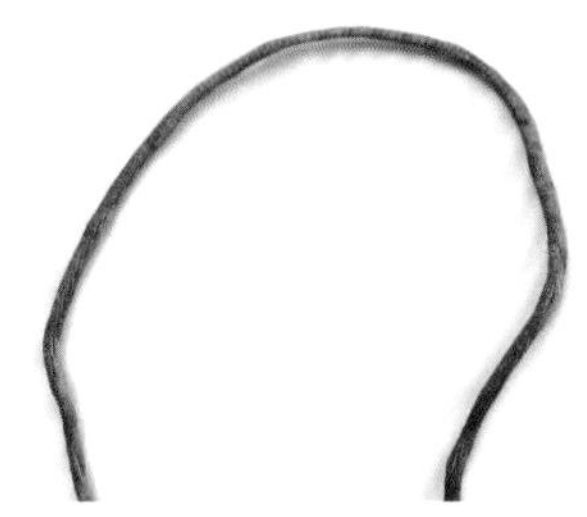

01 准备 1 根线，中间对折。

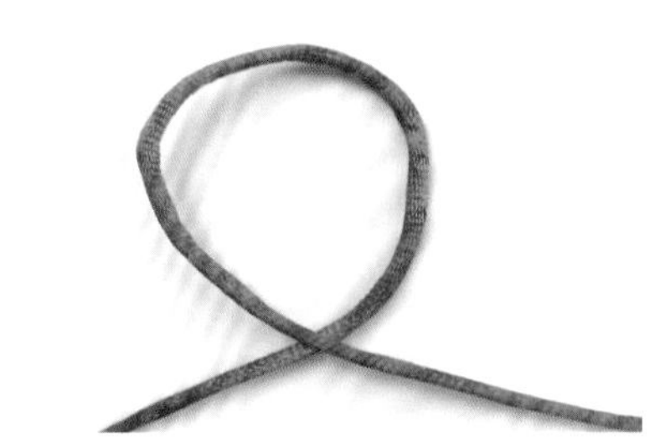

02 左线向右，压在右线上面。

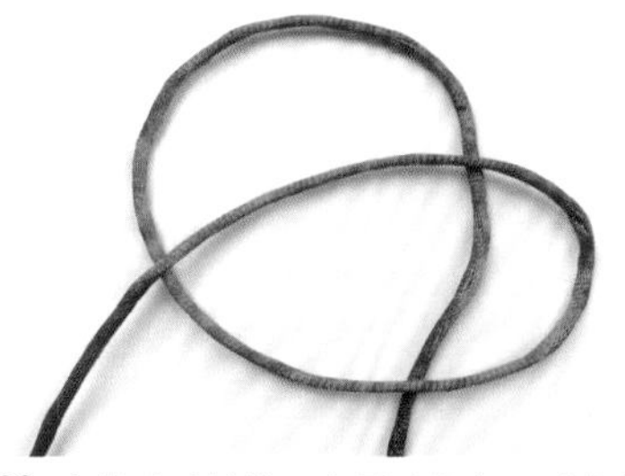

03 右线逆时针做一个圈（注意：要确定好线的上下位置）。

04 右线向左，压在左线上面。

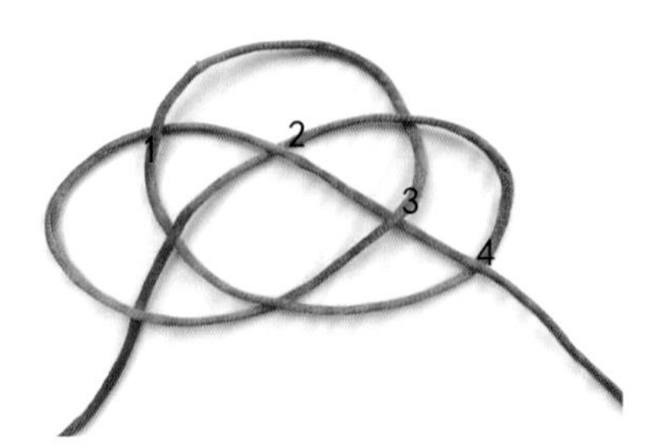

05 左线向右，依次挑 1、压 2、挑 3、压 4。一个双钱结做好。

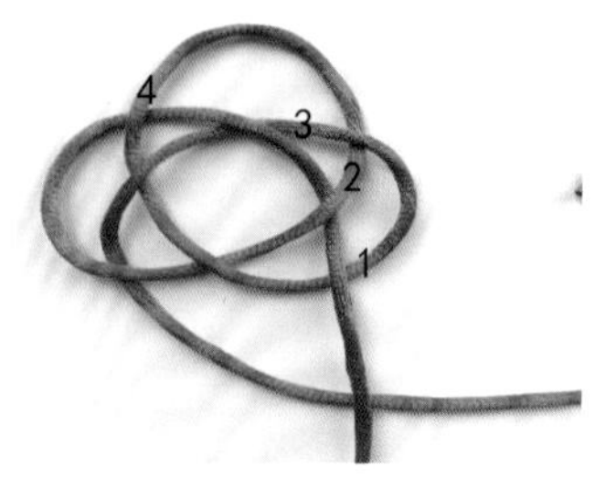

06 左线向右，从右线下穿过。

07 右侧红线向左上方逆时针依次压 1、挑 2、压 3、挑 4。

08 左上方红线向右上方逆时针依次压 1、挑 2、压 3（3 是 2 根红线）、挑 4。

09 右上方红线向右下方逆时针依次压 1、挑 2、压 3、挑 4（注意：1、3、4 分别是 2 根线）。

10 右下方红线向左下方逆时针依次压 1、挑 2、压 3、挑 4（注意：此时 1、2、3、4 都是 2 根线）。

11 左下方红线向右由上至下穿过右侧红线圈。

12 用一根笔（筷子、坠子都可以）穿过结体正中间的方孔。

13 调线。把线一点点拉紧，使结体由平面变成立体。

14 调到自己需要的大小。

15 剪掉两根线头。

16 菠萝结完成。

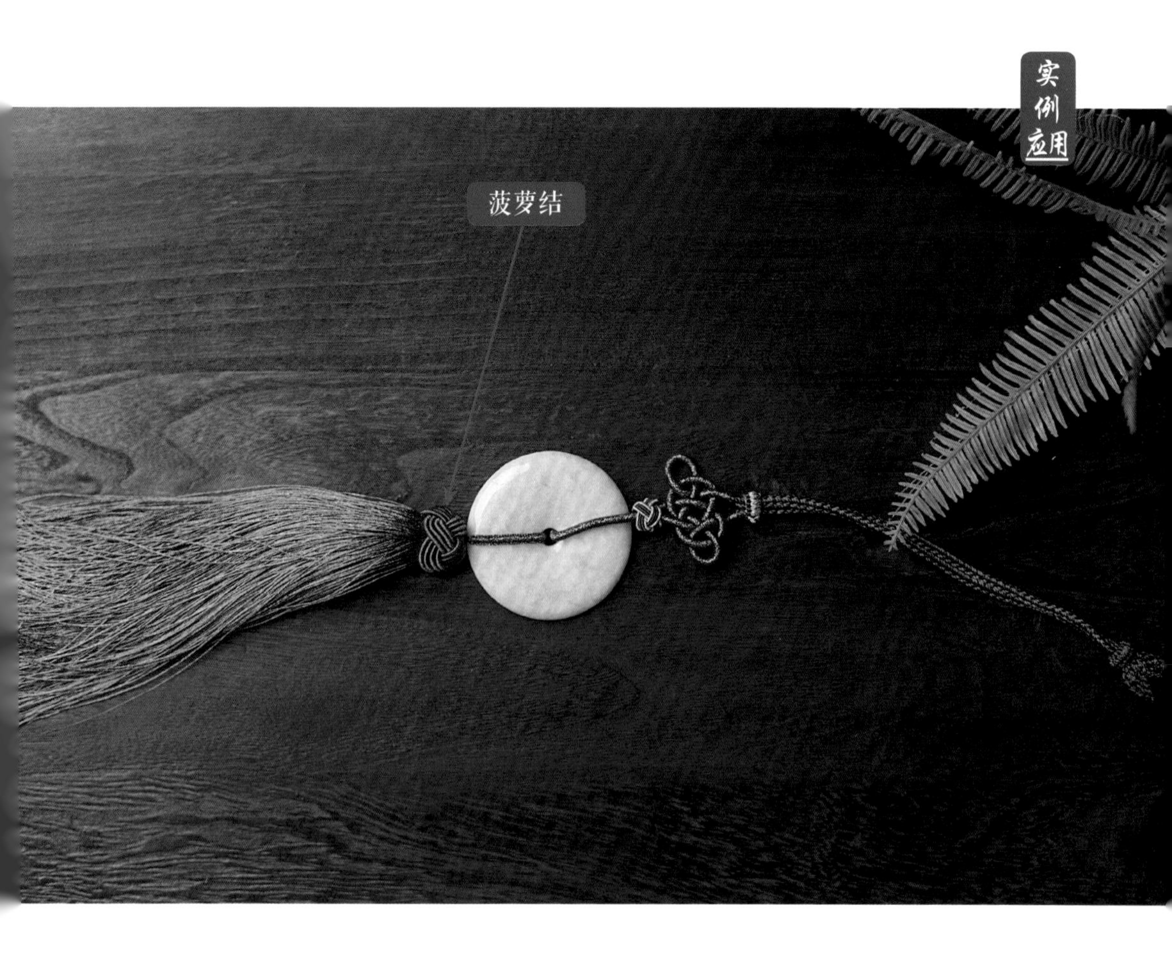

2.2.5 双钱结

双钱结是中国结的一种，又称作金钱结。双钱结像两个铜钱相连，象征着好事成双。外观呈三个环形相重叠，结形简洁大方。双钱结常用于项链绳、挂件上，作为装饰。还可以多个双钱结组合在一起，形成新的花型。

双钱结（单线）

［参考案例：红妆（P257）］

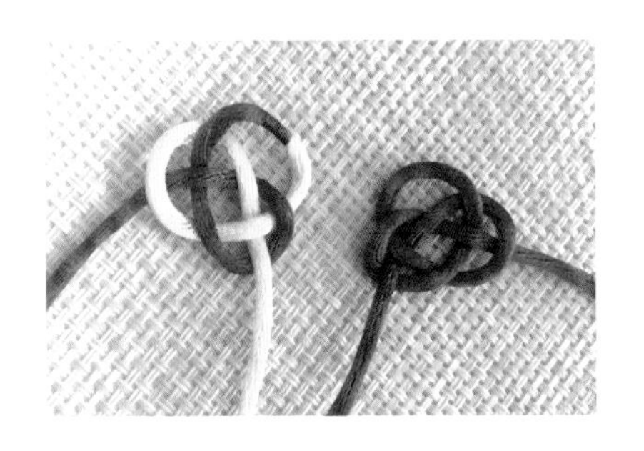

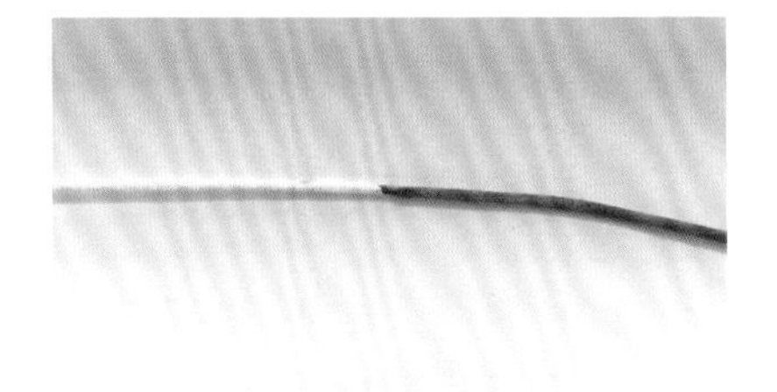

01 为了方便演示，这里接了一根双色线。

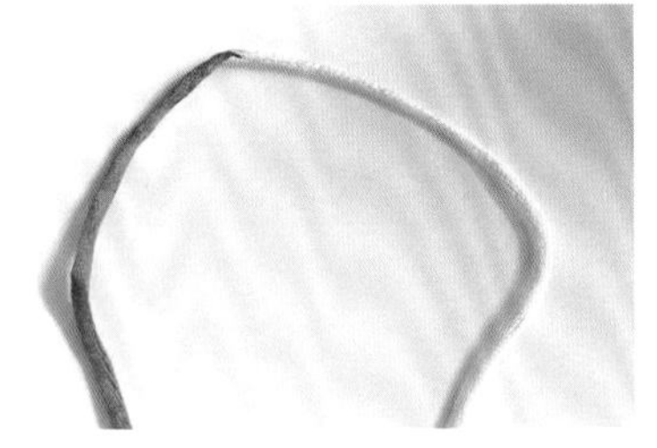

02 将上步拼接的线对折，红线在左，黄线在右。

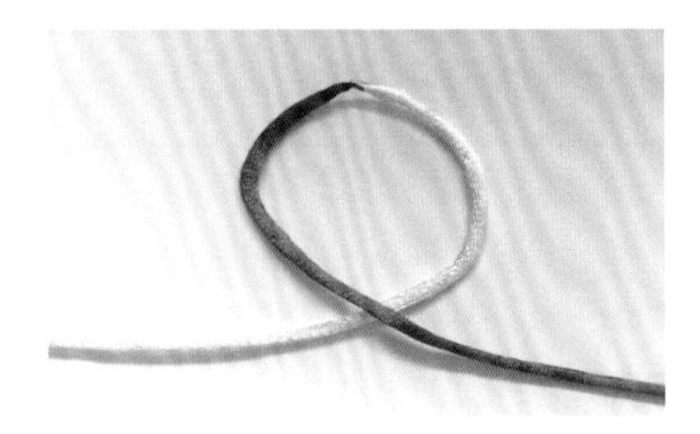

03 红线向右，压在黄线上面。

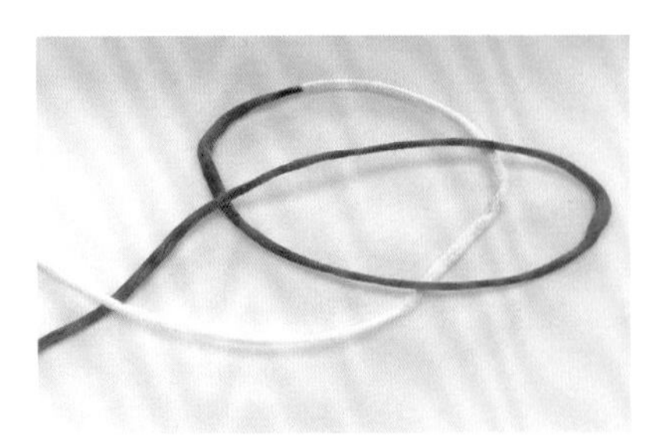

04 红线逆时针向左做一个圈，压在黄线上面，左下黄线压在左下红线上面。

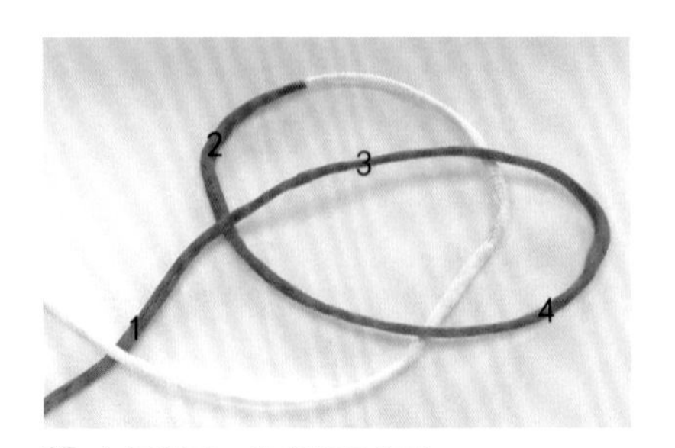

05 如图所示，注意序号位置。

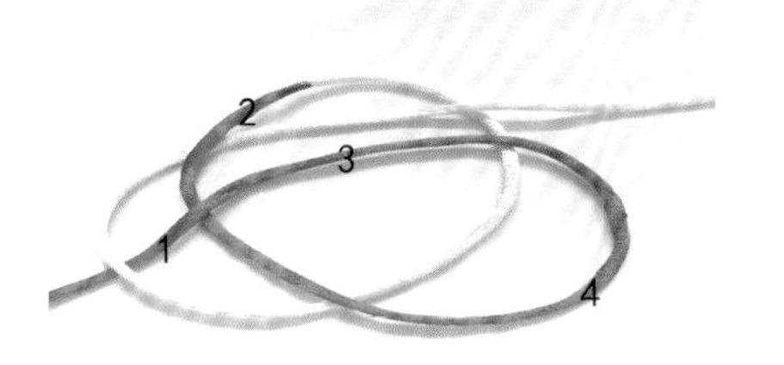

06 黄线向右顺时针形成一个圈，从红 2 下面穿过。

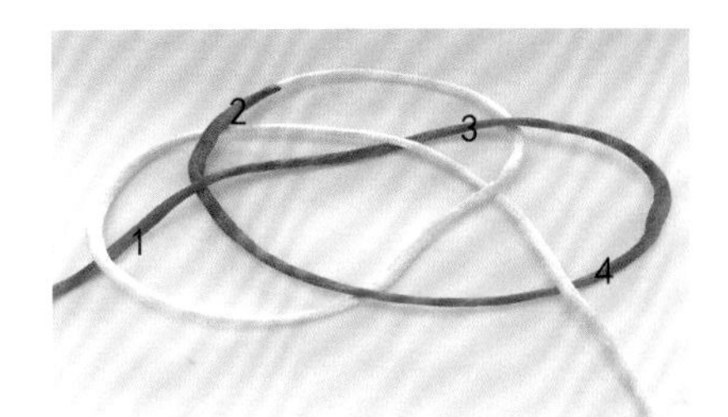

07 黄线继续顺时针向右下方，压在红 3 上面，然后从红 3、红 4 中间的黄线下面穿过，并压在右下方红 4 上面。

08 调好线，完成。

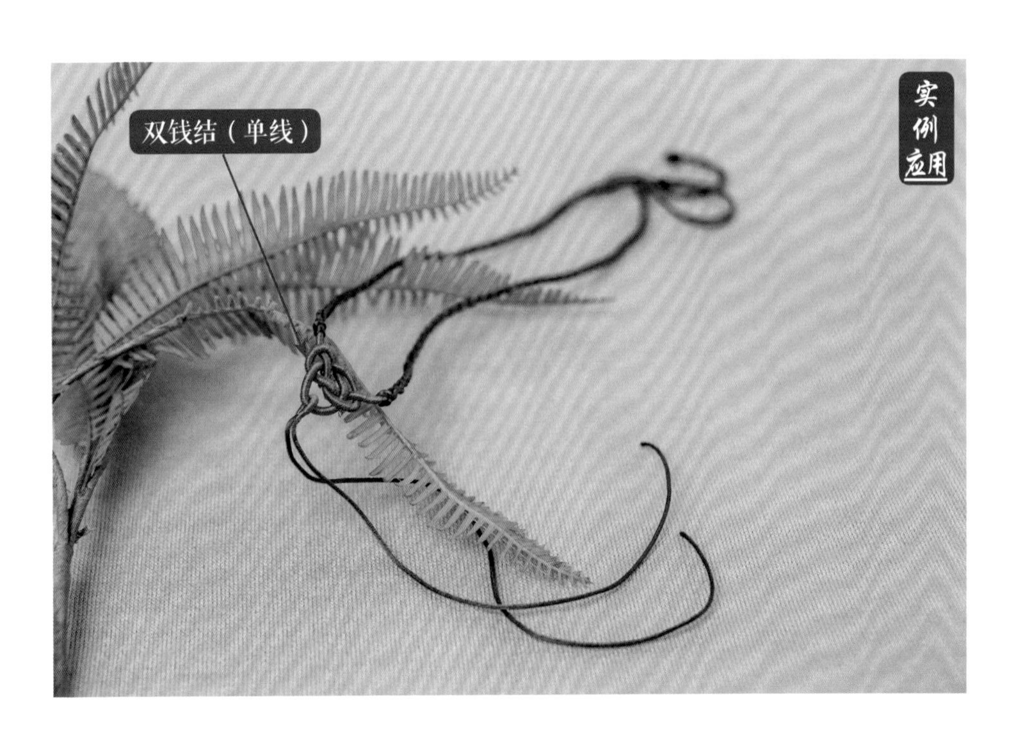

双钱结（双线）

[参考案例：蓝羽（P169）]

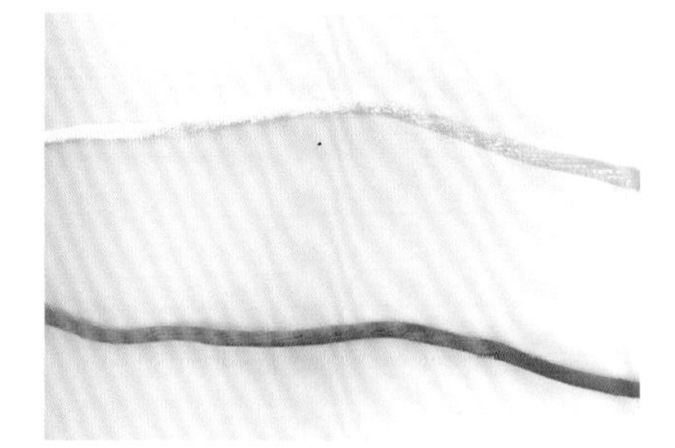

01 准备红、黄 2 根线。

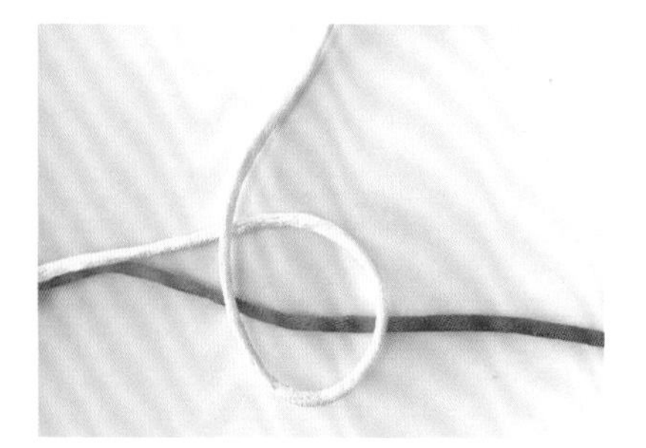

02 黄线顺时针做一个圈，并压在红线上面。

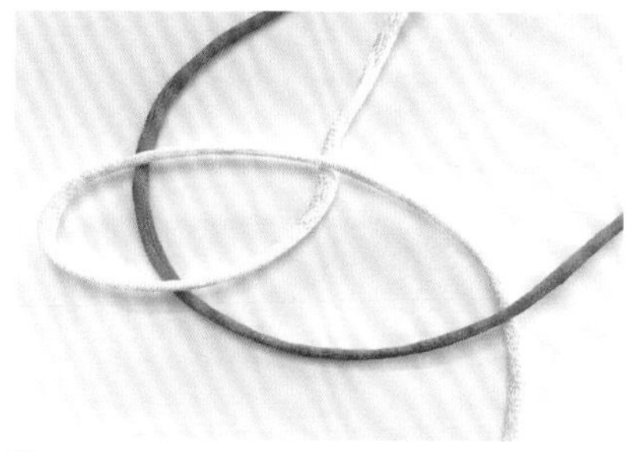

03 红线向右，压在右下方黄线上面。

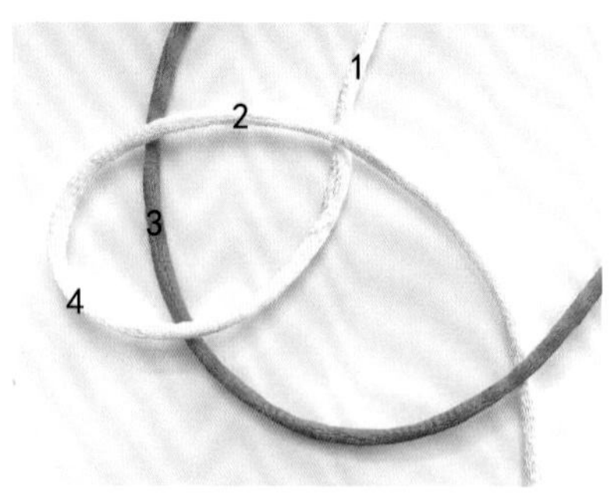

04 如图所示，右侧红线逆时针依次挑黄 1、压黄 2、挑红 3、压黄 4。

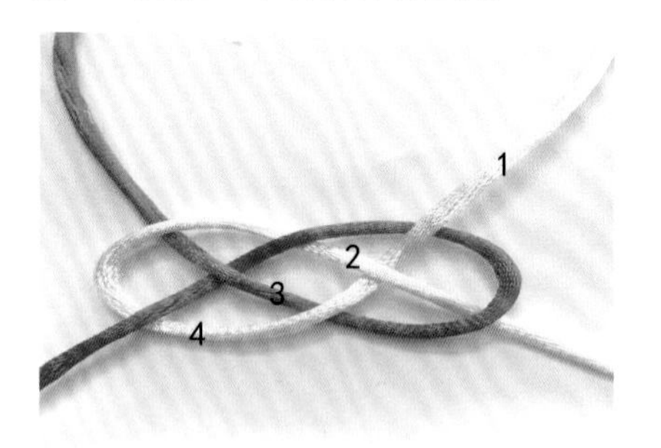

05 右侧红线逆时针依次挑黄 1、压黄 2、挑红 3、压黄 4。

06 同色线向左右拉紧，调好线，双线双钱结完成。

实例应用
双钱结（双线）

2.2.6 吉祥结

吉祥结是中国结的一种，是一种古老而被视为吉祥的结饰。吉祥结有美好祥瑞之意，可作为挂饰，也可绕线以后应用在手绳、项链绳、挂饰上，寓意吉祥如意、吉祥安康。

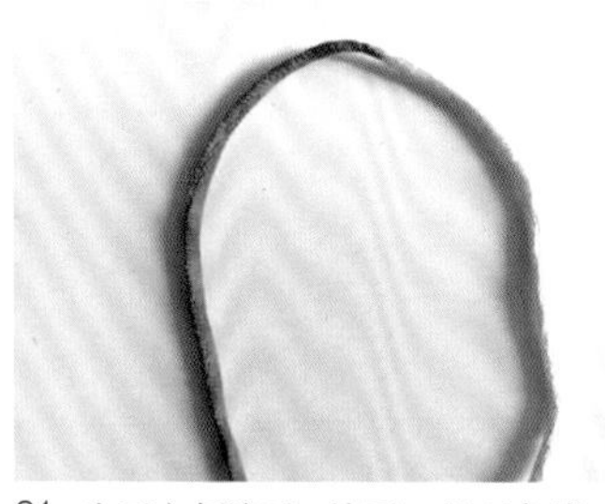

01 为了方便演示，接了一根双色线。对折，红线在左黄线在右。

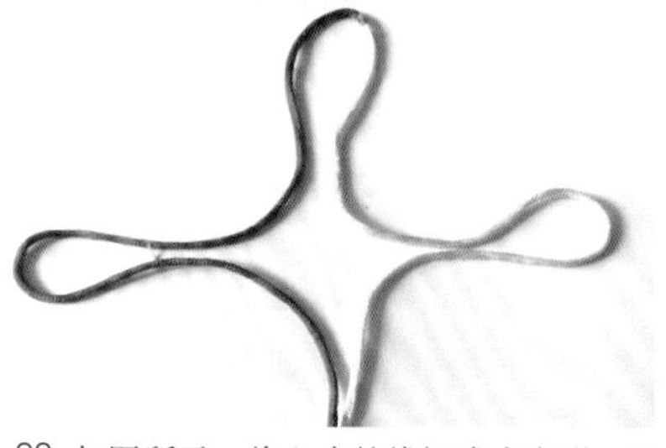

02 如图所示，将上步的线摆成十字形。可用珠针固定。

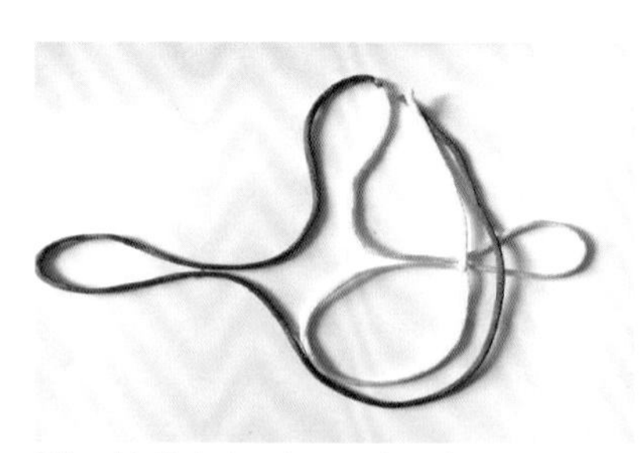

03 下方线向右上角，压右边线。

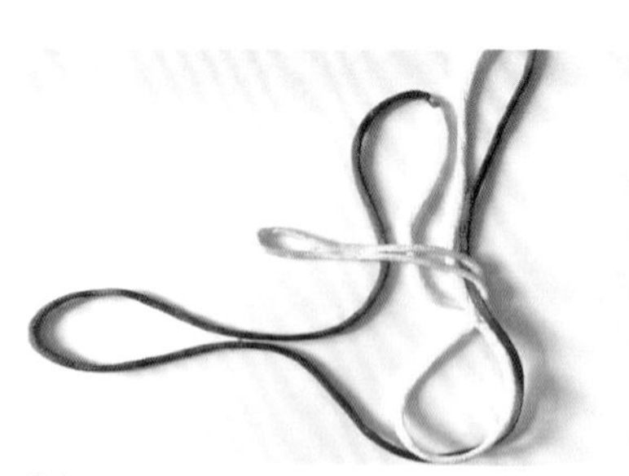

04 右边线向左上角，压上方 4 根线。

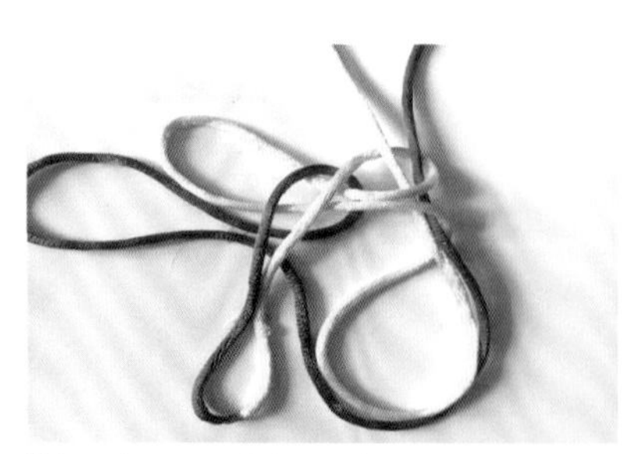

05 上方左边的线向左下角，压左边 4 根线。

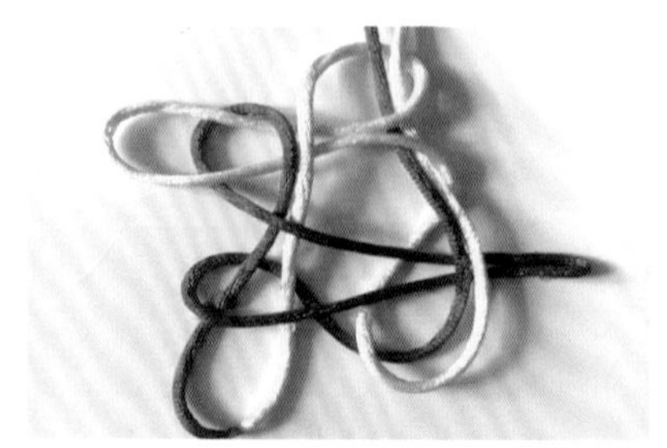

06 左下方一组红线向右下方，压两组 4 根线，并由上至下穿过右下角圈。

07 拉紧四个方向的线。

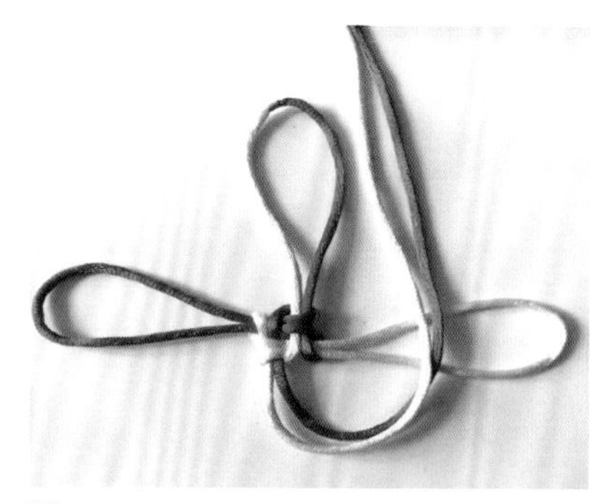

08 重复3~7步，下方线向右上角，压右边线。

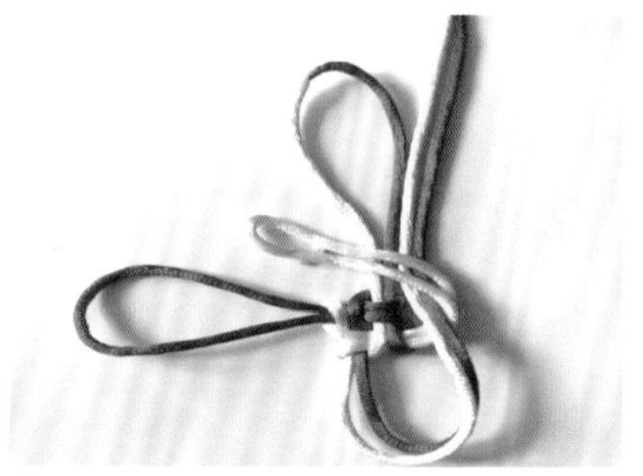

09 右边线向左上角，压上方4根线。

10 上方左边的线向左下角，压左边4根线。

11 左下方一组红线向右下方，压两组4根线，并由上至下穿过右下角的圈。

12 拉紧上下左右四组线。

13 调线，把四个角的耳朵拉出来，吉祥结完成。

吉祥结

2.2.7 绕线

短绕线一般用丁线圈的制作，长绕线多用于各种花结的编制。

短绕线

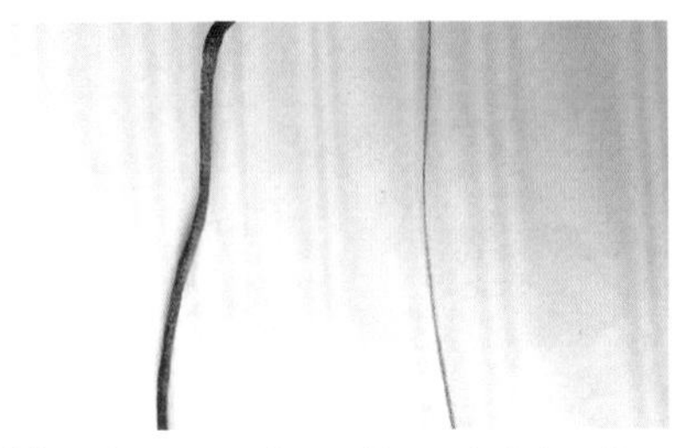

01 准备 1 红、1 黄两根线。红色是夹心线，略粗。黄色为绕线，略细。

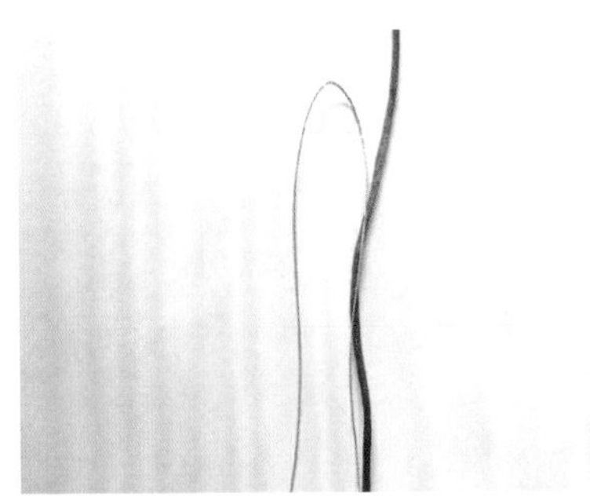

02 黄线在 5 厘米左右的位置对折，和红线放在一起。

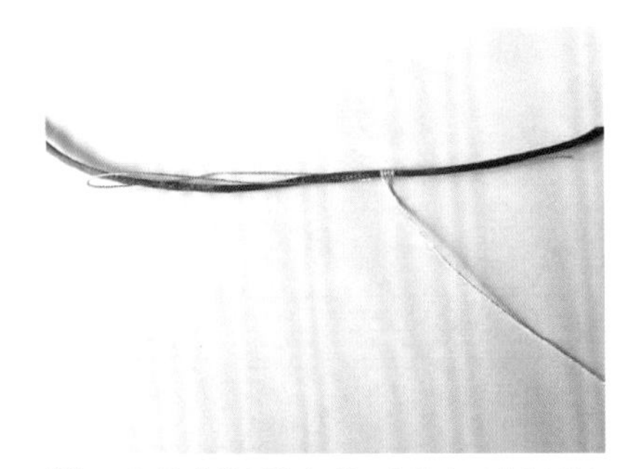

03 用长的黄线围绕红线，由前向后绕圈（注意：为了使绕线更为美观，每一圈都要拉紧）。

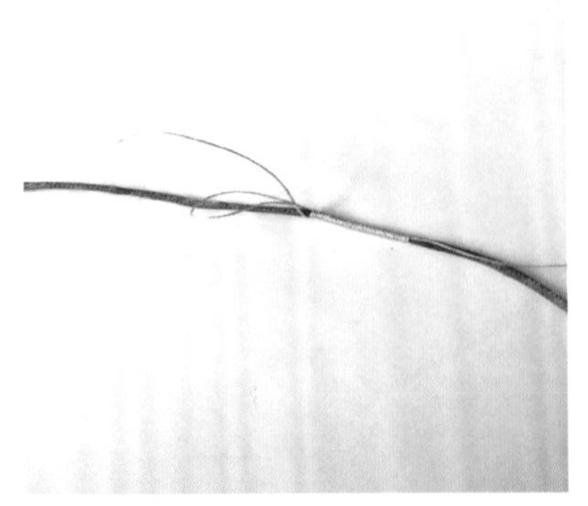

04 绕到合适长度，绕线右前向后穿过黄线圈。

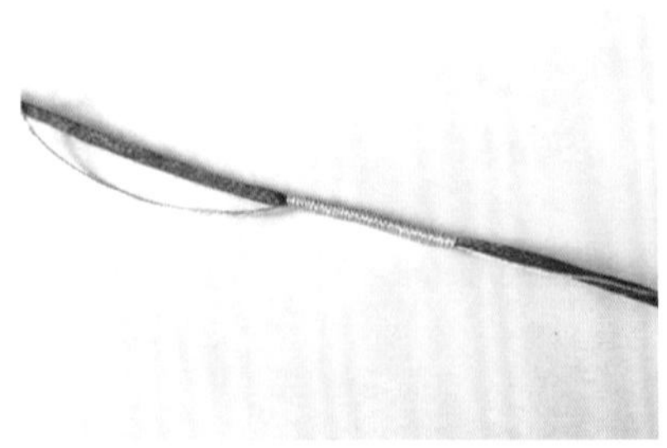

05 拉紧右侧线，短绕线完成（注意：在拉紧右侧线的同时，左侧的线头就会随着右侧线的拉动，被拉入已经绕好的部分）。

实例应用
短绕线

长绕线

[参考案例：童趣（P150）]

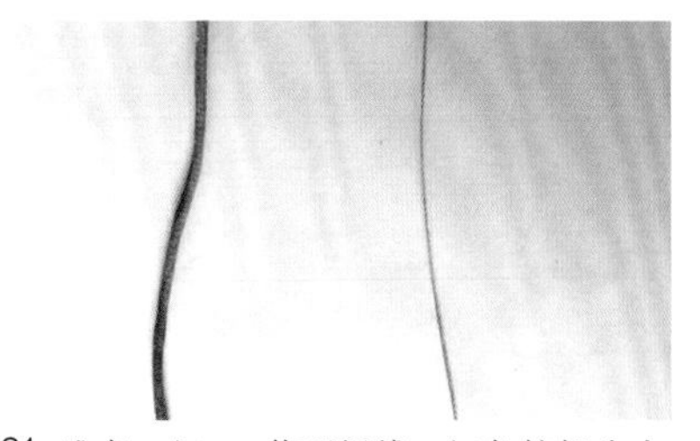

01 准备 1 红、1 黄两根线，红色较粗为夹心线，黄色较细为绕线。

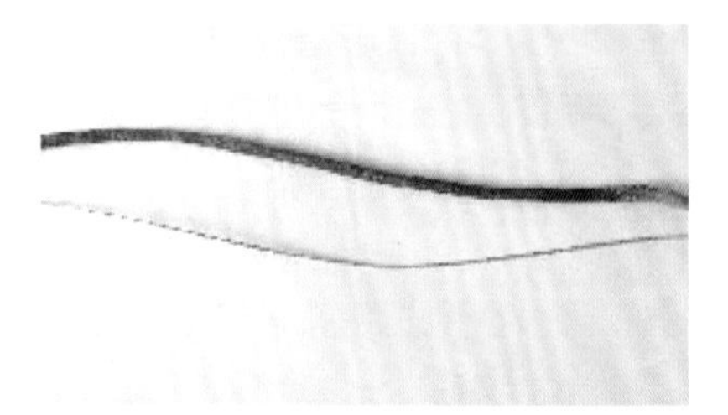

02 黄线预留出一段距离，和红线放到一起。例如：绕一段 10 厘米的绕线，预留线多加 3~5 厘米。

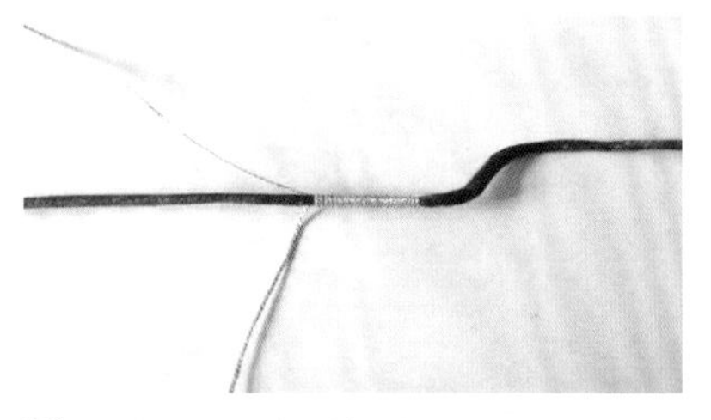

03 黄线长的一端开始围绕红线，由前向后绕圈，每一圈都要拉紧。

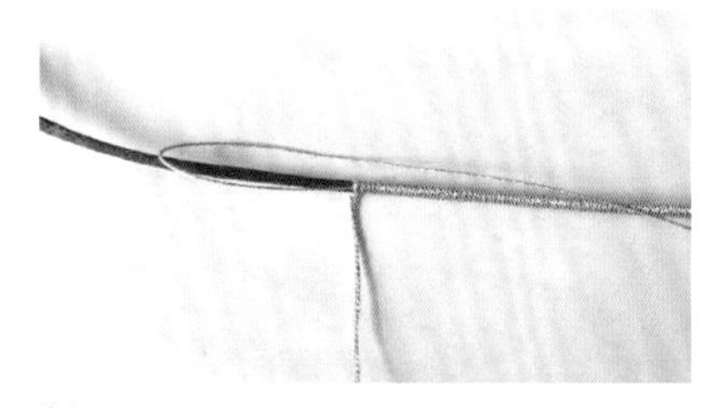

04 绕到差 1~2 厘米结束时，左边黄线向右做一个圈（注意：左边黄线即开始绕线时与红线放在一起的）。

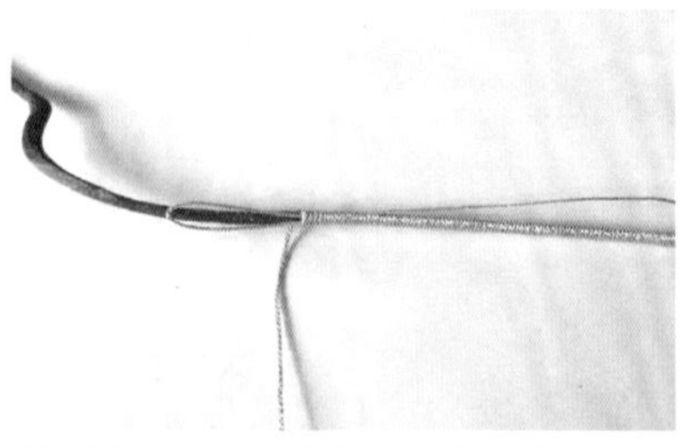

05 继续由前向后围绕红线绕圈，绕 1~2 厘米左右。

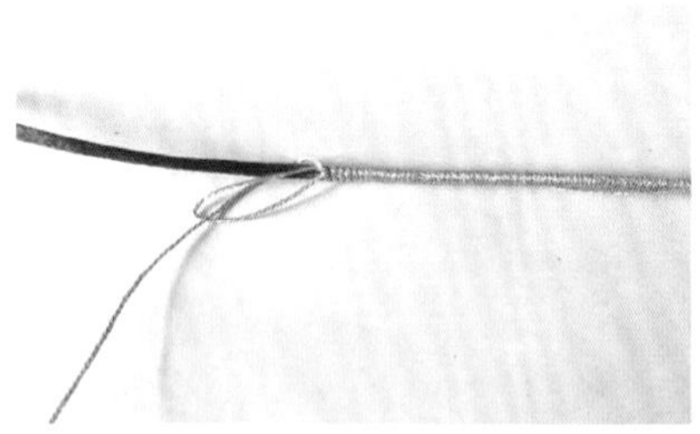

06 黄色绕线由后向前穿过左侧的黄线圈。

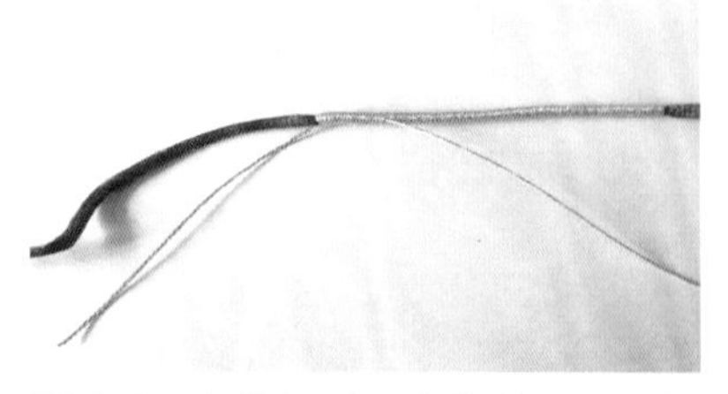

07 拉紧右侧黄线，把左侧黄线拉入已经绕好的部分。

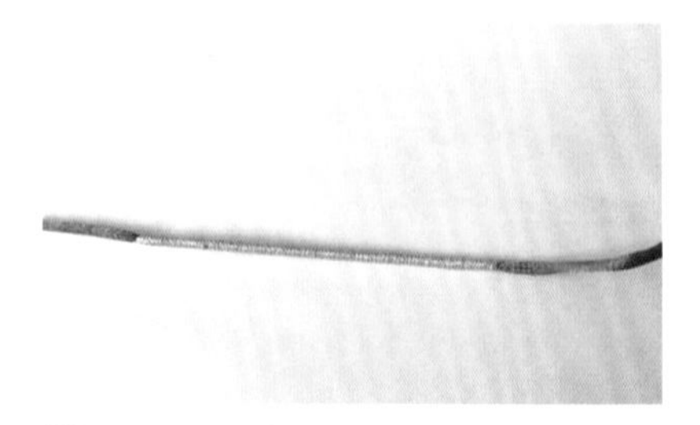

08 剪掉两头多余的黄线即可。长绕线完成。

实例应用
长绕线

2.2.8 斜卷结

因结体呈倾斜状而得名。它的编法类似于雀头结，简单易学，变化灵活，通过改变轴线、绕线的方向、数量可以编制出很多造型图案。立体动物、植物、卡通人物等大部分都是斜卷结编制而成，其应用比较广泛。

斜卷结（正向）

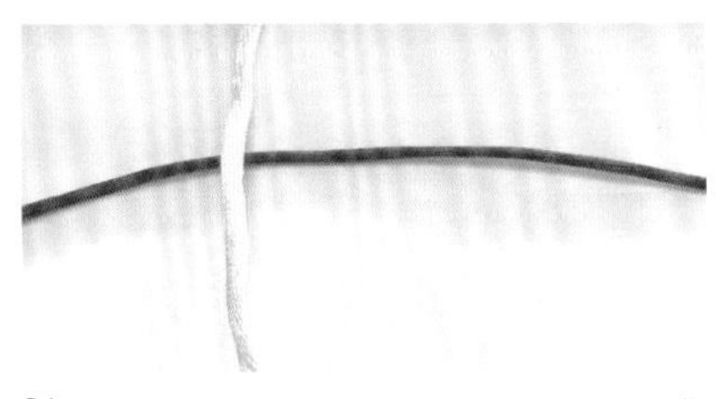

01 准备红、黄 2 根线，呈十字交叉状，横向红线在下，竖向黄线在上。

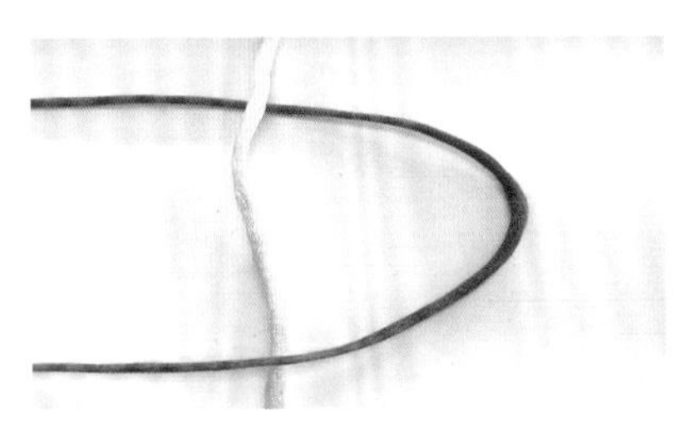

02 红线向左，压在黄线上面。

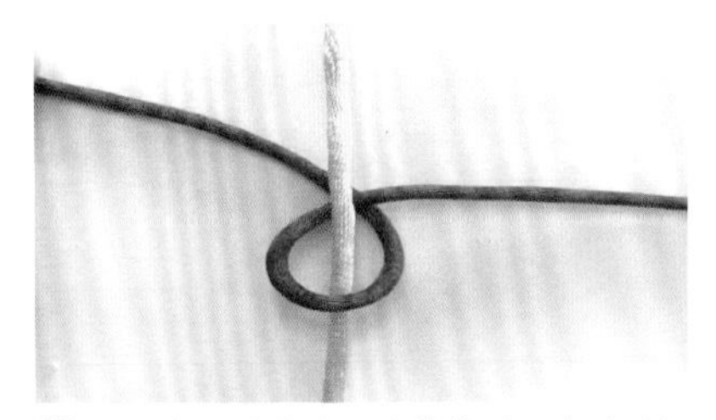

03 左下方红线向右，从黄线下面穿过压红线回到右侧。

04 拉紧红线。

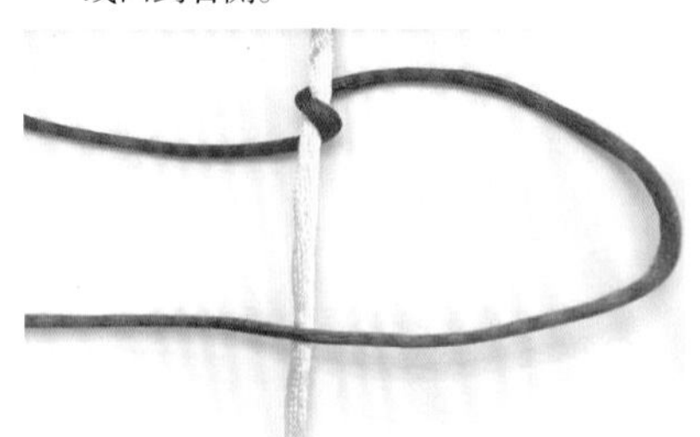

05 右侧红线向左，压在黄线上面。

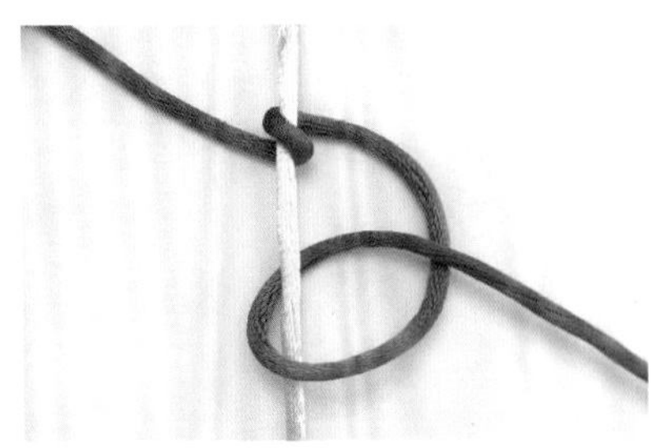

06 左下方红线向右，从黄线下方穿过，并由下至上穿过右侧红线圈。

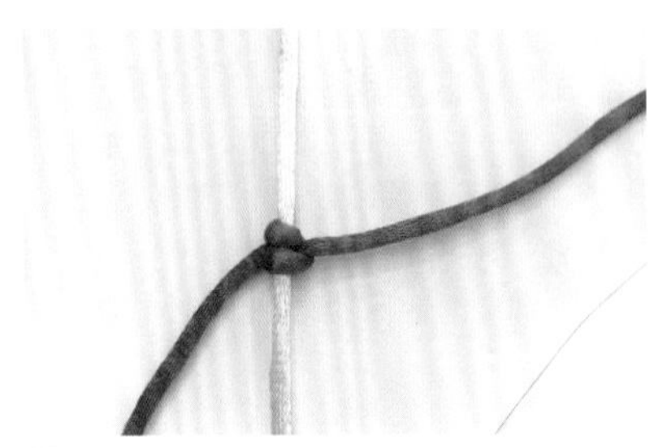

07 拉紧红线，一组正向斜卷结完成。

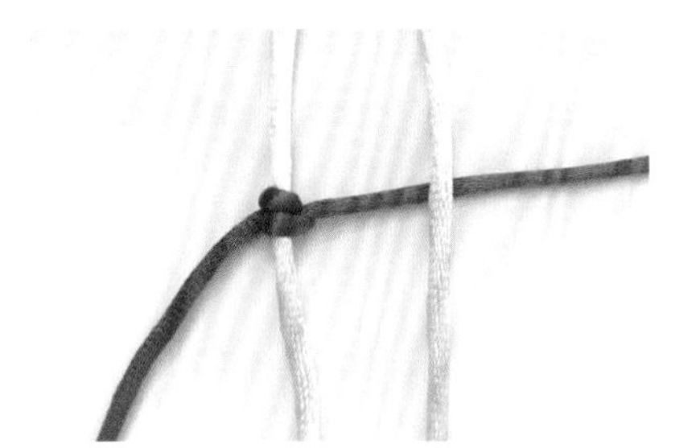

08 重复 2~7 步，横线红线在下，竖向黄线在上，呈十字状。

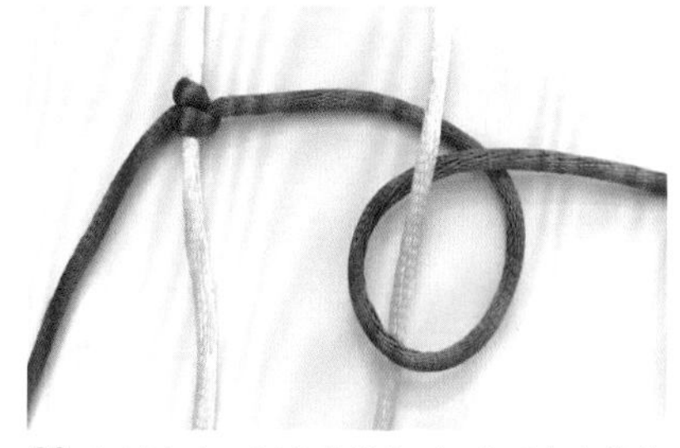

09 红线向左，压在黄线上面。然后向右从黄线下面穿过，并由下至上穿过右侧红线圈。

10 拉紧红线。

11 右侧红线向左，压在黄线上面。然后向右从黄线下面穿过，并由下至上穿过右侧红线圈。

12 拉紧红线，一组正向斜卷结完成。

实例应用

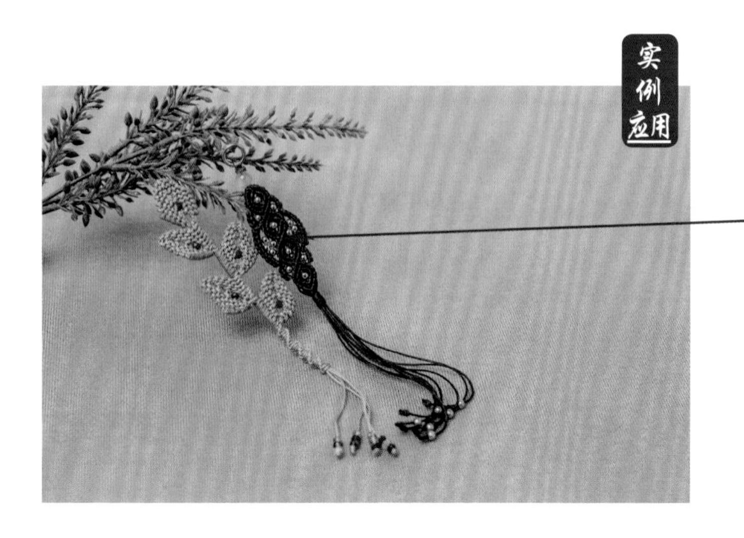

斜卷结（反向）

01 准备红、黄 2 根线，横向黄线在上，竖向红线在下，呈十字状。

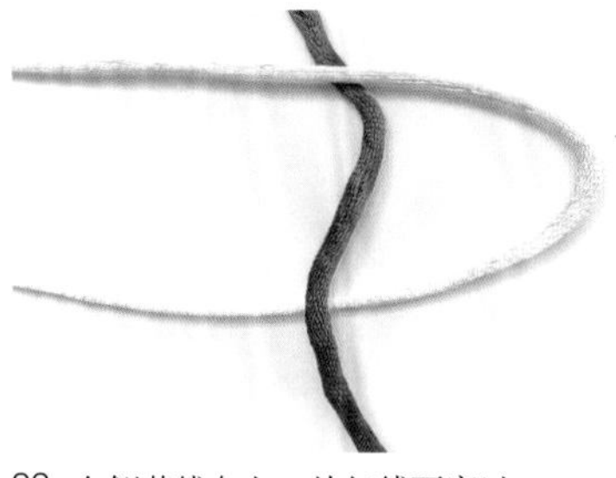

02 右侧黄线向左，从红线下穿过。

03 左下方黄线向右压在红线上面，并由上至下穿过右侧黄线圈。

04 拉紧黄线。

05 右侧黄线向左，从红线下面穿过。

06 左下方黄线向右压在红线上面，并由上至下穿过右侧黄线圈。

07 拉紧黄线，一组反向斜卷结完成。

08 重复 2~7 步，右侧黄线向左，从红线下面穿过，然后向右压在红线上面，并由上至下穿过右侧黄线圈。

09 拉紧黄线。

10 右侧黄线向左，从红线下面穿过，然后向右压在红线上面，并由上至下穿过右侧黄线圈。

11 拉紧黄线，一组反向斜卷结完成。

实例应用

2.2.9 圆编六股辫

圆编六股辫是在四股辫的基础上多加了两根线，左右各 3 根，因压挑顺序不同，因此编出来的结体呈圆形，可用于手绳、把件绳的编制。

01 准备 3 黄、3 红 6 根线，依次排开。

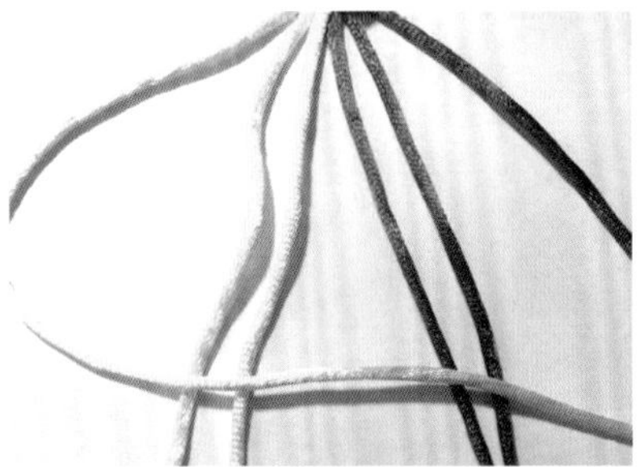

02 左边最外侧黄线向右，同时压在左边 2 根黄线和右边内侧 2 根红线上面。

03 右边黄线向左，先从右边中间红线下面穿过，然后压在右边最内侧红线上面，回到左边最内侧。

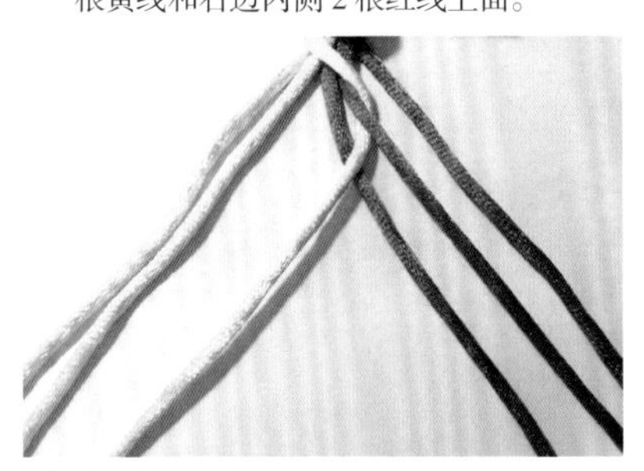

04 拉紧线，调整好。

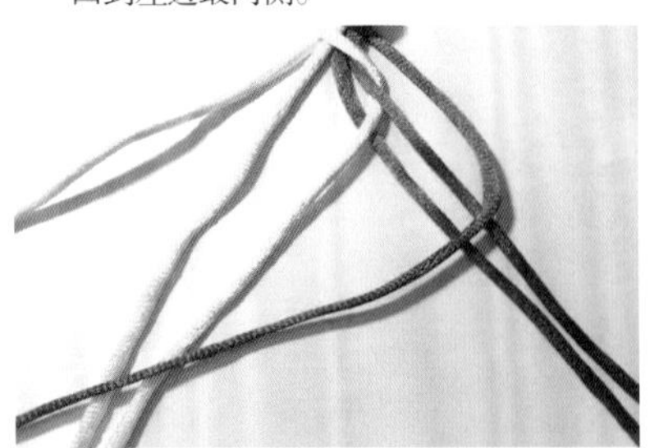

05 右边最外侧红线向左，同时压在右边内侧 2 根红线和左边内侧 2 根黄线上面。

06 左边红线向右，先从左边中间黄线下面穿过，然后压在最内侧黄线上面，回到右边最内侧。

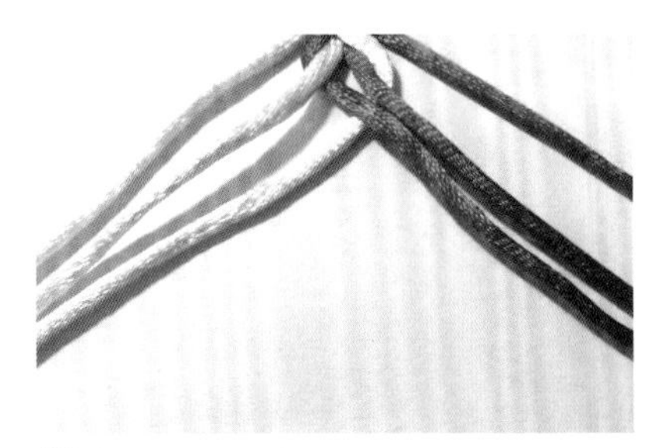

07 拉紧线，调整好。

08 左边最外侧黄线向右，同时压在左边 2 根黄线和右边内侧 2 根红线上面。

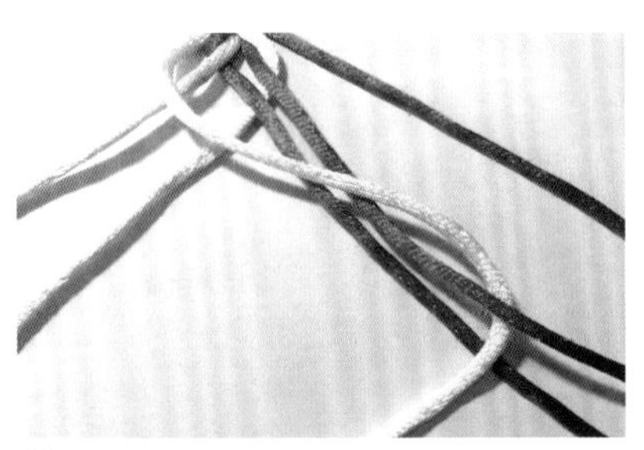

09 右边黄线向左，先从右边中间红线下面穿过，然后压在右边最内侧红线上面，回到左边最内侧。

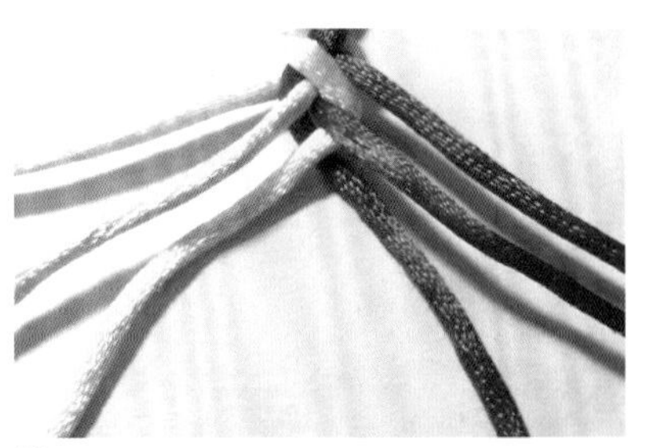

10 拉紧线，调整好。

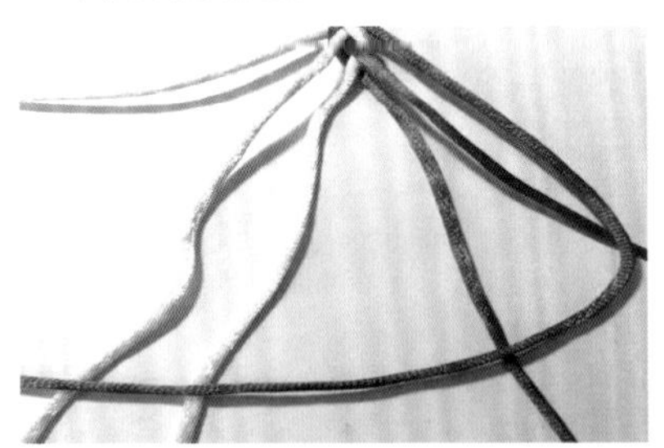

11 右边最外侧红线向左，同时压在右边内侧 2 根红线和左边内侧 2 根黄线上面。

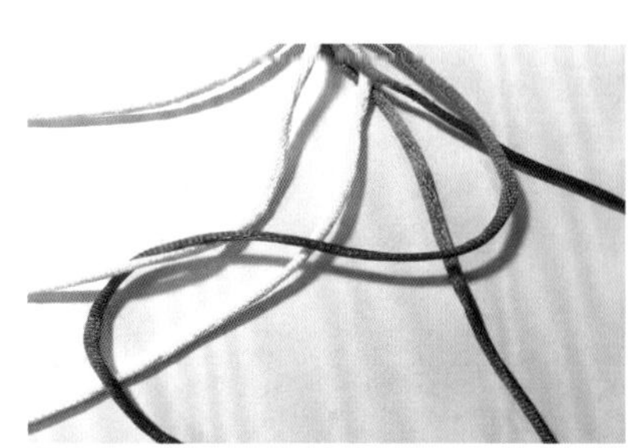

12 左边红线向右，先从左边中间黄线下面穿过，然后压在最内侧黄线上面，回到右边最内侧。

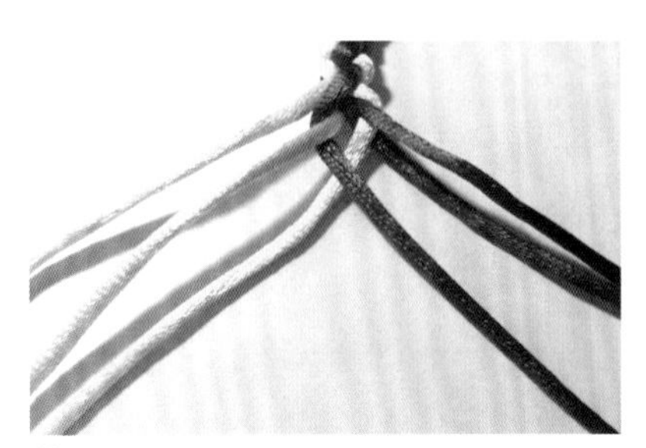

13 拉紧线，调整好。

14 重复 2~13 步，完成。

实例应用

圆编六股辫

2.2.10 八股辫

八股辫是在四股辫的基础上多加了4根线，左右各4根相互交叉缠绕，看似复杂，其实是有规律可循的。八股辫常用于手绳、项链绳等，应用比较广泛。八股辫分为方编和圆编两种。

方编八股辫

[参考案例：平安（P153）]

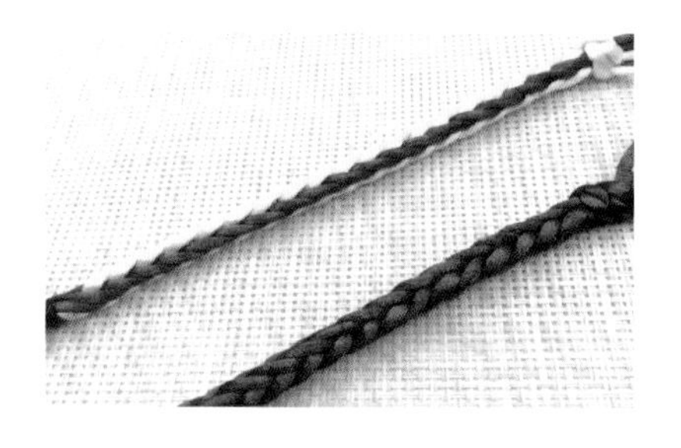

01 准备4黄、4红8根线，依次摆开。

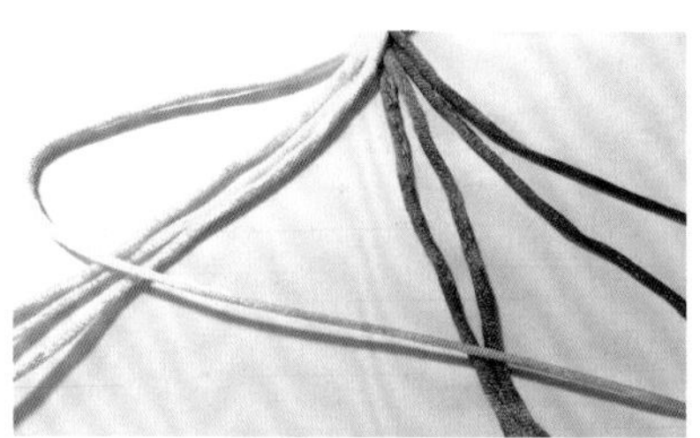

02 左边最外侧第1根黄线向右，同时压在左边3根黄线和右边最内侧2根红线上面。

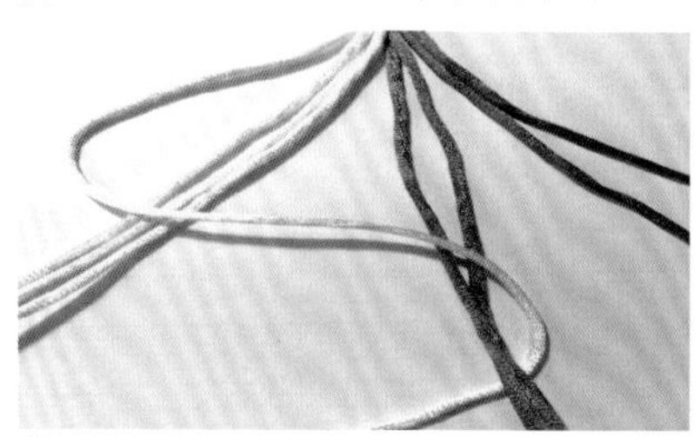

03 右边黄线向左，从右边内测2根红线下面穿过，回到左边最内侧。

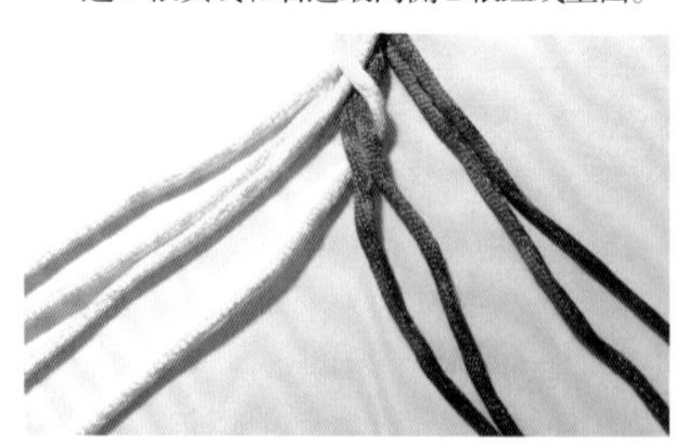

04 拉紧线，调整好。

05 右边最外侧红线向左，同时压在右边3根红线和左边最内侧2根黄线上面。

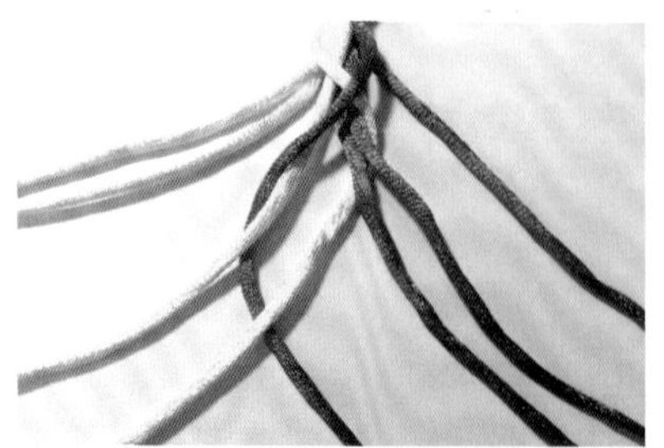

06 左边红线向右，从左边最内侧2根黄线下面穿过，回到右边最内侧。

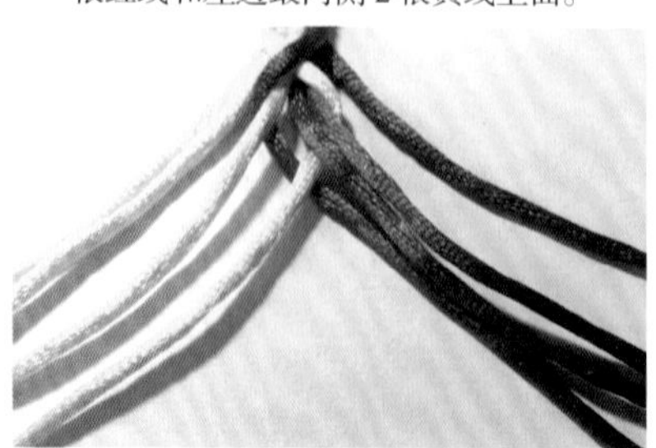

07 拉紧线，调整好。

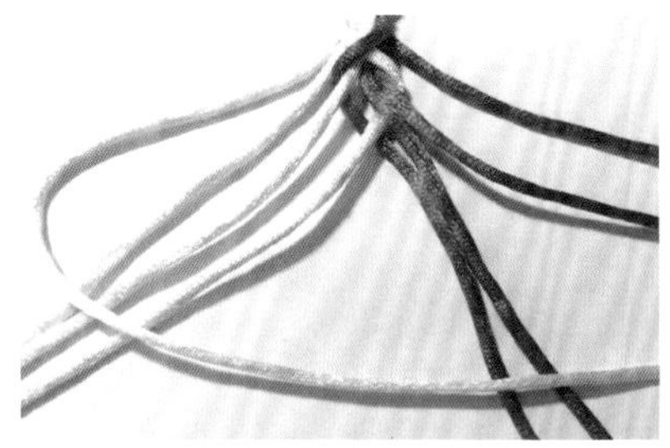

08 左边最外侧第1根黄线向右，同时压在左边3根黄线和右边最内侧2根红线上面。

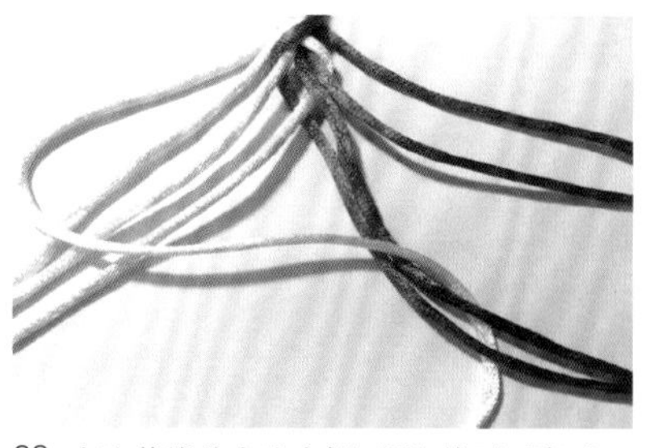

09 右边黄线从右边内侧2根红线下面穿过，回到左边最内侧。

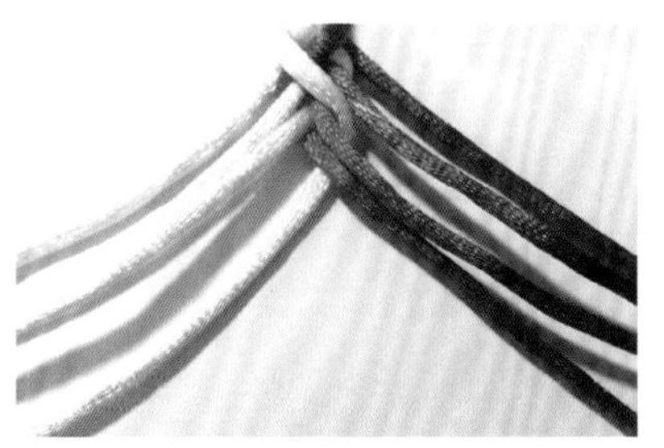

10 拉紧线，调整好。

11 右边最外侧红线向左，同时压在右边3根红线和左边最内侧2根黄线上面。

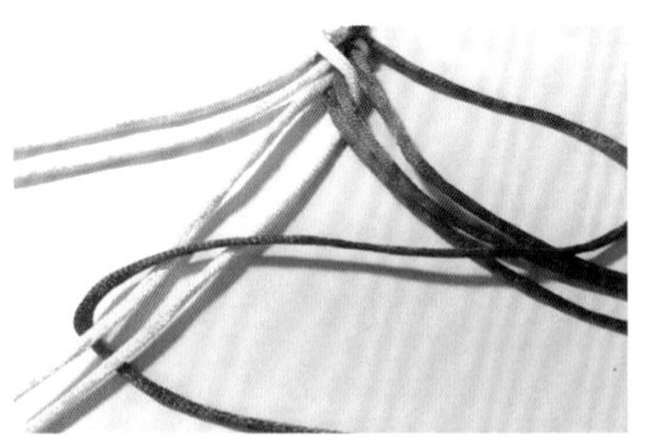

12 左边红线向右，从左边最内侧2根黄线下面穿过，回到右边最内侧。

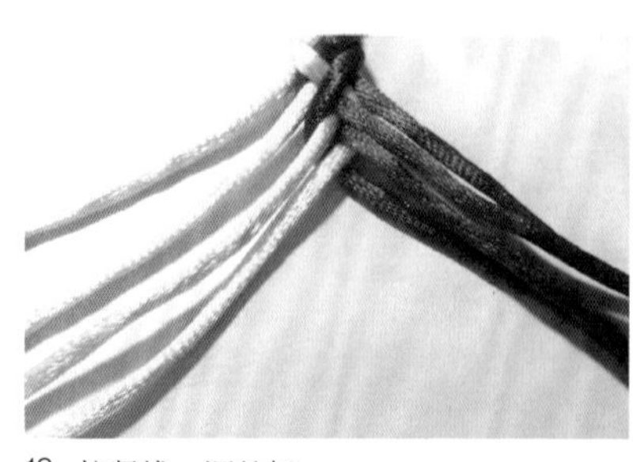

13 拉紧线，调整好。

14 重复2~13步，完成。

实例应用

圆编八股辫

01 准备 4 黄、4 红 8 根线，依次排好。

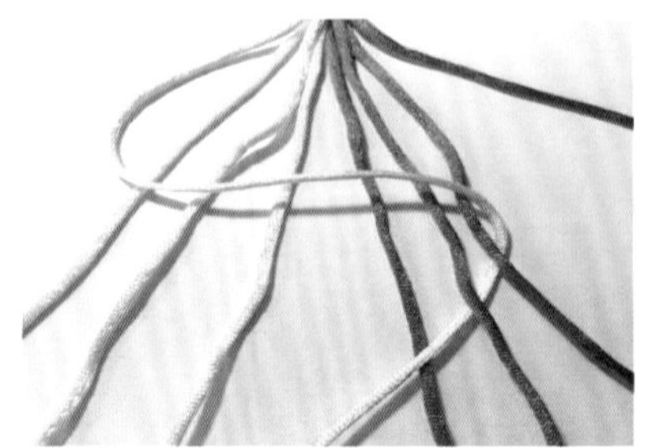

02 左边最外侧黄线向右，同时压在左边 3 根黄线和右侧内侧 3 根红线上面。

03 右边黄线向左，先从右边中间 2 根红线下面穿过，然后压在右边最内侧红线上面，回到左边最内侧。

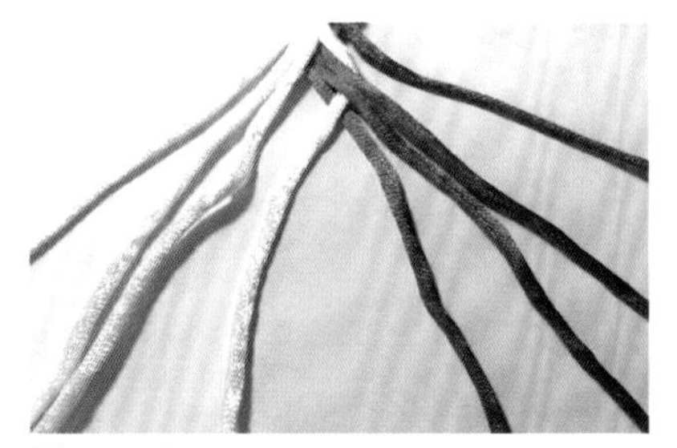

04 拉紧线，调整好。

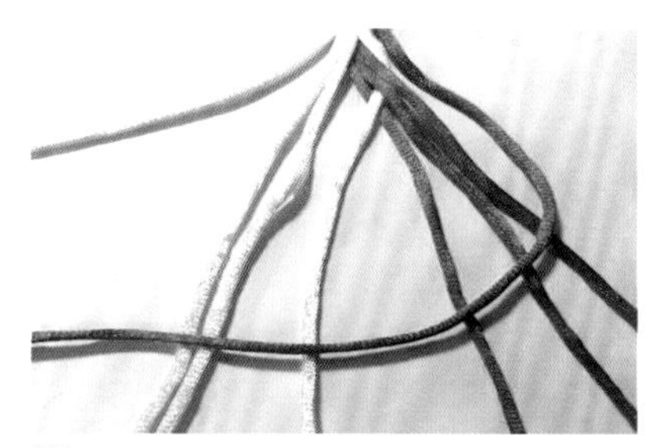

05 右边最外侧红线向左，同时压在右边 3 根红线和左边内侧 3 根黄线上面。

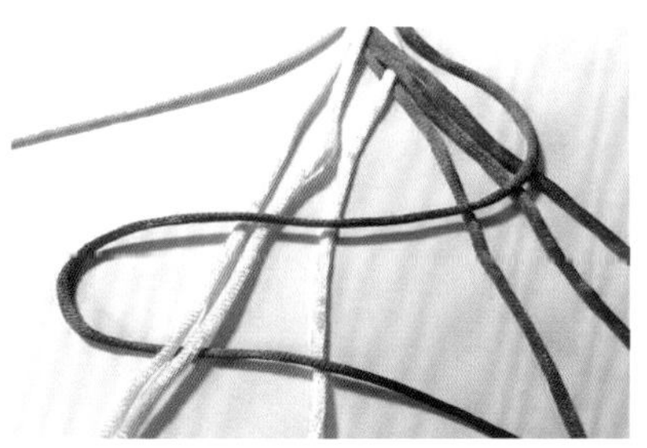

06 左边红线向右，先从左边中间 2 根黄线下面穿过，然后压在左边最内侧黄线上面，回到右边最内侧。

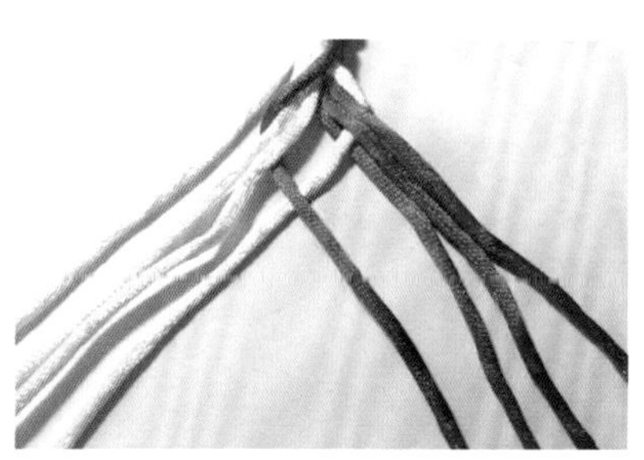

07 拉紧线，调整好。

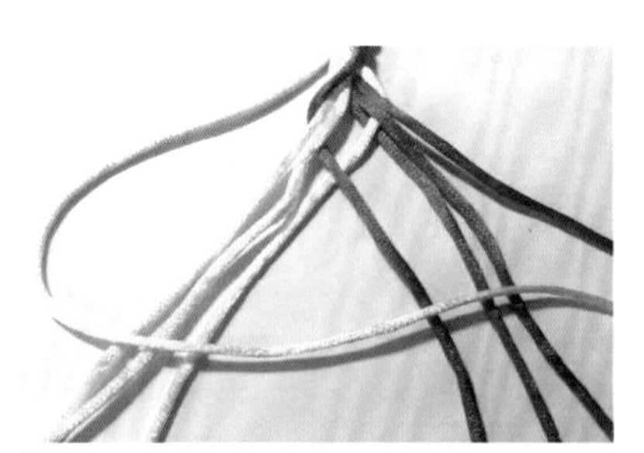

08 左边最外侧黄线向右，同时压在左边 3 根黄线和右边内侧 3 根红线上面。

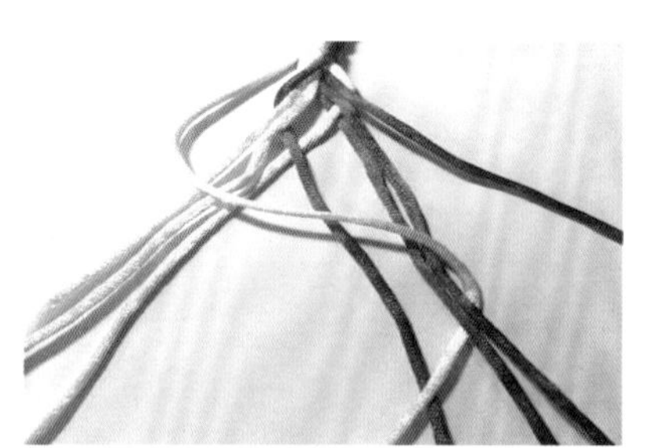

09 右边黄线向左，先从右边中间 2 根红线下面穿过，然后压在右边最内侧红线上面，回到左边最内侧。

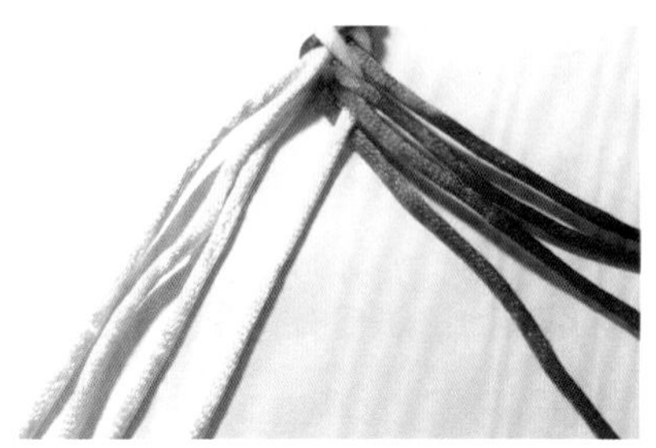

10 拉紧线，调整好。

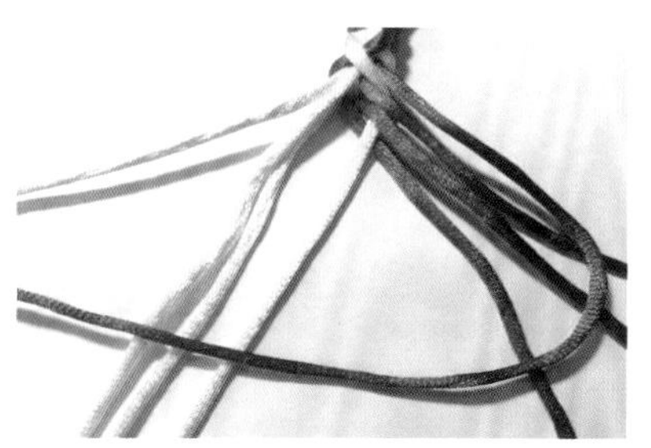

11 右边最外侧红线向左，同时压在右边 3 根红线和左边内侧 3 根黄线上面。

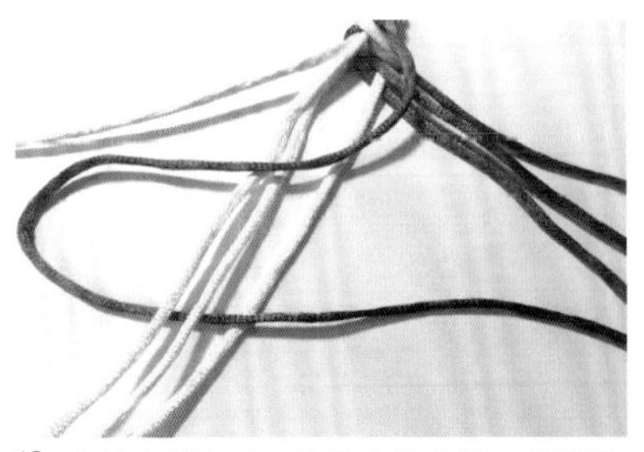

12 左边红线向右，先从左边中间 2 根黄线下面穿过，然后压在左边最内侧黄线上面，回到右边最内侧。

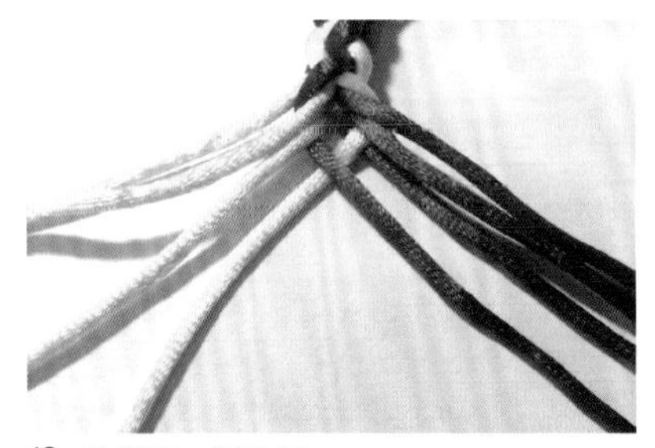

13 拉紧线，调整好。

14 重复 2~13 步，完成。

2.3 高级结法：创新实用

2.3.1 曼陀罗结

曼陀罗结是由同心结衍变而来。它经过绕线以后可做手绳、项链绳装饰等，应用比较广泛。

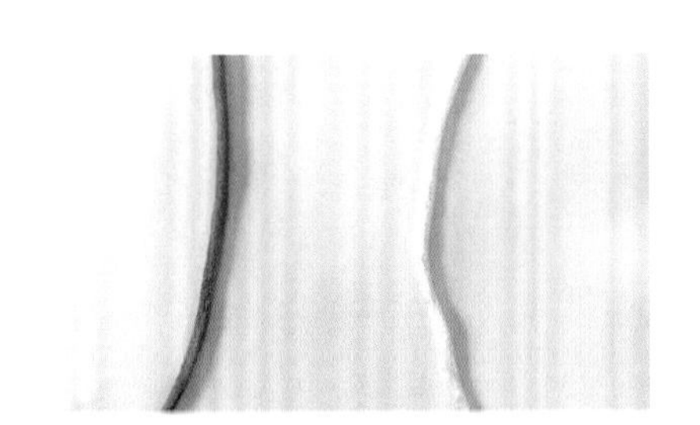

01 准备1红、1黄2根线。

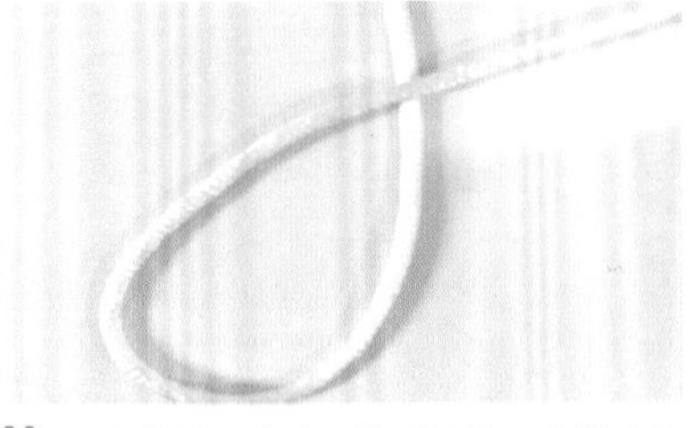

02 下方黄线向右上，顺时针做一个圈（注意：确定好交叉点2根线的上下位置）。

03 右边黄线向下，由后向前穿过黄线圈。

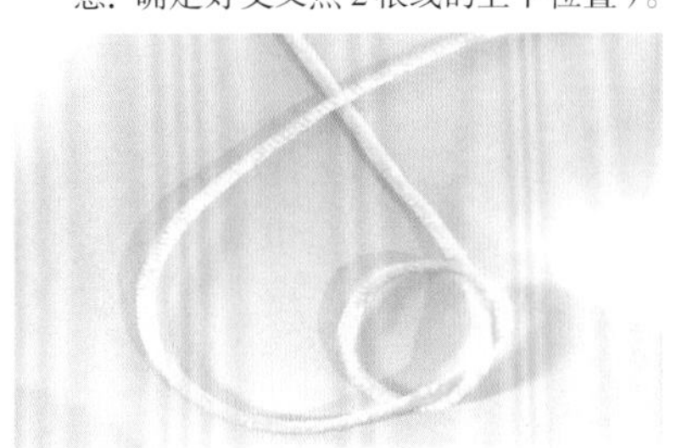

04 下方黄线向右上，顺时针做一个圈（注意：确定好交叉点2根黄线的上下位置）。

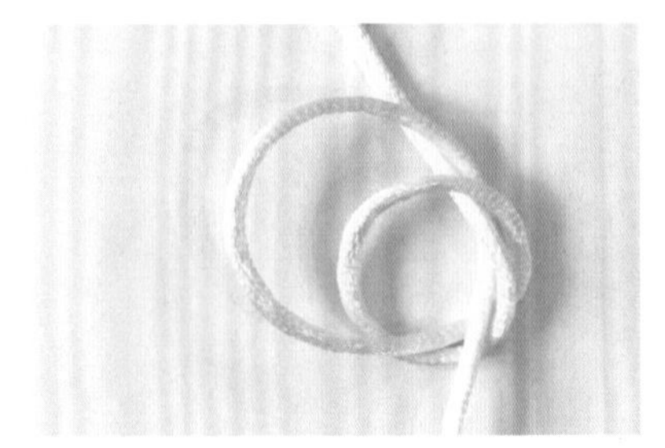

05 右上黄线向下，并由后向前同时穿过2个黄线圈。

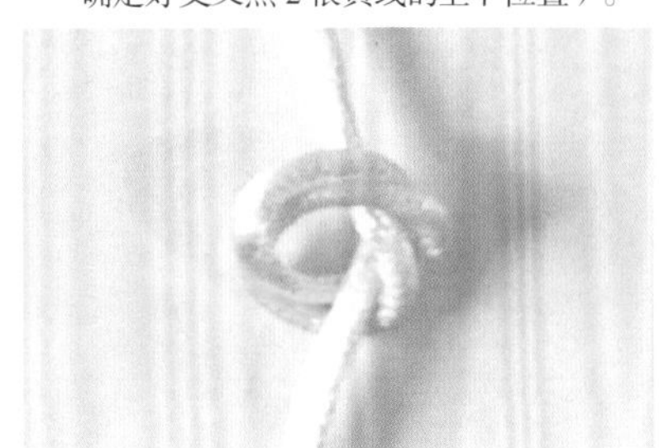

06 拉紧线，调整好。

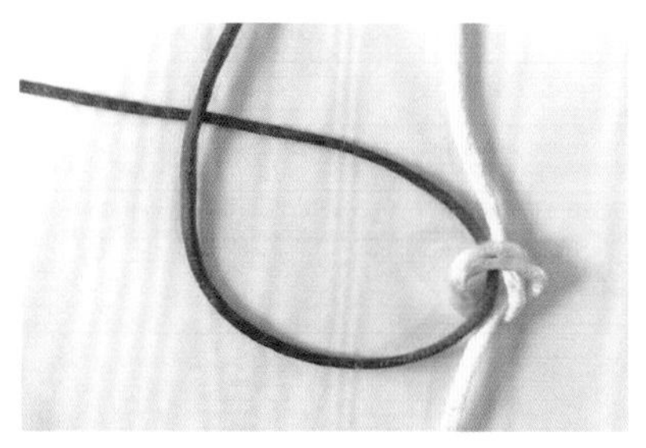

07 红线从右后向前同时穿过 2 个黄线圈，并向左上顺时针做个圈（注意：确定好交叉点 2 根红线的上下位置）。

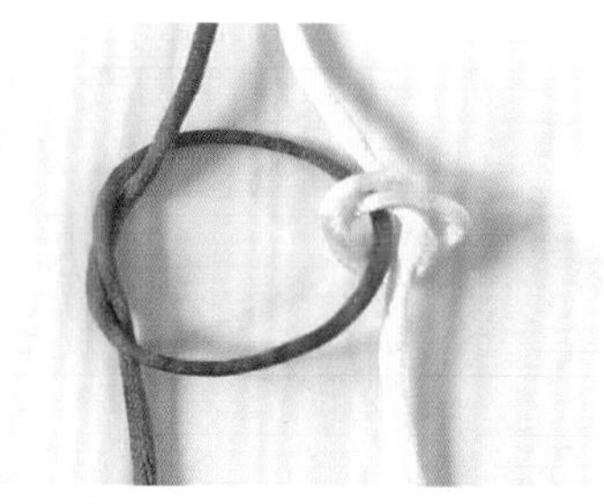

08 左边红线向左下，由上至下穿过红线圈。

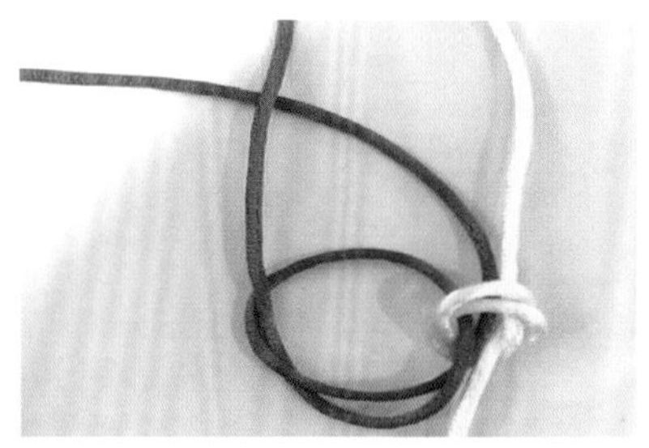

09 红线向左上，逆时针做一个圈，由上至下同时穿过 2 个黄线圈（注意：确定好交叉点 2 根红线的上下位置）。

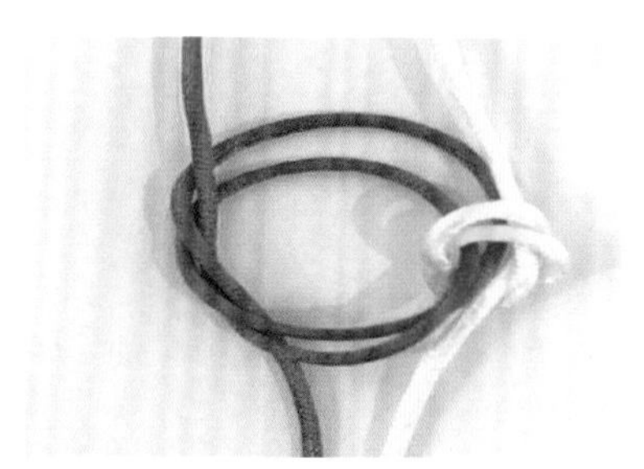

10 左边红线向左下，由上至下同时穿过 2 个红线圈。

11 拉紧线，调整好，曼陀罗结完成。

曼陀罗结

2.3.2 桂花结

桂花结因编好的结体与桂花相似而得名，可作装饰使用，也可经过绕线以后再编手绳、项链绳等，简洁美观。

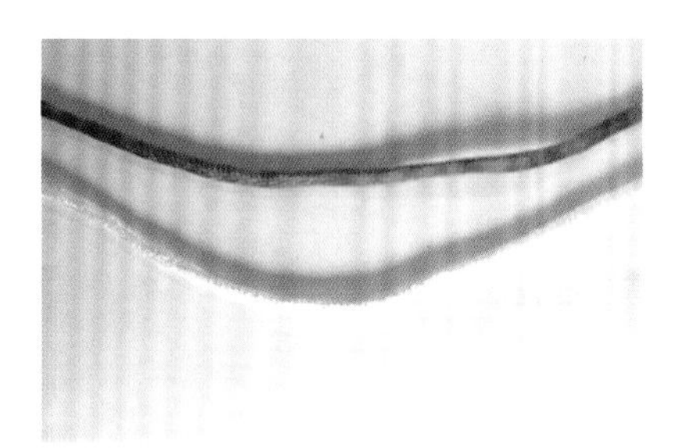

01 准备 1 红、1 黄 2 根线。

02 黄线围绕食指，由后向前做一个圈（注意：确定好黄线交叉的上下位置）。

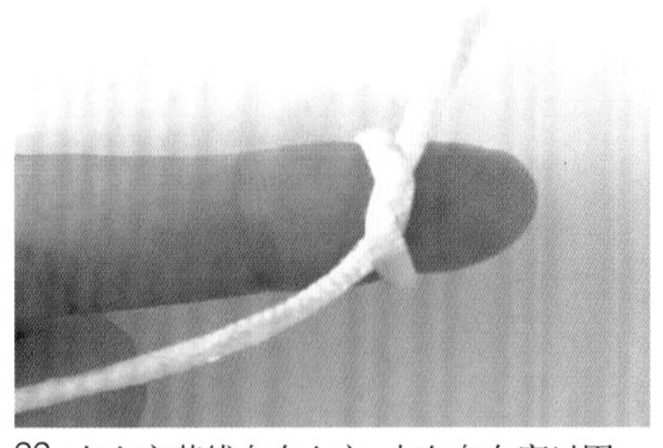

03 左上方黄线向右上方，由左向右穿过圈，形成一个单结。

04 红线从黄线中间交叉处，由右向左穿过（注意：确定好红线在交叉处的上下位置）。

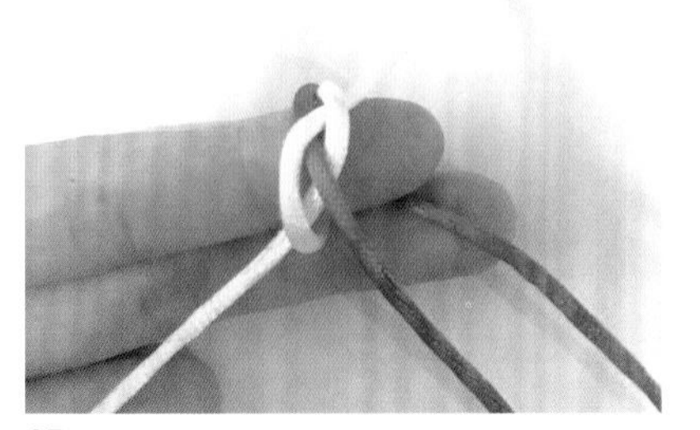

05 左上角红线由后向前绕食指做一个圈。

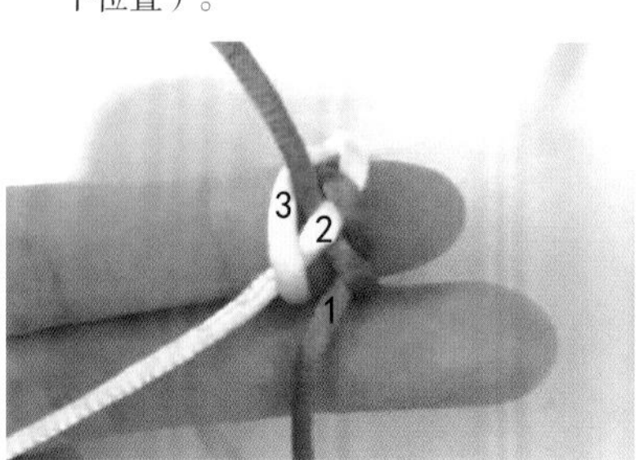

06 右下红线向左上，依次压红 1、挑黄 2、压黄 3。

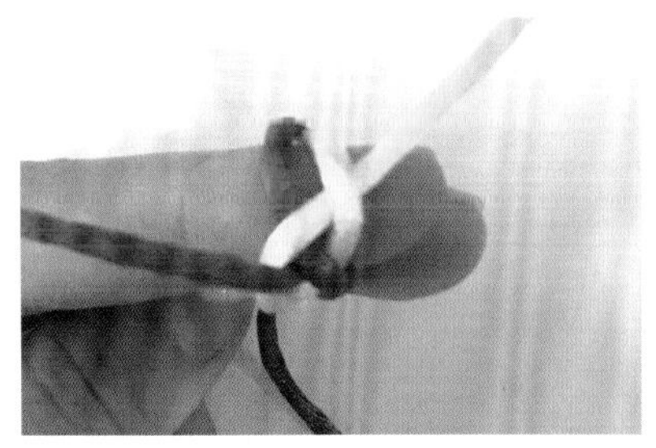

07 手指向前翻转。

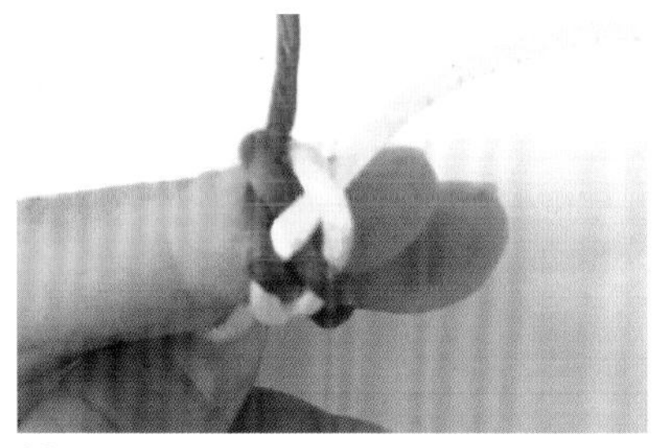

08 左边红线由左向右穿过红线圈。

09 从手上取下。

10 分别拉紧 4 根线。

11 翻到背面，呈十字交叉状。

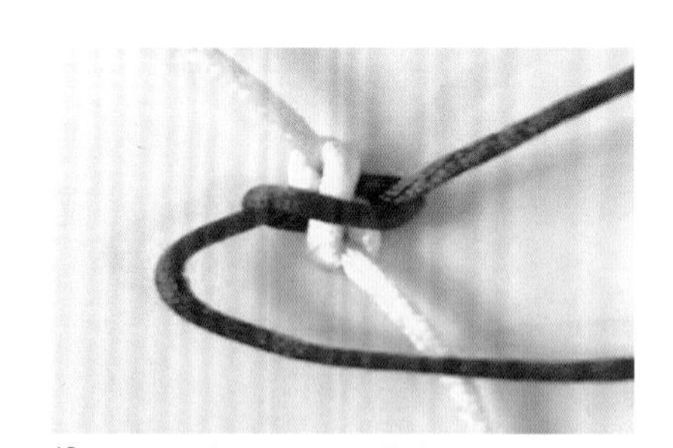

12 左边红线向右，压在黄线上面。

13 右下黄线向上，压在 2 根红线上面。

14 右上红线向左，压在 2 根黄线上面。

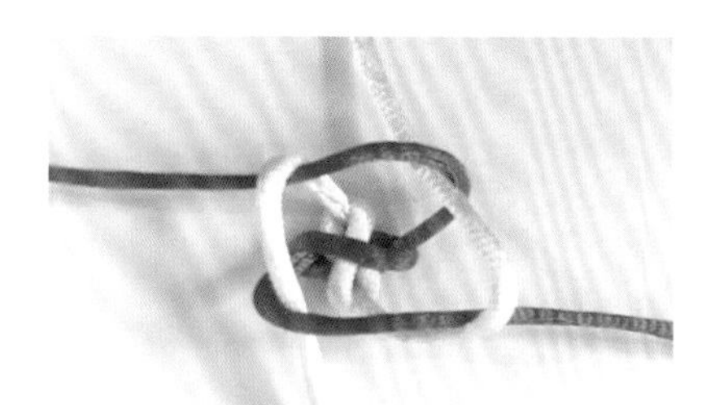

15 左上黄线向下压 1 根红线，并由上向下穿过左下红线圈。

16 拉紧 4 根线，调整好形状，桂花结完成。

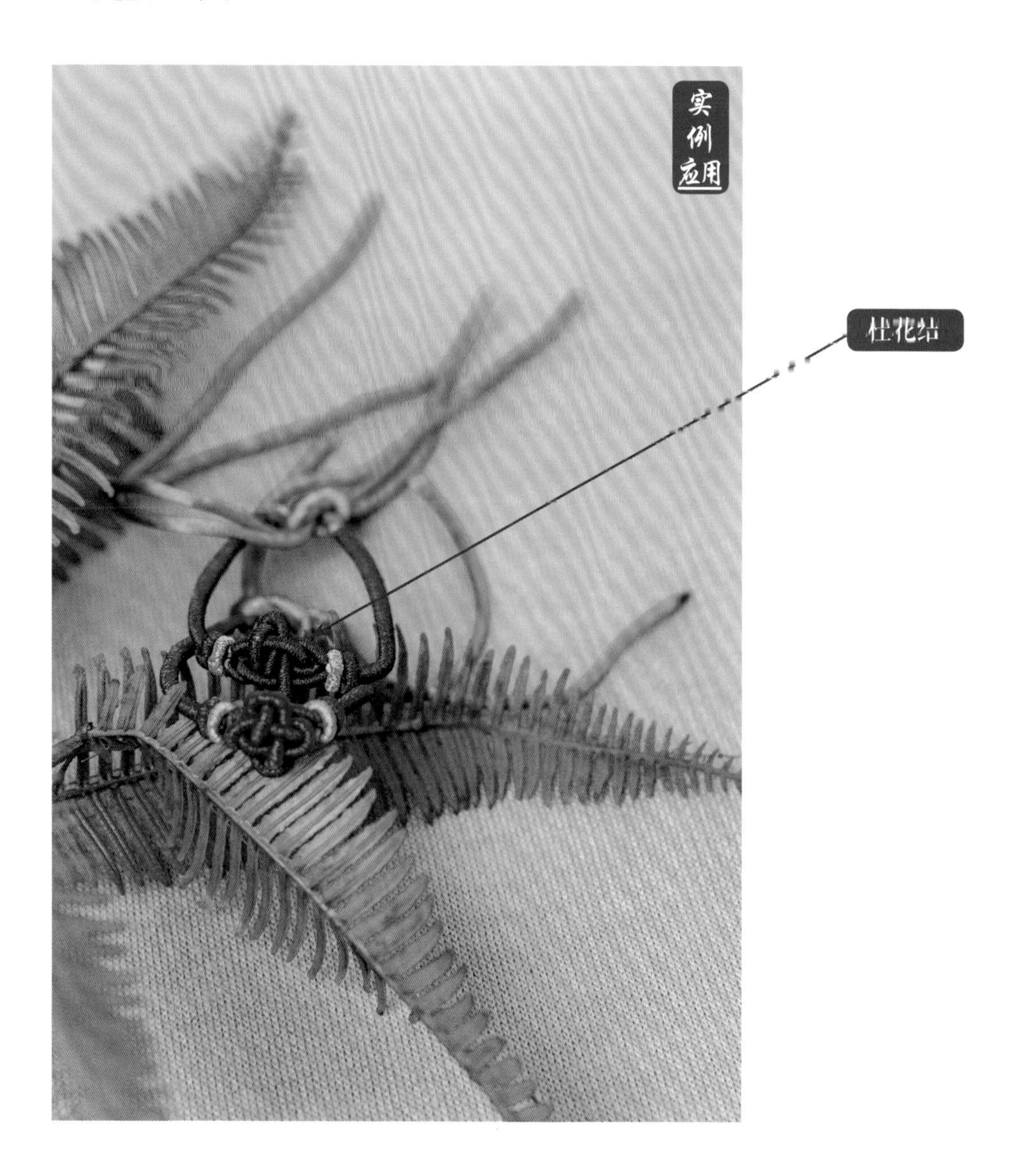

2.3.3 绕线线圈

［参考案例：疏影（P260）］

绕线线圈因形状圆而饱满，故又被称为圆满结，寓意团团圆圆、和和美美。绕线线圈可用于手绳、项链绳、挂件上作为装饰，还可用于配件与配件之间的连接，应用比较广泛。

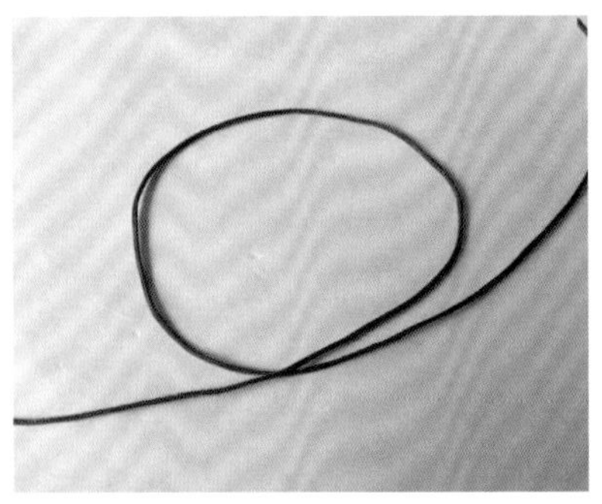

01 准备 1 根红色线，围成一个圈。

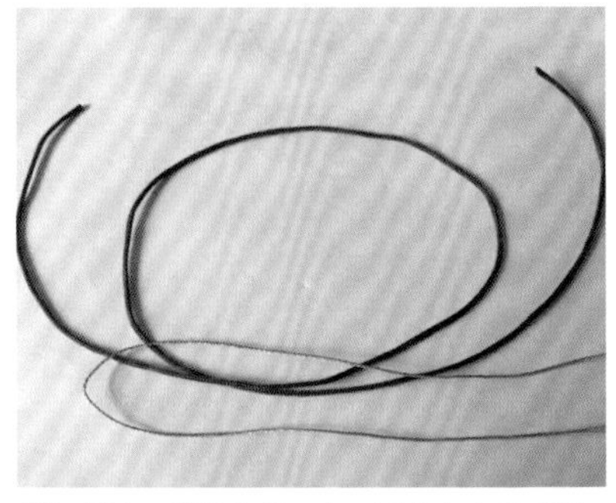

02 另取 1 根黄色线，在 5 厘米左右处对折，与红线放到一起。

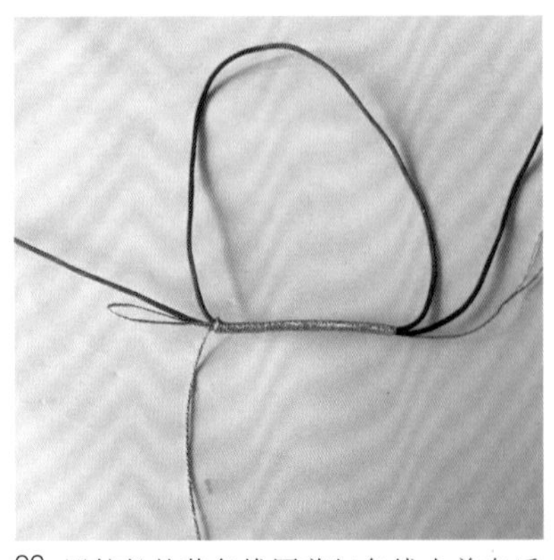

03 用较长的黄色线围着红色线由前向后绕圈。（注意：为了使线圈更美观，每一圈都要拉紧）。

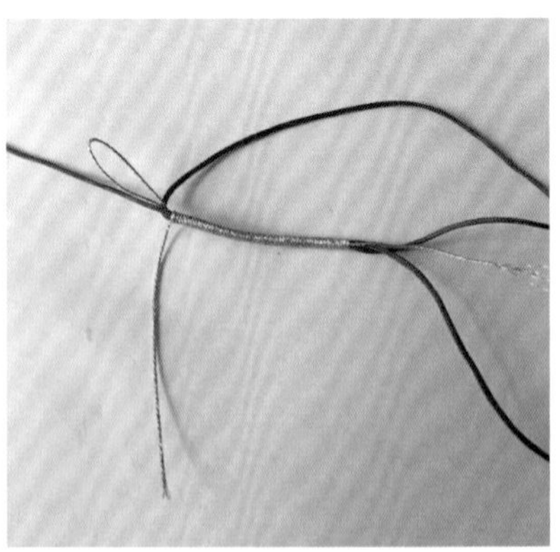

04 绕到合适长度，用绕圈的线由后向前穿过左侧的黄圈中。

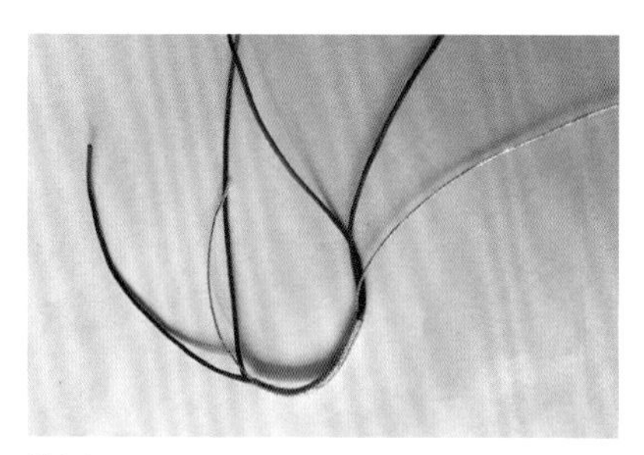

05 拉紧右侧的线。（注意：拉紧右侧线的同时，左侧线会被带入已经绕好的线圈中）。

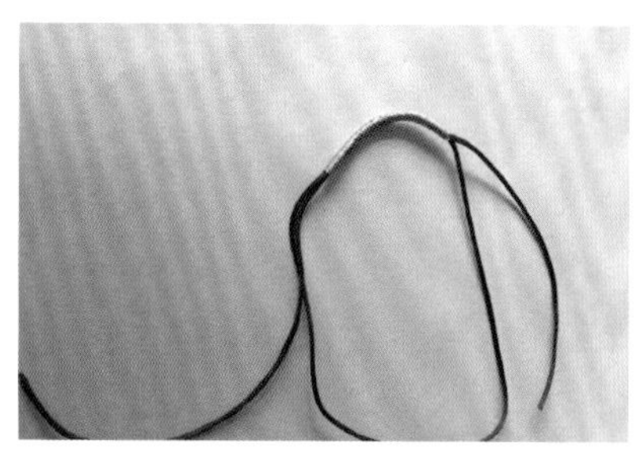

06 剪掉两侧多余的黄色线头。

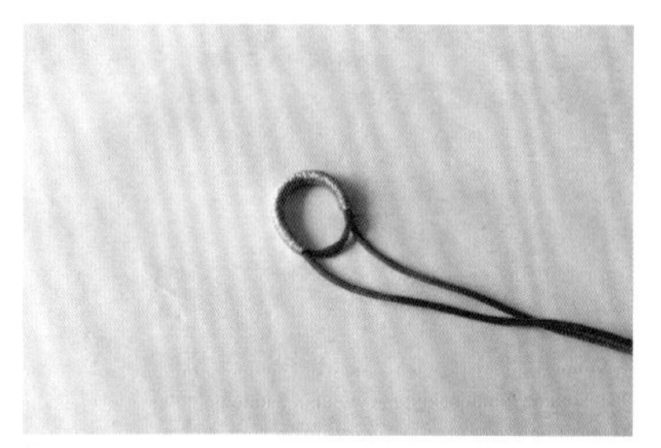

07 拉紧两侧红色夹心线，形成一个环状。

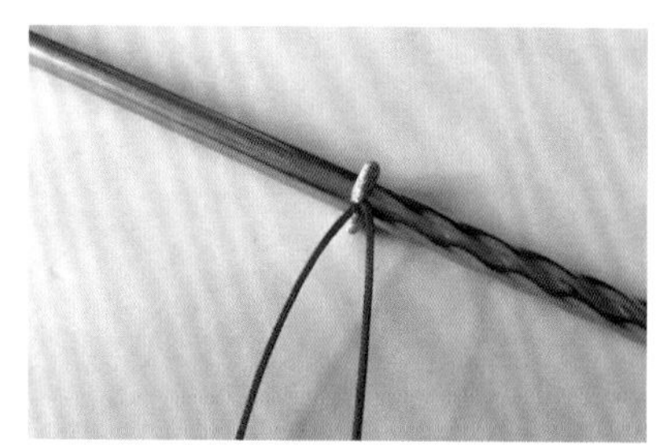

08 红色夹心线拉紧，直到被黄色线遮住。（注意：为了使线圈变圆，更加美观，可以把线圈套在筷子、锥子、笔芯之类棍状物品上）。

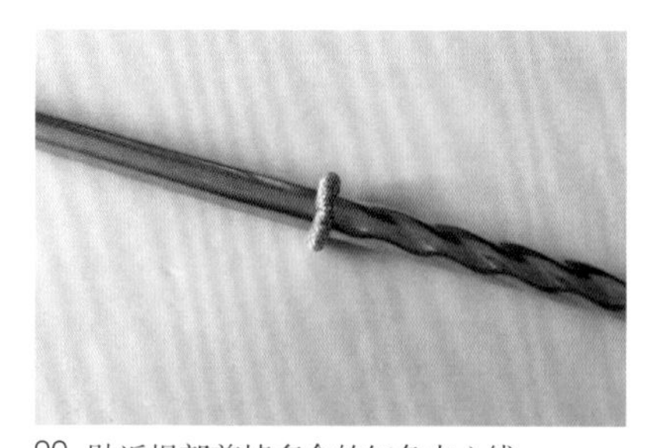

09 贴近根部剪掉多余的红色夹心线。

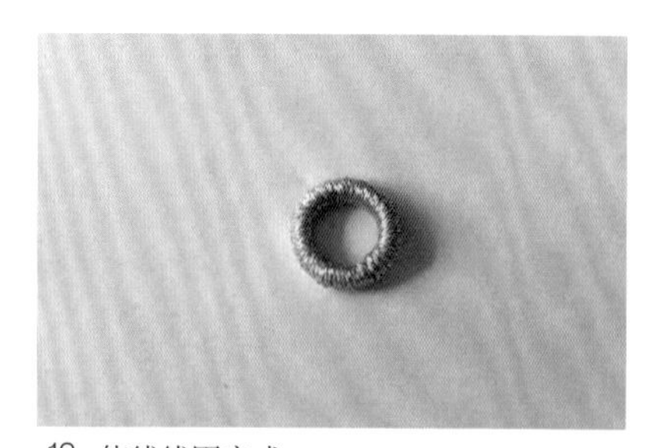

10 绕线线圈完成。

—— 温馨提示 ——

在制作手绳、项链绳以及各种挂饰时，绕线线圈的应用十分广泛，想做好一个完美的绕线线圈，在绕线时每一圈都要绕紧，而且绕几圈要往回推紧，这样做出来的绕线线圈更加饱满有型。

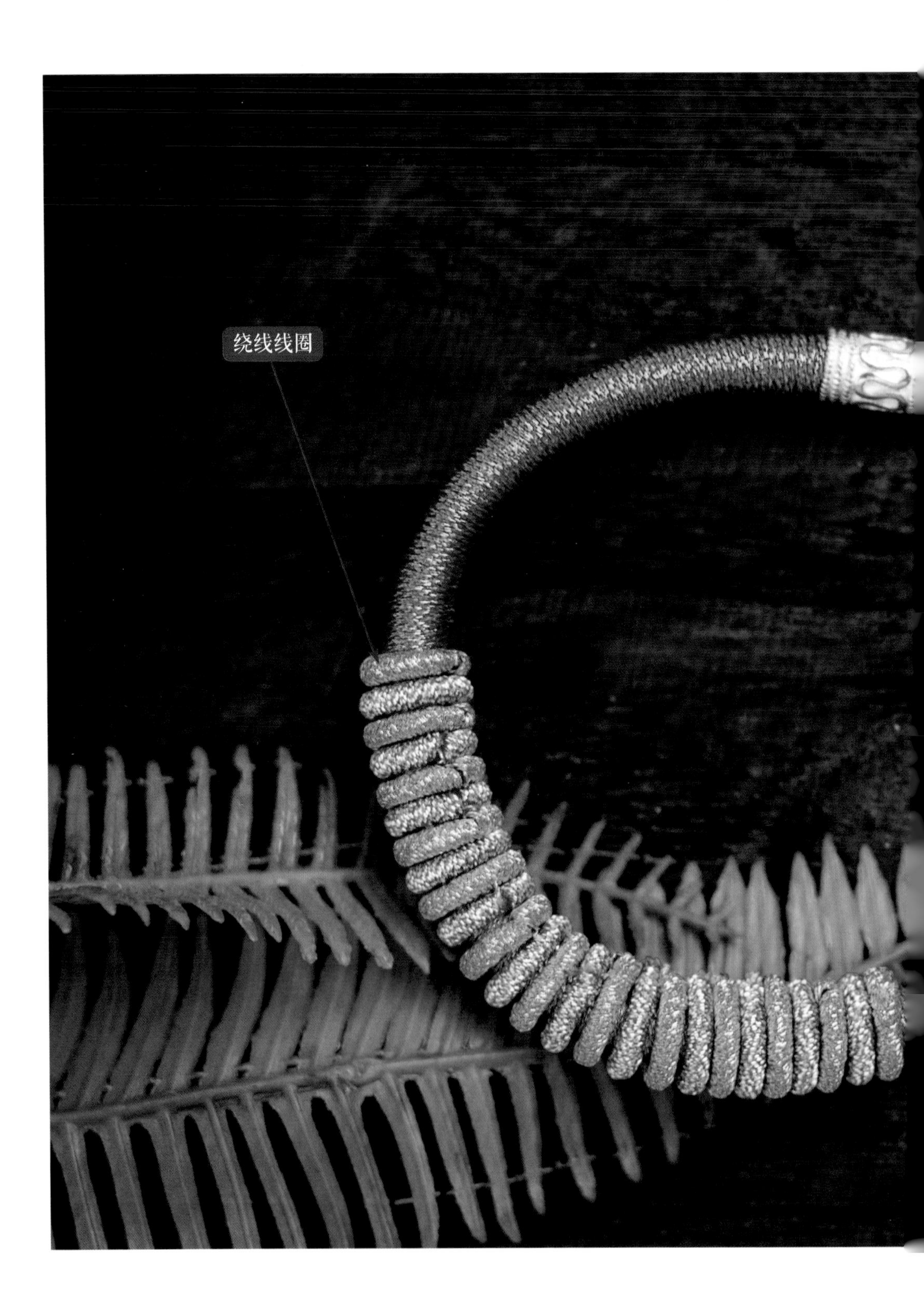
绕线线圈

2.3.4 平结线圈

［参考案例：绿依（P210）］

平结线圈就是在围成环形状的夹心线上做双向平结，多用于手绳、项链绳、挂件的装饰。

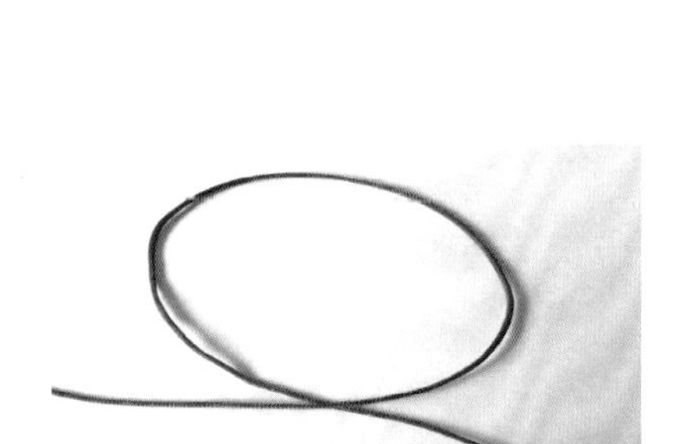

01 准备 1 根红线，围成一个圈。

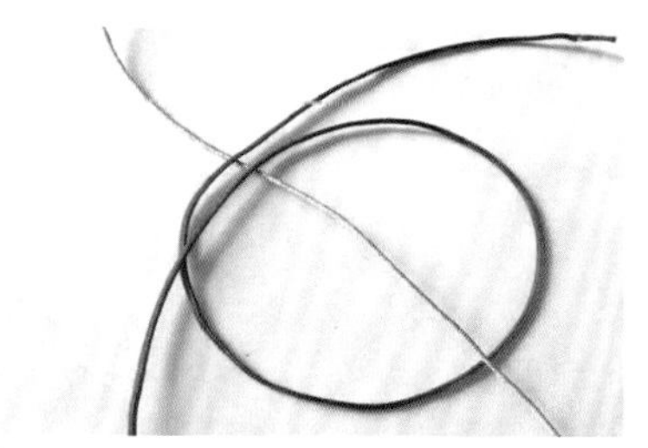

02 另取 1 根黄线，放在红线交叉处的下面。

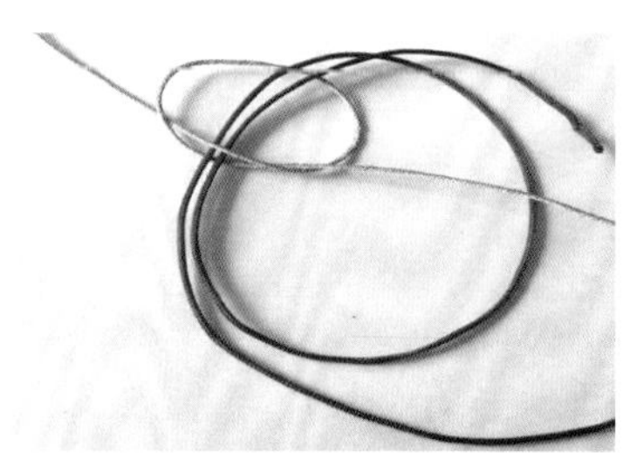

03 用黄线开始做双向平结。右边黄线向左压在 2 根红线上面，放到左边黄线下面。左边黄线向右，从 2 根红线下面穿过，并由下至上穿过右侧的黄线圈。

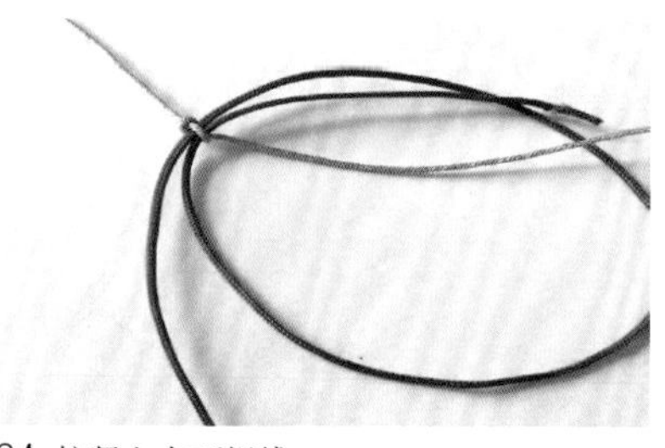

04 拉紧左右两根线。

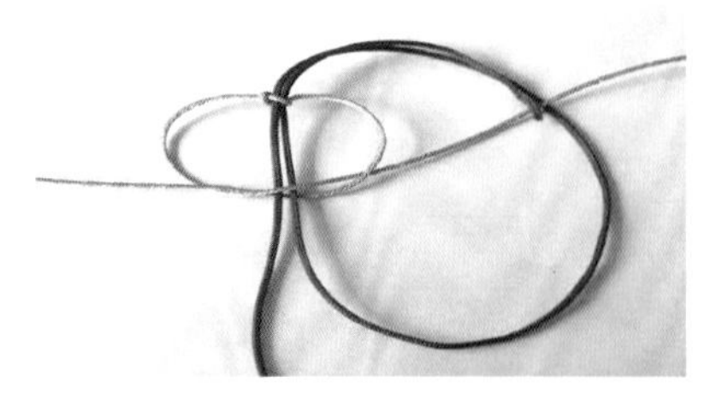

05 左边黄线向右，压在 2 根红线上面，放到右边黄线下面。右边黄线向左，从 2 根红线下面穿过，并由下至上穿过左侧的黄线圈。

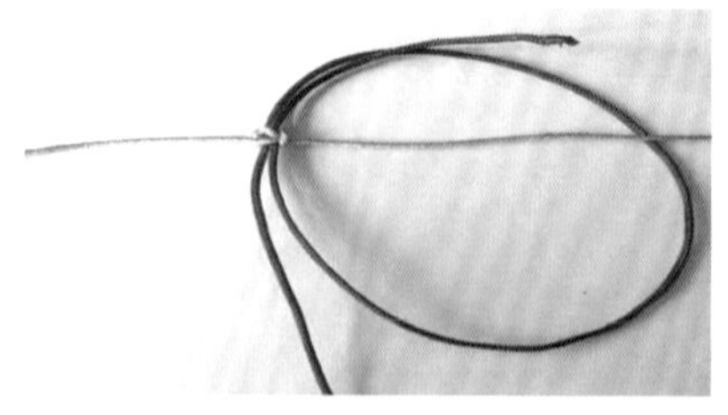

06 拉紧左右两根线。一组平结完成。

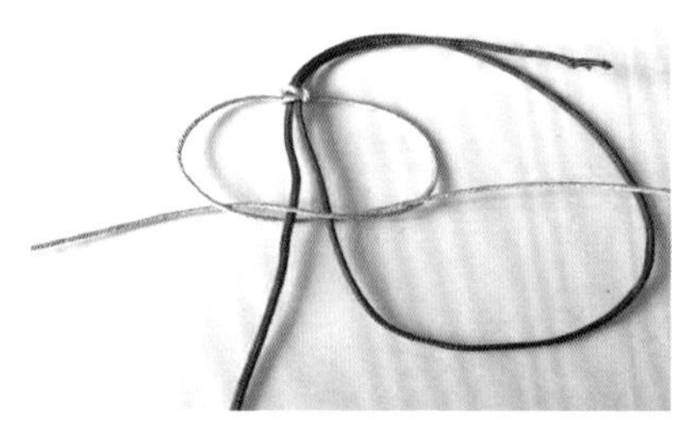

07 重复 5~6 步。右边黄线向左，压在 2 根红线上面，放到左边黄线下面。左边黄线向右，从 2 根红线下面穿过，并由下至上穿过右侧的黄线圈。

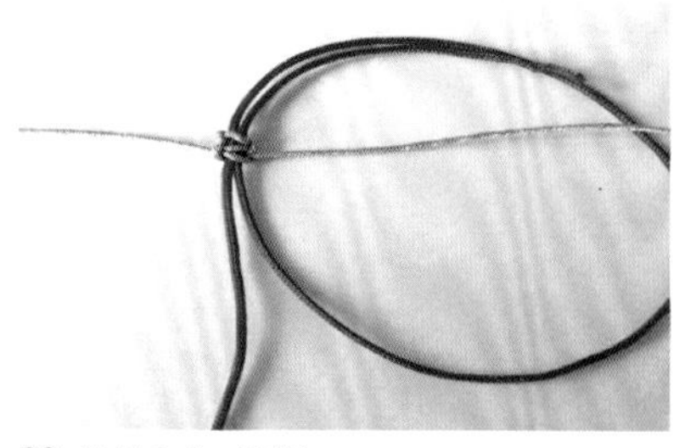

08 拉紧左右两根线。

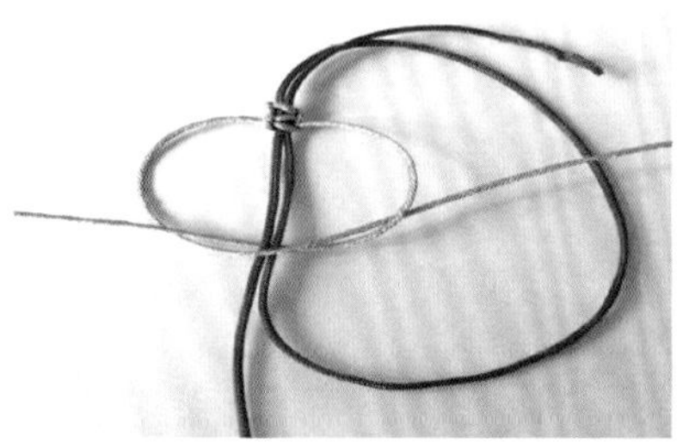

09 左边黄线向右，压在 2 根红线上面，放到右边黄线下面。右边黄线向左，从 2 根红线下面穿过，并由下至上穿过左侧的黄线圈。

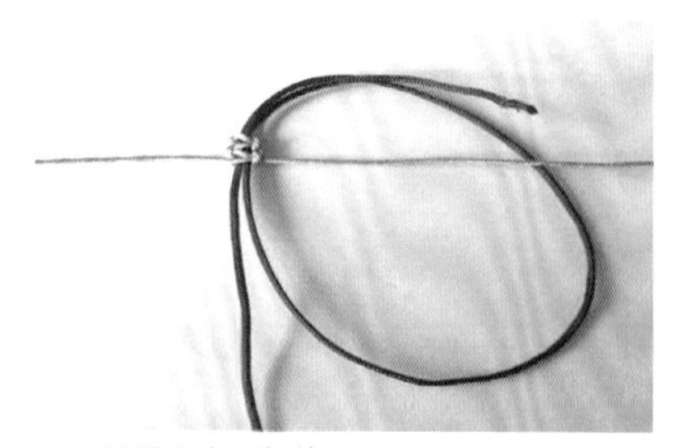

10 拉紧左右两根线。

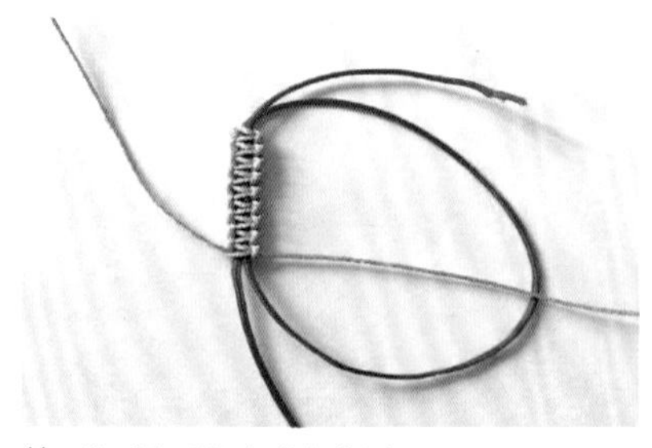

11 做到合适长度准备收尾。

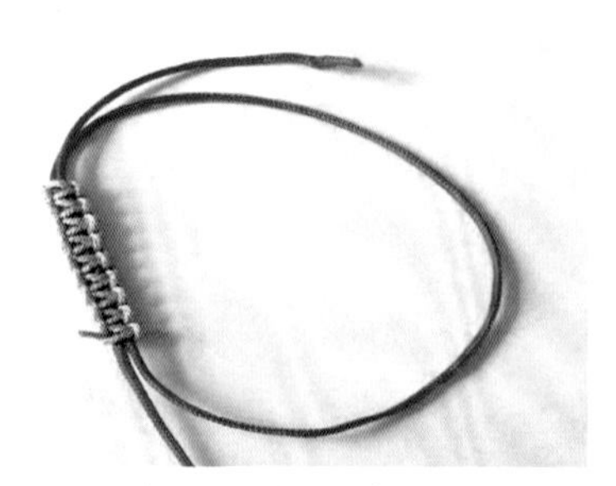

12 留 0.1 厘米左右，剪掉多余的黄线。

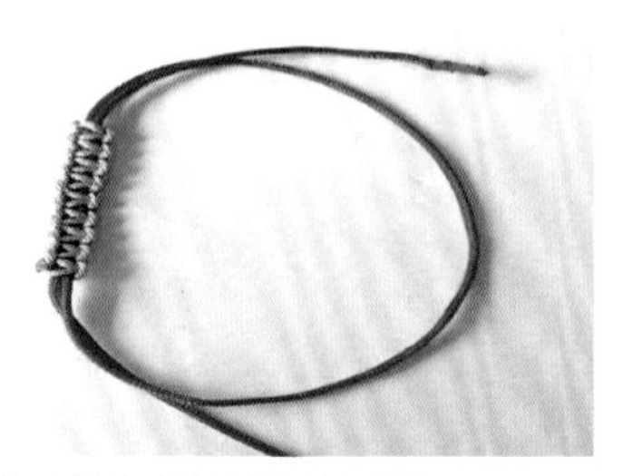

13 用打火机将黄线结尾烧粘烫平。

14 分别拉紧两端的红色夹心线。

15 把红色夹心线拉成环状。

16 剪掉多余红色夹心线，平结线圈完成。如果想做好一个无痕的平结线圈，可以把夹心线换成做平结的同色线。

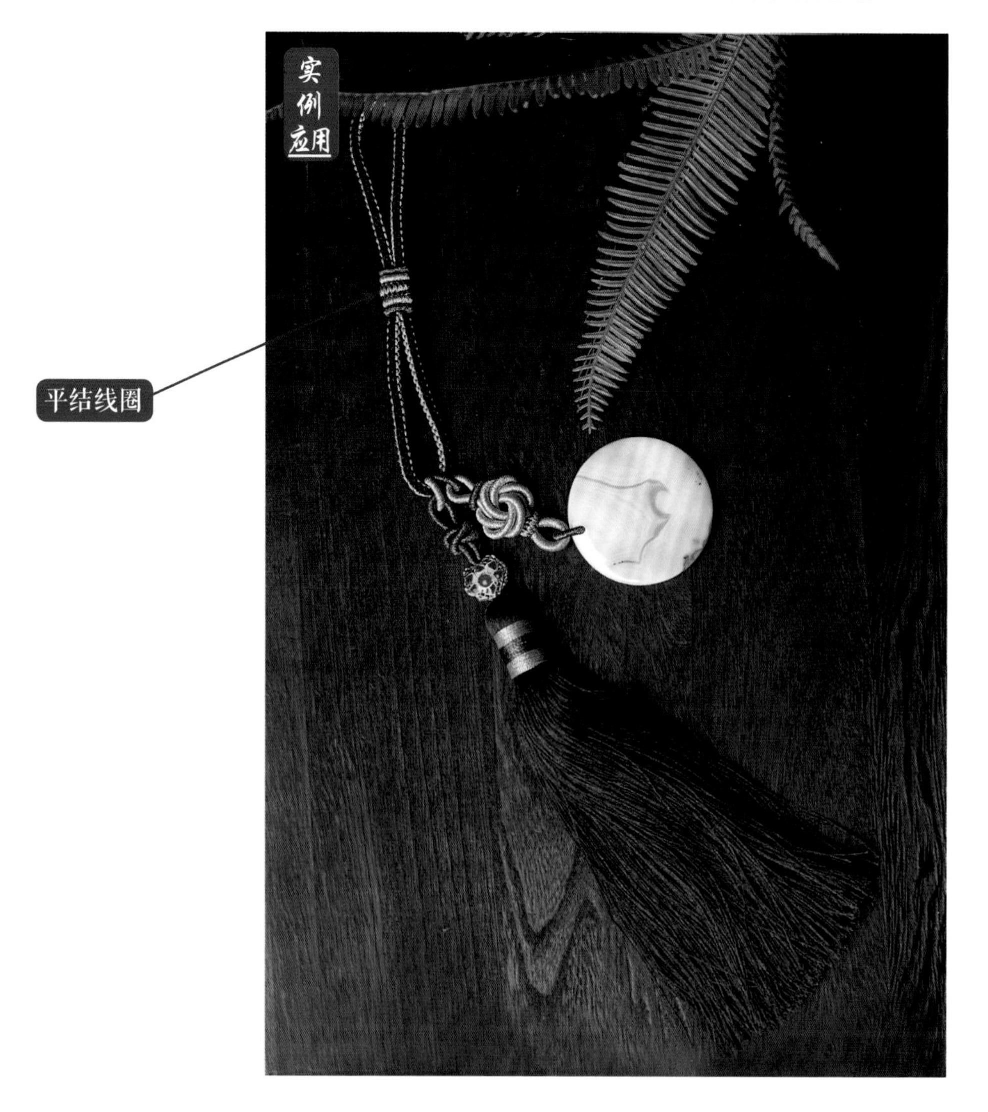

2.3.5 流苏

［参考案例：紫菱（P245）］

在很多精美的中国结挂饰中都少不了流苏。手绳、项链绳加入流苏，更是增添了许多美感。

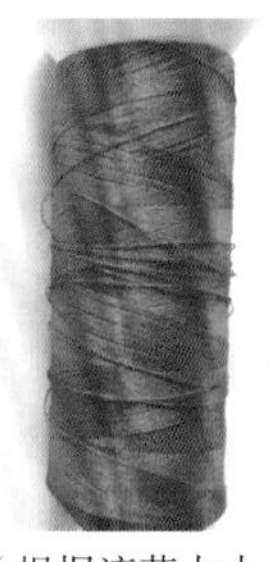

01 准备流苏线和 个纸板（根据流苏大小准备，银行卡、塑料板都可以）。

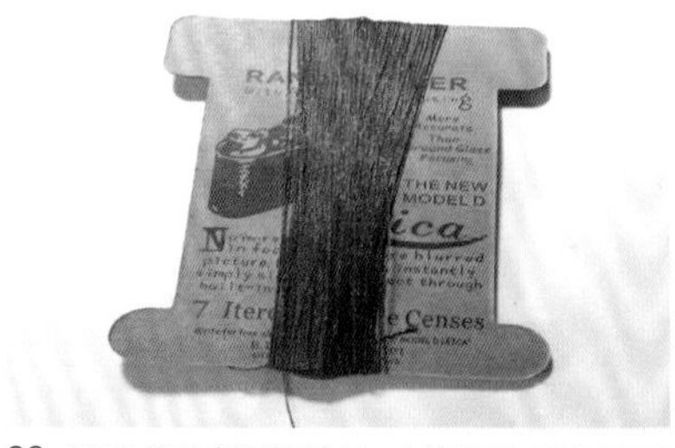

02 用流苏线绕到纸板上（绕的圈数决定流苏的粗细，圈数越多，流苏就越粗）。

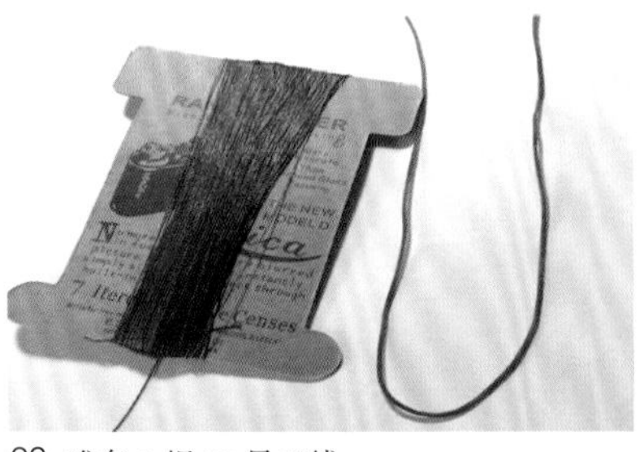

03 准备1根72号玉线。

04 把72号玉线从下横穿过绕好的流苏线。

05 用72号玉线打一个死结固定流苏。

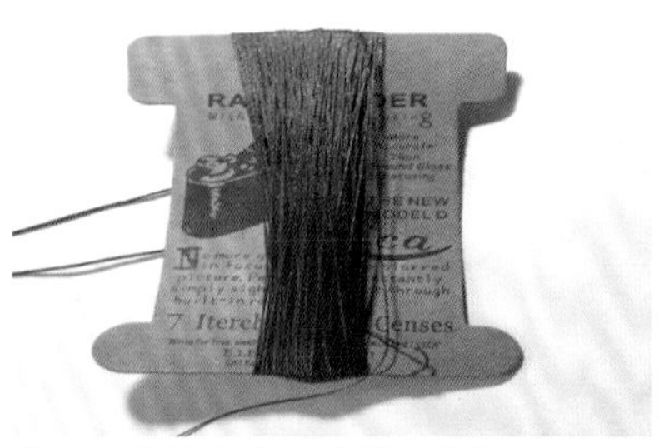

06 把纸板翻到背面，用剪刀横着剪断。

07 取下流苏线，捋顺。

08 准备 1 根金色 6 股线，用短绕线的方法把流苏线绑到一起。

09 绕好。

10 剪掉多余的金线线头。

11 倒过来捋顺，用手捏住，一层一层用剪刀把流苏尾巴剪整齐。

12 完成。

流苏

2.3.6 十六股辫

十六股辫又称为九乘迦叶，在八股辫8根线的基础上多加了8根线，编法与八股辫同理。

01 准备8红、8黄16根线，依次排开。

02 左边最外侧红线向右，同时压在左边内侧7根红线和右边内侧4根黄线上面。

03 右边红线向左，从右边内侧4根黄线下面穿过，回到左边最内侧。

04 拉紧线，调整好。

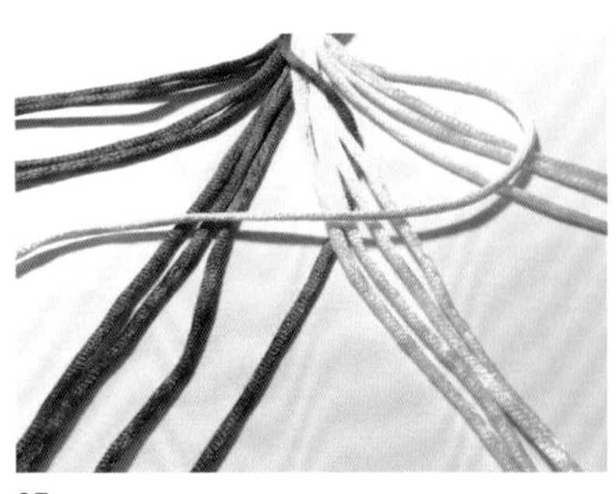

05 右边最外侧黄线向左，同时压在右边内侧7根黄线和左边内侧4根红线上面。

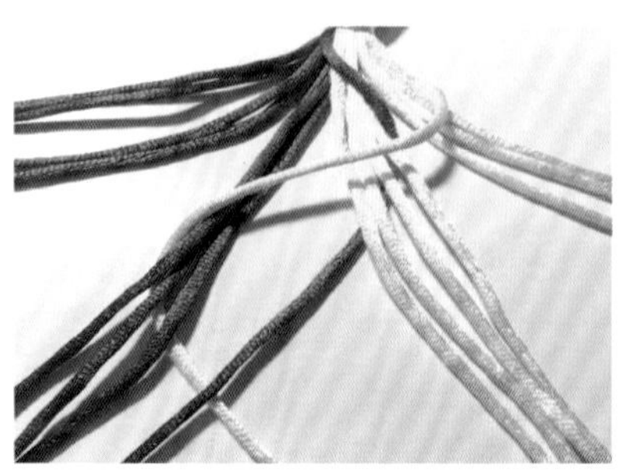

06 左边黄线向右，从左边内侧4根红线下面穿过，回到右边最内侧。

07 拉紧线，调整好。

08 左边最外侧红线向右，同时压在左边内侧 7 根红线和右边内侧 4 根黄线上面。

09 右边红线向左，从右边内侧 4 根黄线下面穿过，回到左边最内侧。

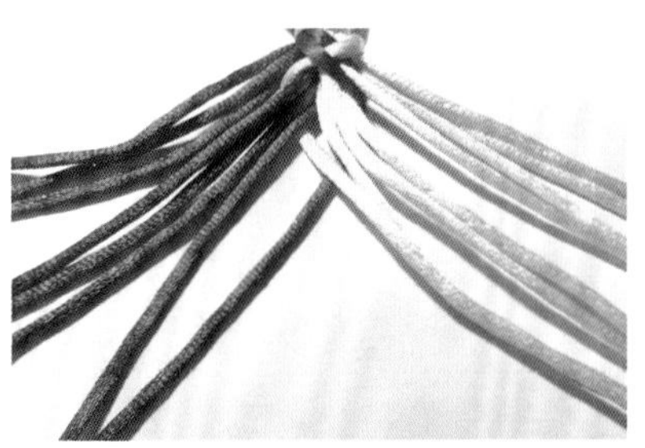

10 拉紧线，调整好。

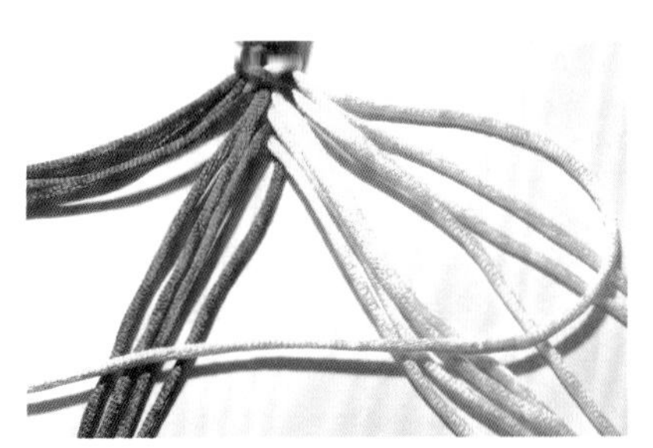

11 右边最外侧黄线向左，同时压在右边内侧 7 根黄线和左边内侧 4 根红线上面。

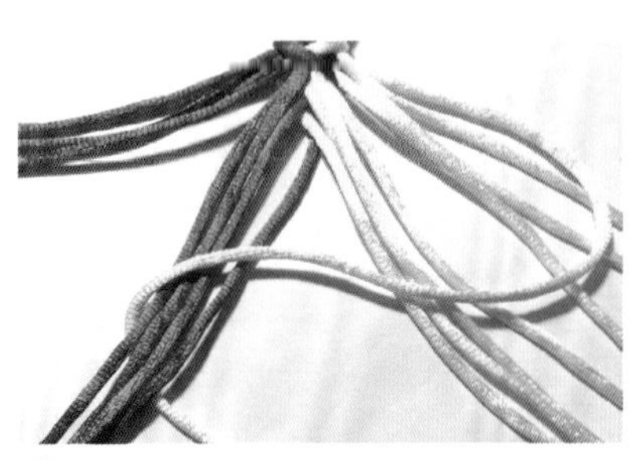

12 左边黄线向右，从左边内侧 4 根红线下面穿过，回到右边最内侧。

13 拉紧线，调整好。

14 重复 2~13 步，完成。

十六股辫

原创案例

时尚潮流的手绳

01 云海

无边蓝锦俯山河，

点点棉絮形如车。

材料及用量	蓝色 5 号线（简称蓝线）60 厘米 ┆ 2 根　白色 5 号线（简称白线）60 厘米 ┆ 2 根　陶瓷珠 ┆ 1 个
耗　　时	25 分钟
尺　　寸	手绳粗约 1.2 厘米，案例适合净手围 17 厘米的手腕
结　　法	蛇结、平结、纽扣结

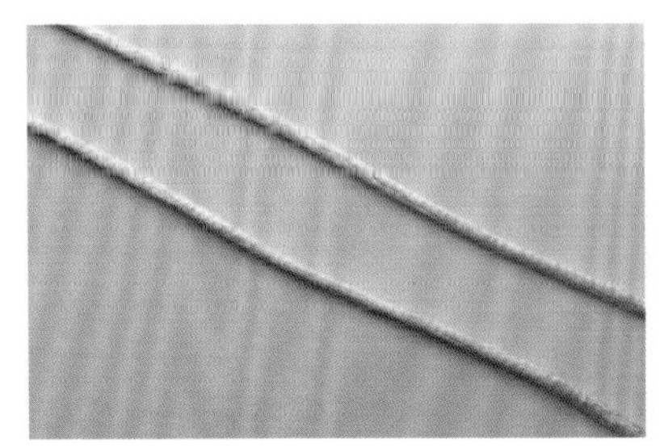

01 准备 2 根蓝色 5 号线 60 厘米。

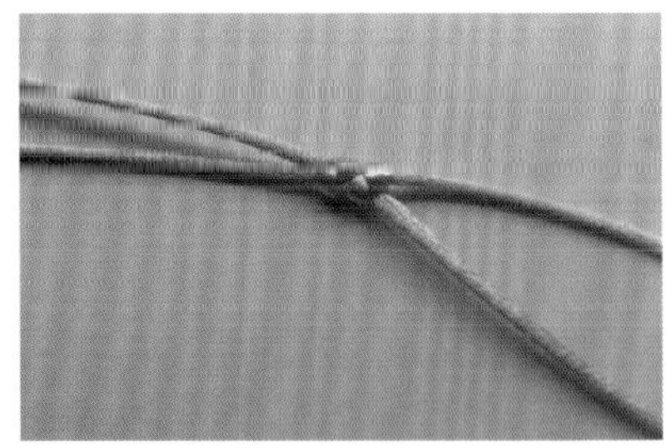

02 取中间位置做两个蛇结。

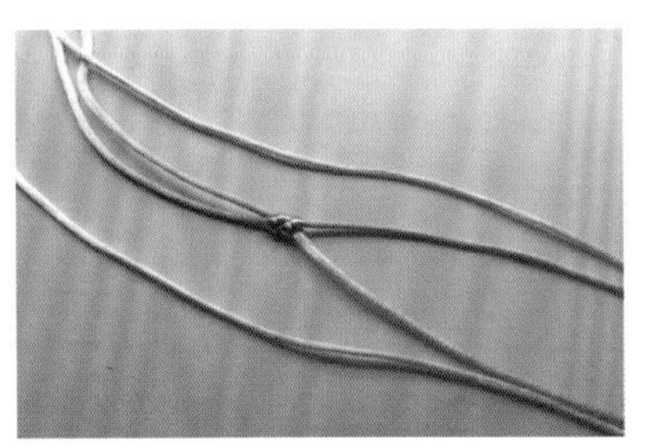

03 白线取中间分别摆在蓝线左右。

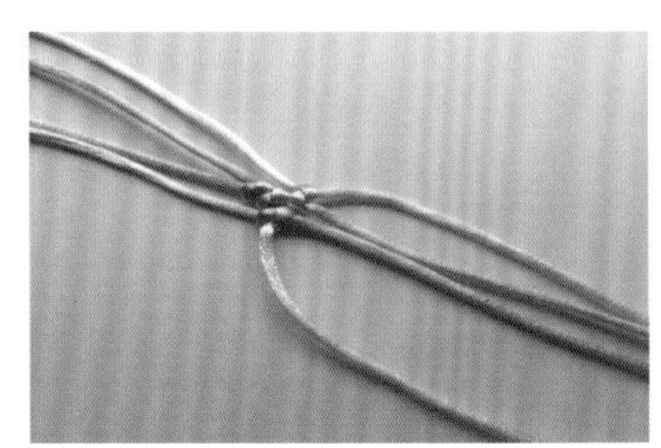

04 左右一蓝一白各做一个蛇结。

05 中间 2 根蓝线做一个蛇结。

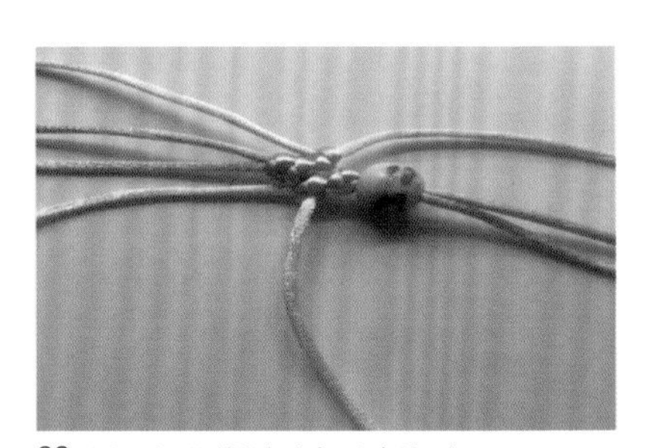

06 用 2 根蓝线同时穿过陶瓷珠。

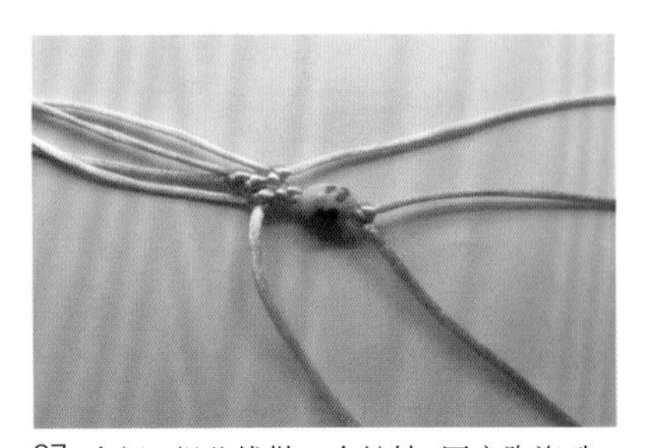

07 中间 2 根蓝线做一个蛇结，固定陶瓷珠。

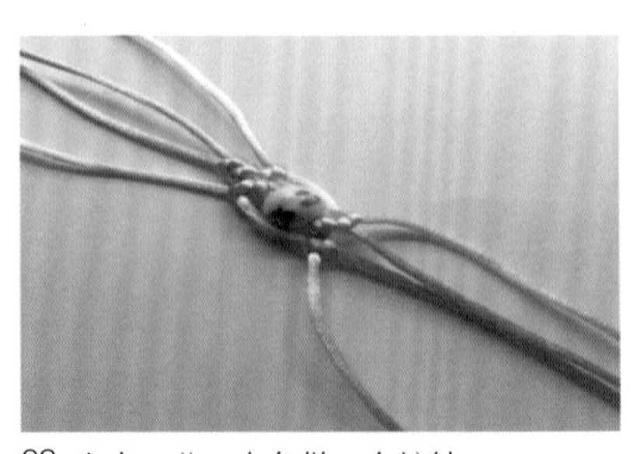

08 左右一蓝一白各做一个蛇结。

09 中间 2 根蓝线做两个蛇结。

10 白线与蓝线交叉，中间 2 根白线做两个蛇结。

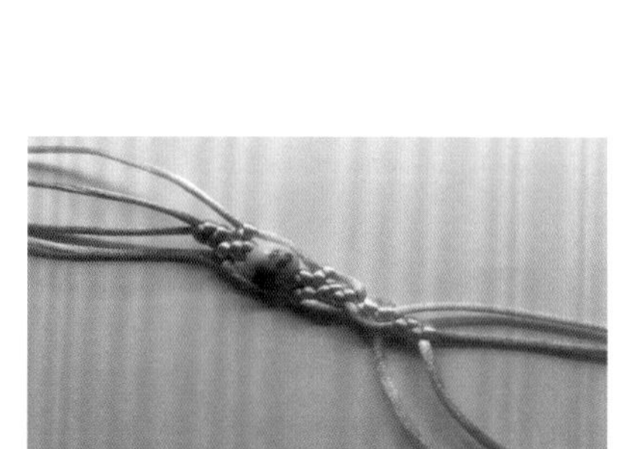

11 蓝线与白线交叉，中间 2 根蓝线做两个蛇结。

12 重复 9~11 步，蓝线、白线交替做 8 组蛇结。

13 用左右蓝线包中间 2 根白线做一个蛇结。

14 留 0.1 厘米左右剪掉多余蓝线，用打火机烧粘烫平。

15 重复 10~14 步，做好另一侧。

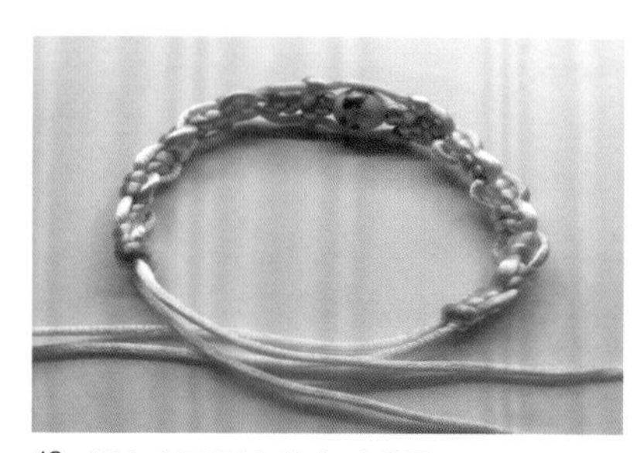

16 把左右两组白线交叉重叠。

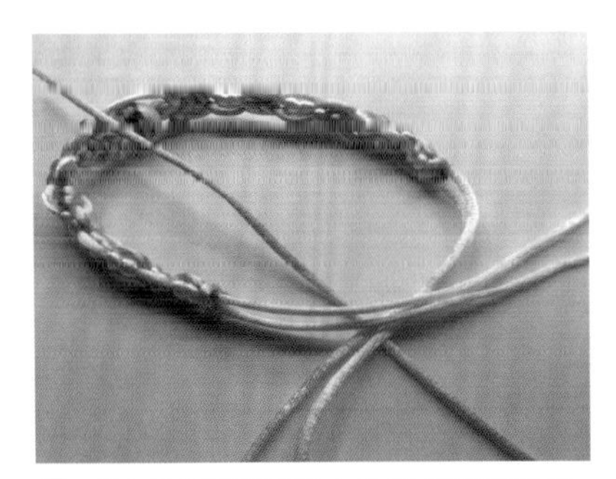

17 在4根白线下面放1根10厘米的蓝线。

18 用蓝线做4组平结。

19 留0.1厘米左右剪掉多余蓝线，用打火机烧粘烫平。

20 分别用左右2根白线做纽扣结。

21 留0.1厘米左右剪掉多余白线，用打火机烧粘烫平。

22 完成。

02 朝阳

绿外秾黄白外红，

一屏香锦立春风。

材料及用量	红色 5 号线（简称红线）90 厘米 ⋮ 1 根　黄色 5 号线（简称黄线）90 厘米 ⋮ 1 根
耗　　时	20 分钟
尺　　寸	手绳粗约 1 厘米，案例适合净手围 16 厘米的手腕
结　　法	蛇结、纽扣结

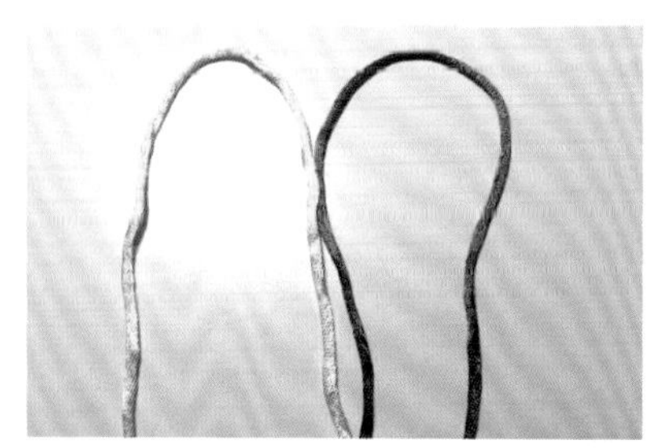

01 红、黄2线在30厘米处对折，两根30厘米线在中间的为轴线。

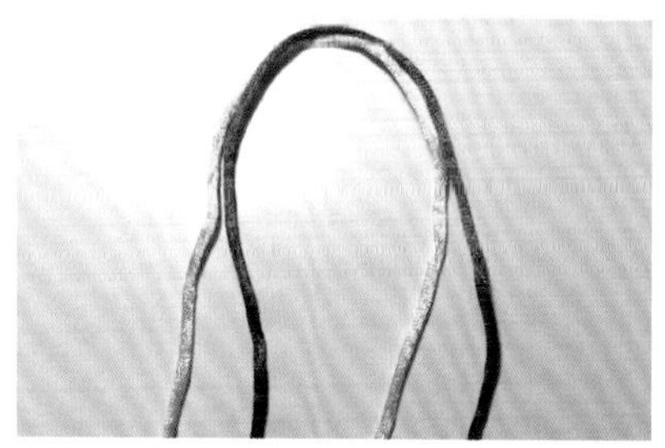

02 红、黄2线重叠，红、黄轴线在中间。

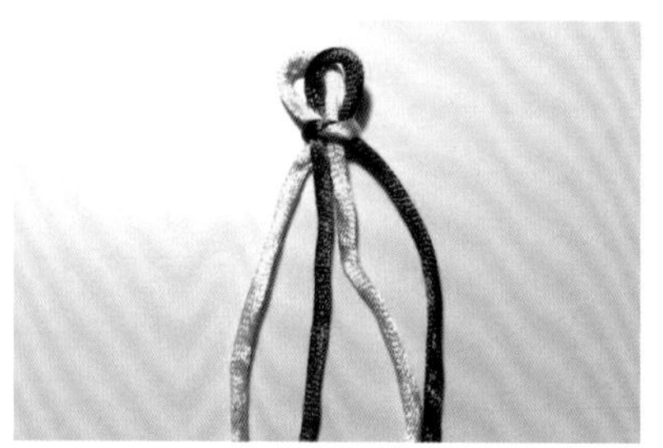

03 用左右两侧红线、黄线包中间2根线做一个蛇结，留出扣眼。

04 左侧红线做一个圈，压在中间2根轴线上。

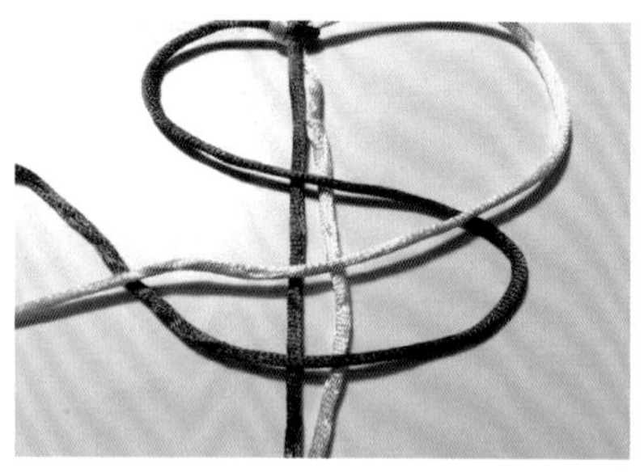

05 右侧黄线向左，同时压在中间轴线与左侧红线圈上面。

06 黄线向右，从中间轴线与红线下面穿过，并由下向上穿过右侧红线圈。

07 拉紧红线、黄线。

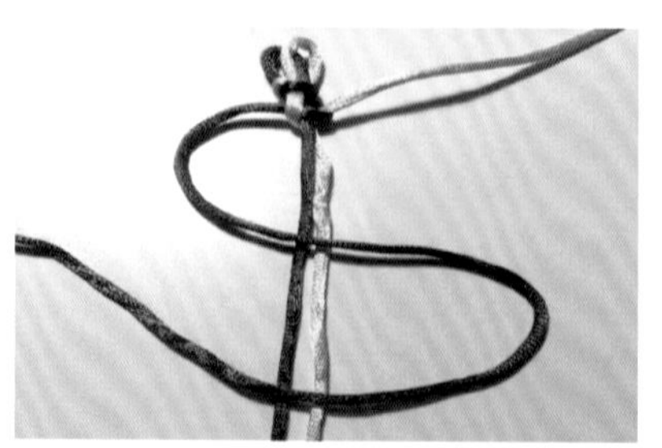

08 重复4~7步，左侧红线做一个圈，压在中间2根轴线上面。

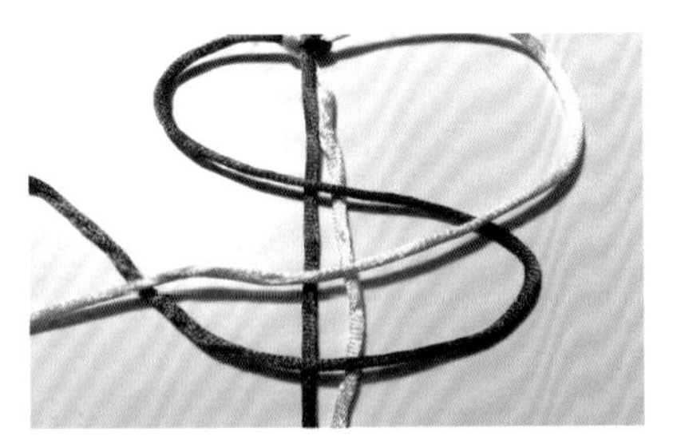

09 右侧黄线向左，同时压在中间轴线与左侧红线圈上面。

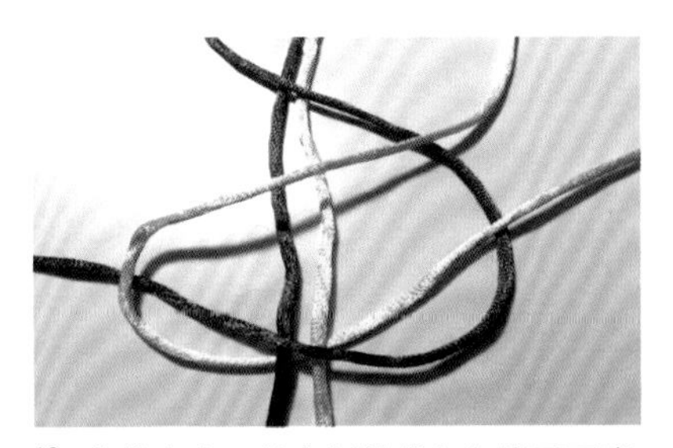

10 黄线向右，从中间轴线与红线下面穿过，并由下向上穿过右侧红线圈。

11 拉紧红线、黄线。

12 左侧红线做一个圈，压在中间 2 根轴线上面。右侧黄线向左，同时压在中间轴线与左侧红线圈上面。黄线向右，从中间轴线与红线下面穿过，并由下向上穿过右侧红线圈。

13 重复 4~7 步，做到合适长度。

14 用左右两侧红线、黄线，包中间 2 根轴线，做一个蛇结固定。

15 留 0.1 厘米左右剪掉两侧多余线，用打火机烧粘烫平。

16 用 2 根轴线做一个纽扣结。

17 留 0.1 厘米左右剪掉多余线，用打火机烧粘烫平。

18 将纽扣结塞进扣眼围成一个圈，一条完整手绳完成。

03 缤纷

不知庭霞今朝落，
疑是林花昨夜开。

材料及用量	黄色 5 号线（简称黄线）70 厘米 ┊ 1 根	黄色 5 号线（简称黄线）90 厘米 ┊ 1 根
	紫色 5 号线（简称紫线）90 厘米 ┊ 1 根	红色 5 号线（简称红线）90 厘米 ┊ 1 根
	蓝色 5 号线（简称蓝线）90 厘米 ┊ 1 根	
耗　　时	30 分钟	
尺　　寸	手绳粗约 2 厘米，案例适合净手围 17 厘米的手腕	
结　　法	蛇结、平结、纽扣结	

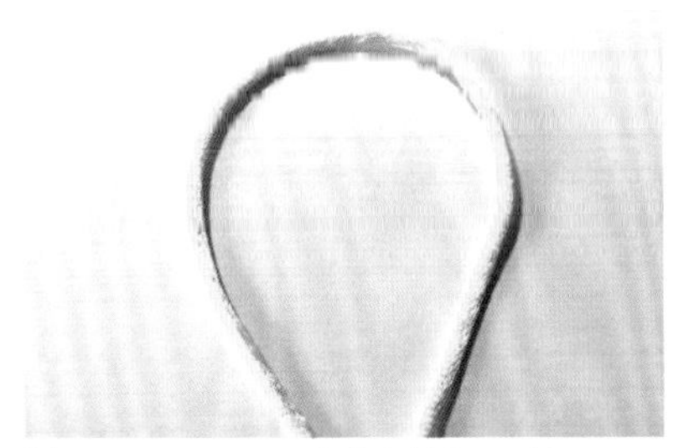

01 取 1 根 70 厘米黄线为轴线，对折。

02 留出 2 厘米左右编一个蛇结，做扣眼。

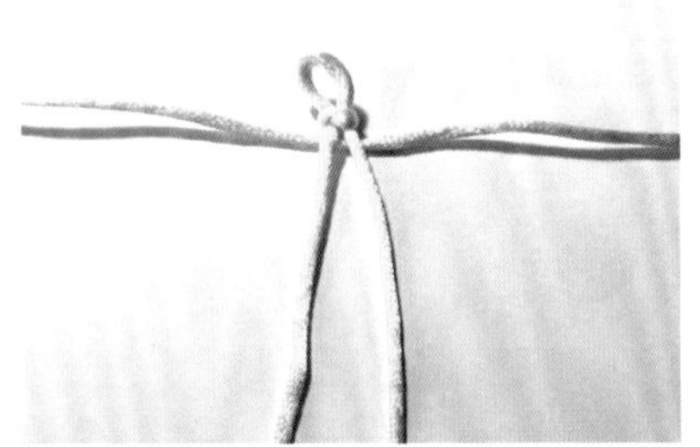

03 取 1 根 90 厘米黄线，横向放在轴线下面。

04 用黄线做半个平结。

05 拉紧。

06 重复 3~5 步，依次把蓝线、紫线和红线用半个平结挂在黄色轴线上。

07 左右黄线压在蓝、紫、红线上，做半个平结。

08 拉紧黄线。

09 左右蓝线压在紫线、红线、黄线上做半个平结。

10 拉紧蓝线。

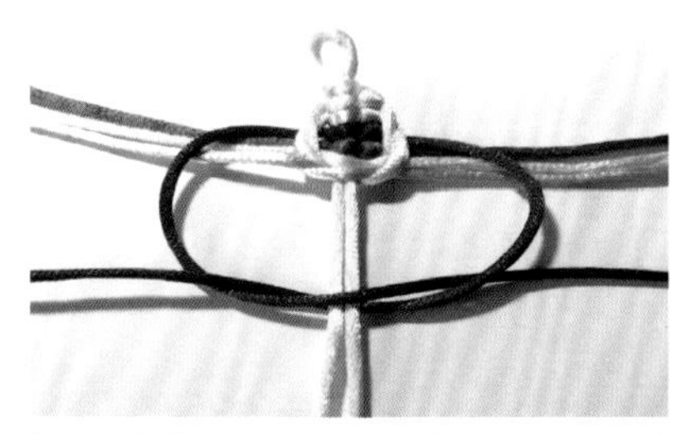

11 左右紫线压在红线、黄线、蓝线上做半个平结。

12 拉紧紫线。

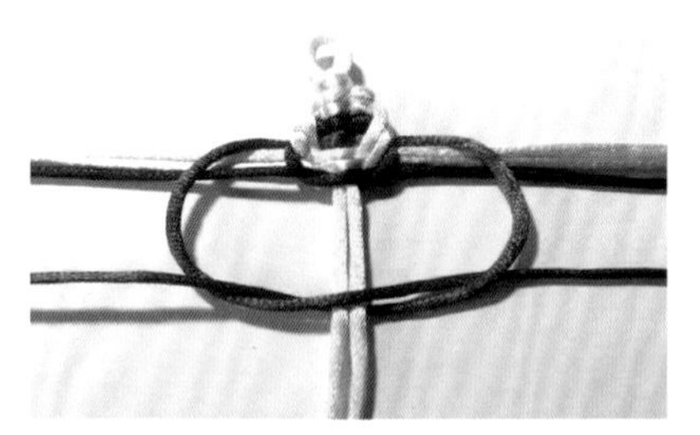

13 左右红线压在黄线、蓝线、紫线上做半个平结。

14 拉紧红线。

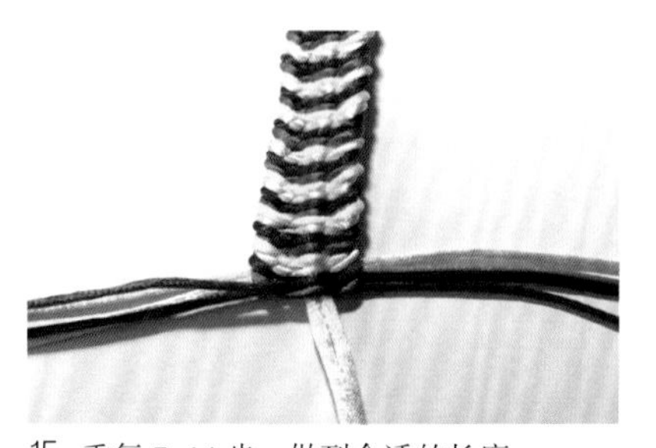

15 重复 7~14 步，做到合适的长度。

16 留 0.1 厘米左右剪掉左侧多余线，用打火机烧粘烫平。

17 留 0.1 厘米左右剪掉另一侧多余线，用打火机烧粘烫平。

18 用黄色轴线做一个蛇结。

19 贴紧蛇结，用黄色轴线做一个纽扣结。

20 留 0.1 厘米左右剪掉多余的黄色轴线，用打火机烧粘烫平。

21 将纽扣结塞进扣眼围成一个圈，一条完整手绳完成。

04 阑珊

阑外彤云已满空，
帘旌不动石榴红。

材料及用量	黑色 A 玉线（简称黑线）90 厘米 ┆ 1 根　红色 A 玉线（简称红线）50 厘米 ┆ 1 根　0.8 厘米红玛瑙 ┆ 7 个　0.8 厘米黑玛瑙 ┆ 1 个
耗　　时	30 分钟
尺　　寸	手绳粗约 0.8 厘米，案例适合净手围 16 厘米的手腕
结　　法	蛇结、四股辫

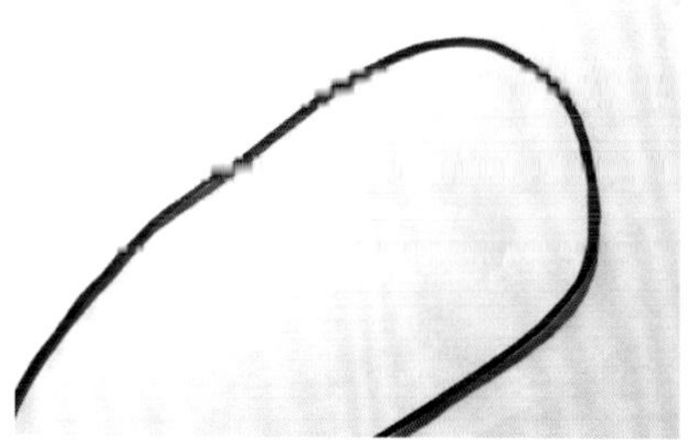

01 将 1 根 90 厘米黑线对折。

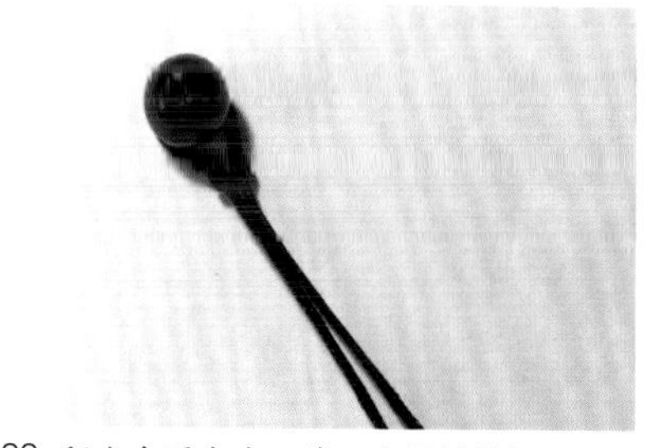

02 留出合适大小，编一个蛇结做扣眼。

03 贴紧蛇结，穿一颗红玛瑙。

04 贴紧红玛瑙，编一个蛇结。

05 重复 3~4 步，依次穿红玛瑙编蛇结。

06 取 1 根 50 厘米的红线，横向加在黑线中间，黑线交叉，编四股辫。

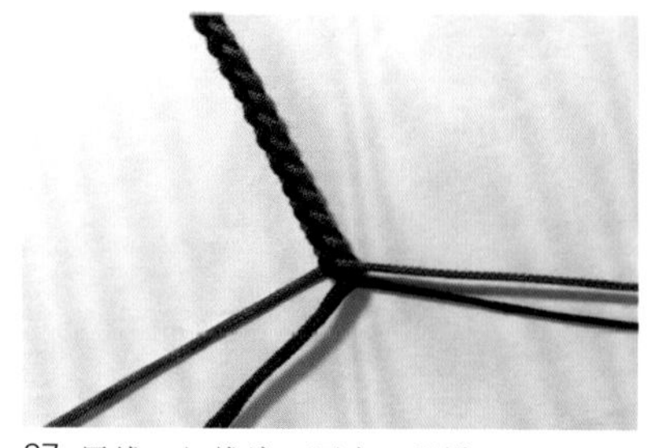

07 黑线、红线编 8 厘米四股辫。

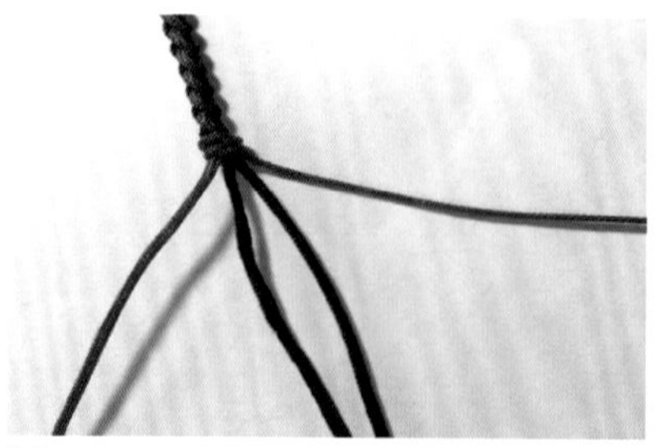

08 用左右红线包黑线，编两个蛇结，固定四股辫。

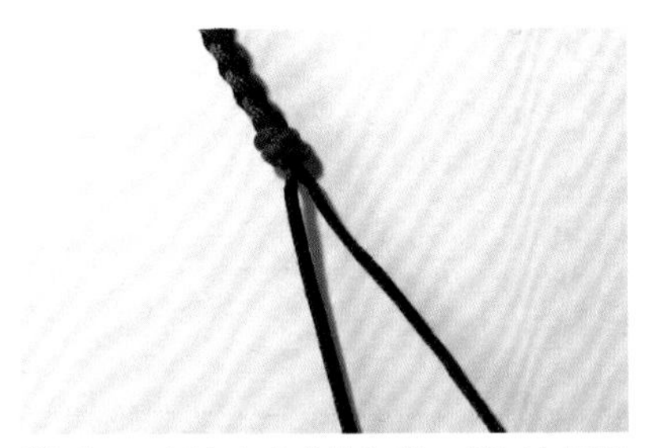

09 留 0.1 厘米左右剪掉红线，用打火机烧粘烫平。

10 贴紧蛇结，穿一颗黑玛瑙。

11 贴紧黑玛瑙，编一个蛇结固定。

12 留 0.1 厘米左右剪掉黑线，用打火机烧粘烫平。

13 将黑玛瑙塞进扣眼围成一个圈，一条完整手绳完成。

06 十全十美

死生契阔，与子成说。

执子之手，与子偕老。

材料及用量　红色15股股线（简称红线）50厘米｜3根　金色12股股线（简称金线）50厘米｜2根　0.8厘米大孔琉璃珠｜1个

耗　　时　30分钟

尺　　寸　手绳粗约0.5厘米，案例适合净手围15.5厘米的手腕

结　　法　二股辫、十股辫、蛇结

01 将 3 根红线、2 根金线合并，取中间做二股辫 2~3 厘米。

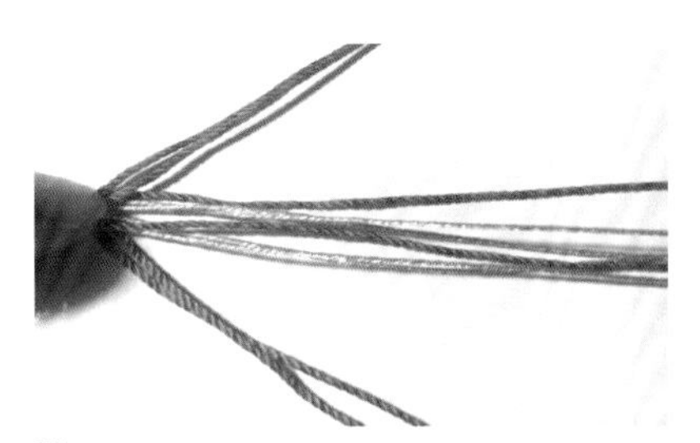

02 用上下最外侧 2 根红线包中间 2 金、2 红 4 根线做一个蛇结。

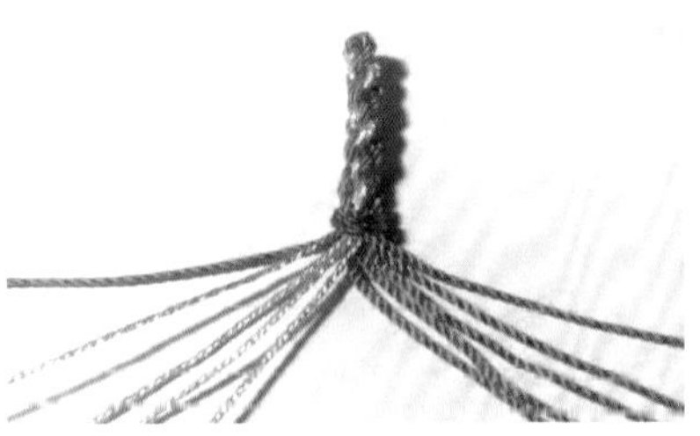

03 做一个蛇结固定二股辫，排线：左为红、金、金、金、金，右为红、红、红、红、红。

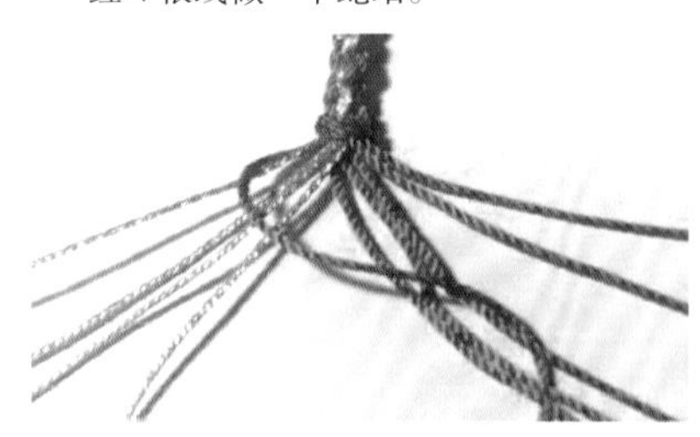

04 左边最外侧红线向右，压右边最内侧 3 根红线，从下面回到左边最内侧（每根线的位置很重要，颜色位置的分布不同，编出来的图形效果也会不一样）。

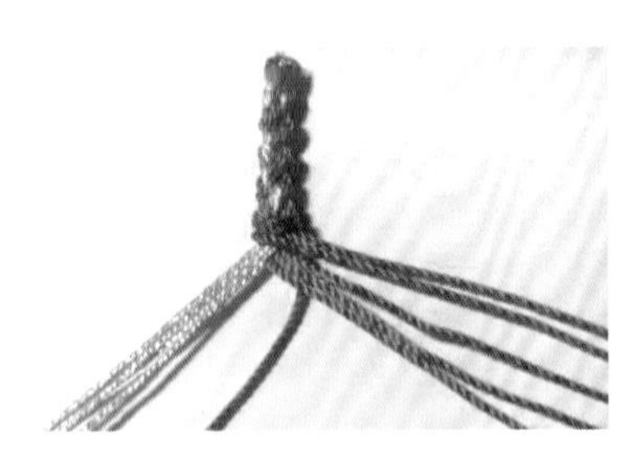

05 整理好线。此时左侧线颜色位置发生改变。左为金、金、金、金、红。

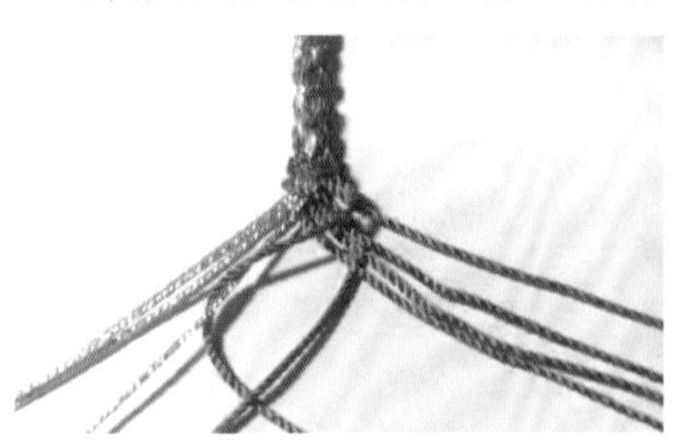

06 右边最外侧红线向左，压左边最内侧金、红 2 根线，从下方回到右边最内侧。

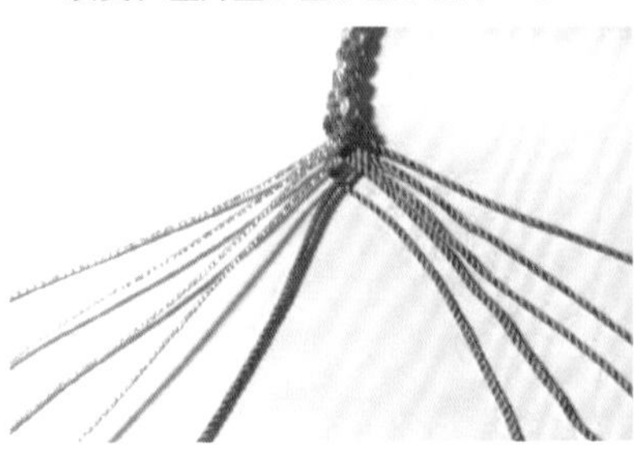

07 整理好线。此时排线顺序，左为金、金、金、金、红，右为红、红、红、红、红（每根线编完都要拉紧，这样做出来的成品才会美观）。

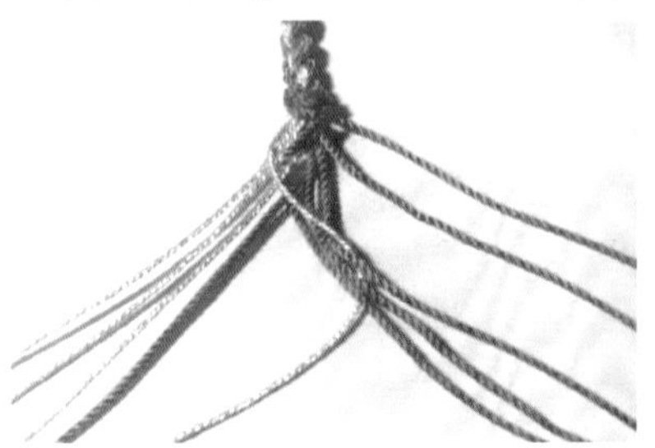

08 继续重复图 5。此时左边最外侧是金线，用左边最外侧金线从上压右边最内侧 3 根红线，然后从下回到左边最内侧。

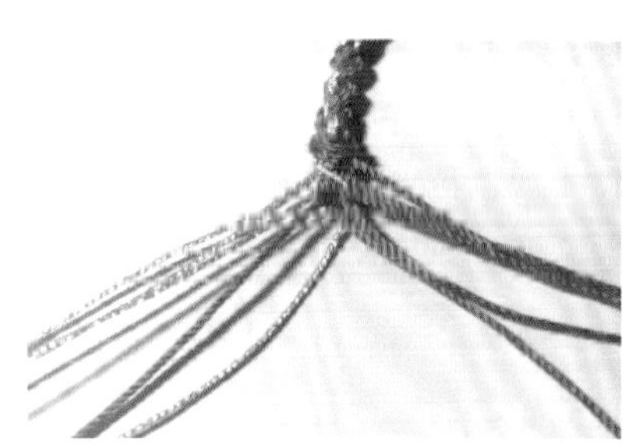

09 整理好线，此时左边为：金、金、金、红、金，右边为：红、红、红、红、红。重复 5~8 步（注意：每编一根线都要拉紧）。

10 如图为效果图。编到合适长度，准备收尾。

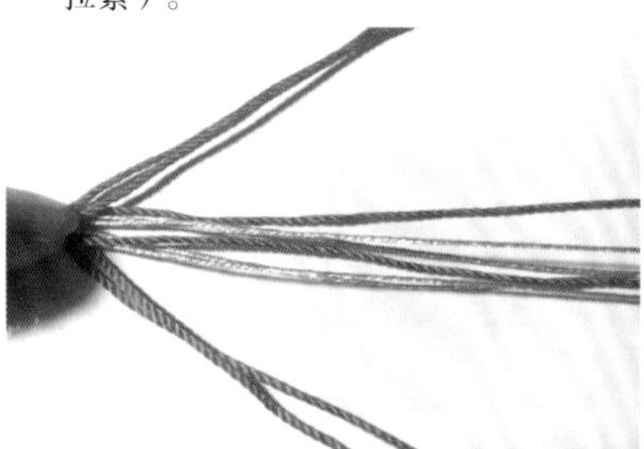

11 重复 2~3 步。用上下最外侧 2 根红线包中间 2 金、2 红 4 根线做一个蛇结固定编好的十股辫。

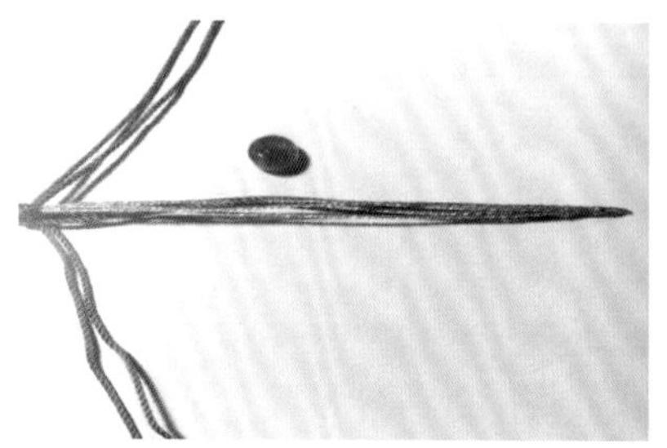

12 留 0.1 厘米剪掉上下最外侧 2 根红线，然后将中间 2 金、2 红 4 根线尾部烧粘到一起。

13 贴紧蛇结，用 4 根线同时穿大孔琉璃珠，留 0.5 厘米左右剪掉多余的线。

14 用打火机烧粘烫平。

15 将大孔琉璃珠塞进扣眼围成圈，一条完整手绳完成。

06 锦色

洛阳春色待君来，
莫到落花飞似霰。

材料及用量	花色 A 玉线（简称花线）1.2 米 ¦ 1 根　红色 A 玉线（简称红线）1.2 米 ¦ 1 根　0.8 厘米铜珠 ¦ 1 个
耗　　时	25 分钟
尺　　寸	手绳粗约 1 厘米，案例适合净手围 15.5 厘米的手腕
结　　法	蛇结、金刚结、玉米结

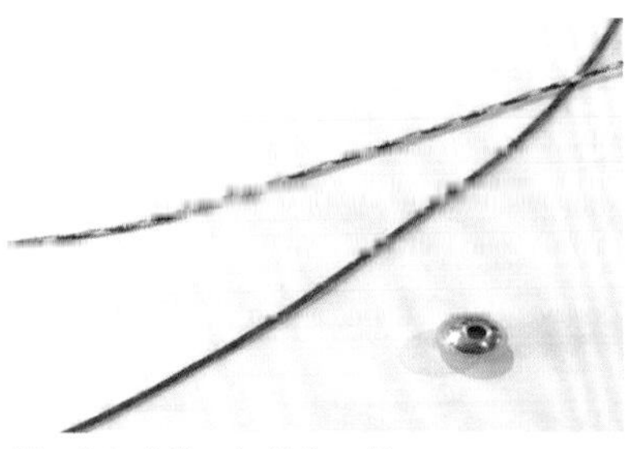

01 准备花线、红线各 1 根。

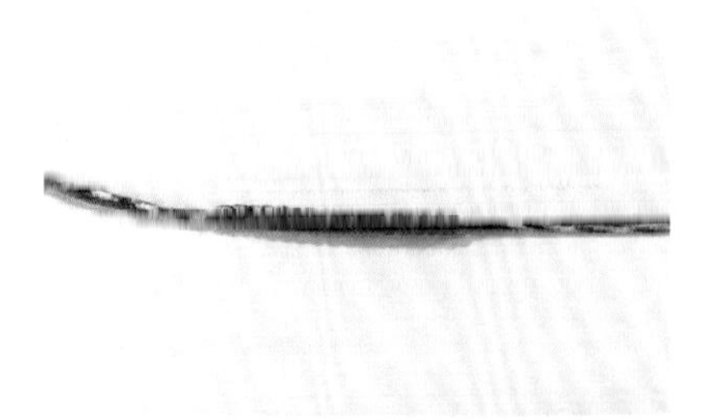

02 红线、花线两根线取中间，做 18 个金刚结做扣眼 (金刚结的数量决定扣眼的大小) 。

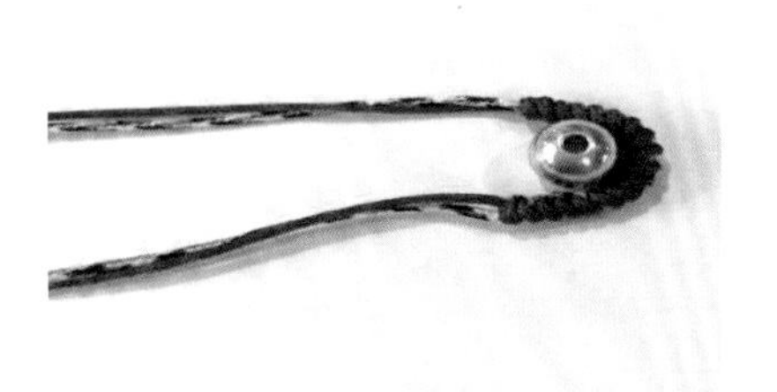

03 把铜珠放到扣眼处，比一下大小是否合适。

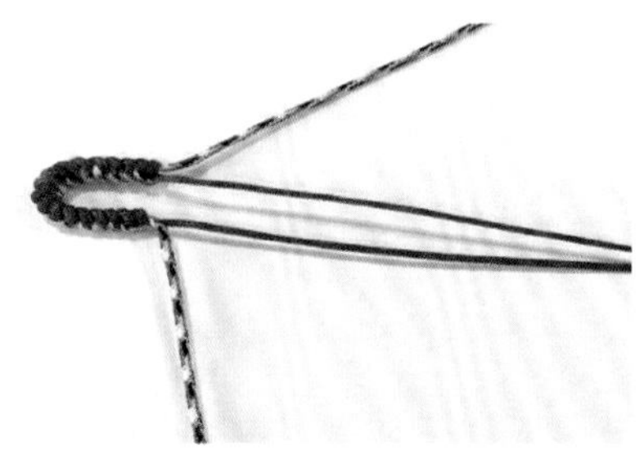

04 取两侧花线，开始做包心蛇结。

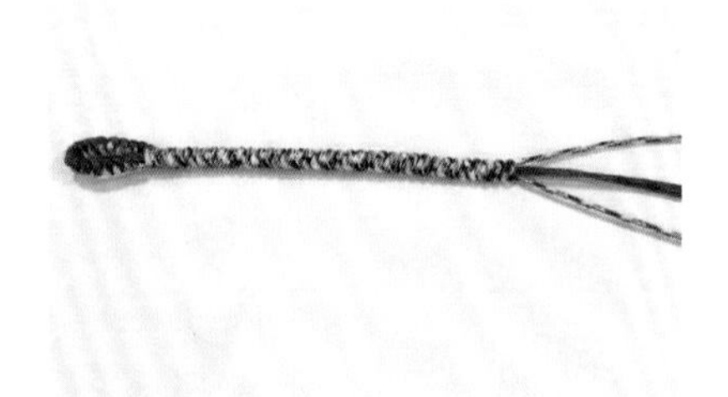

05 用花线编 6 厘米左右的蛇结。

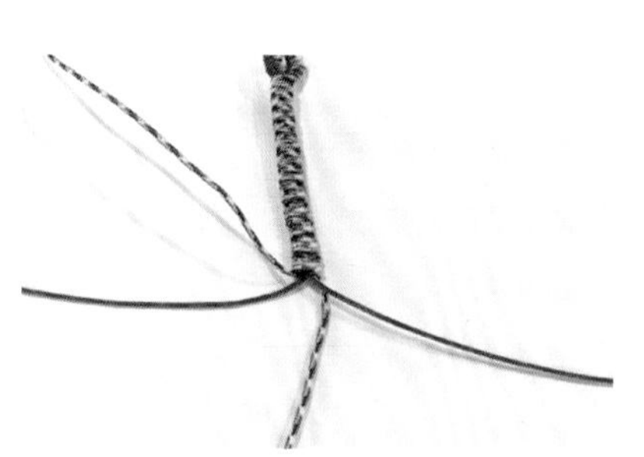

06 红线、花线十字交叉分开，准备做玉米结。

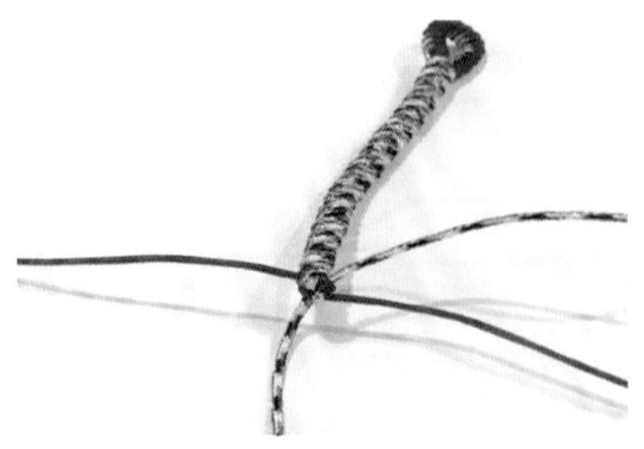

07 做圆玉米结，每根线都要拉紧。

08 连续做一段 4 厘米左右的圆玉米结。

09 红线分别在左右两侧，花线在中间，用红线包花线做蛇结。

10 用红线做包心蛇结，6 厘米左右。

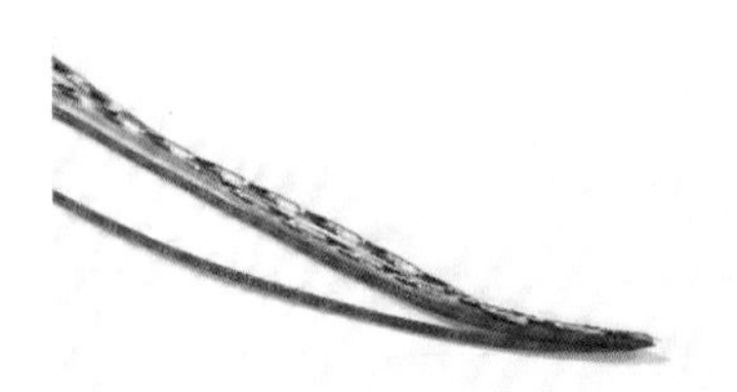

11 把尾巴的 4 根线烧粘到一起。

12 穿入铜珠，贴紧蛇结。

13 尾巴做一个蛇结，留 0.2 左右剪掉余线。

14 用打火机烧粘烫平。

15 铜珠塞进扣眼，一根完整的手绳完成。

07 童趣

晴明风日雨干时，
草满花堤水满溪。

材料及用量	红色 5 号线 35 厘米 ┆ 1 根　红色 A 玉线 20 厘米 ┆ 1 根　黑色 72 号玉线若干 金色、红色、蓝色 6 股彩金线（简称金色 6 股线、红色 6 股线、蓝色 6 股线）若干　银小鸡饰品（简称银饰）┆ 1 个
耗　时	35 分钟
尺　寸	手绳粗约 0.5 厘米，案例适合净手围 16.5 厘米的手腕
结　法	绕线线圈、平结、纽扣结

01 准备 1 根红色 5 号线。

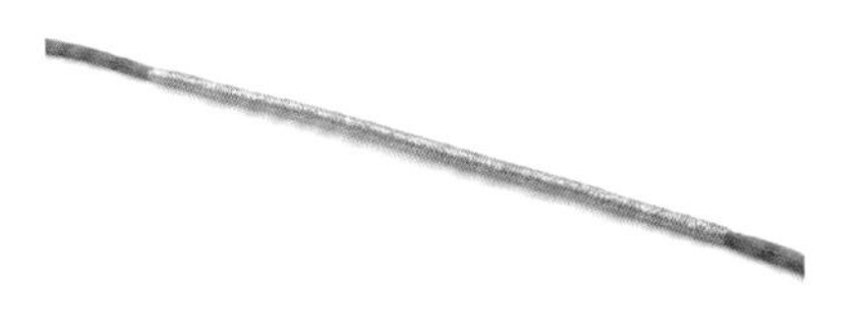

02 取红色 5 号线中间位置绕金色 6 股线 16 厘米。

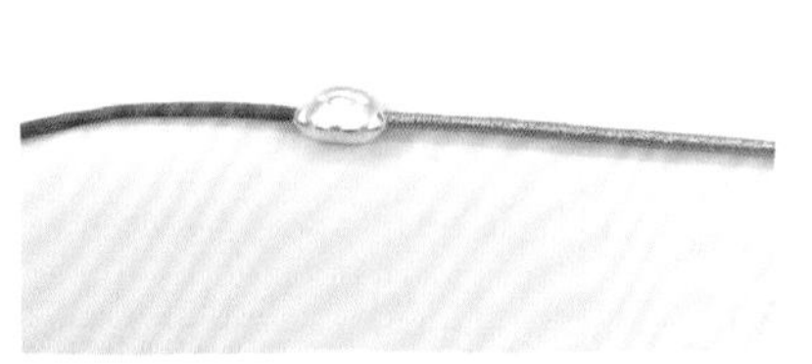

03 穿过银饰。

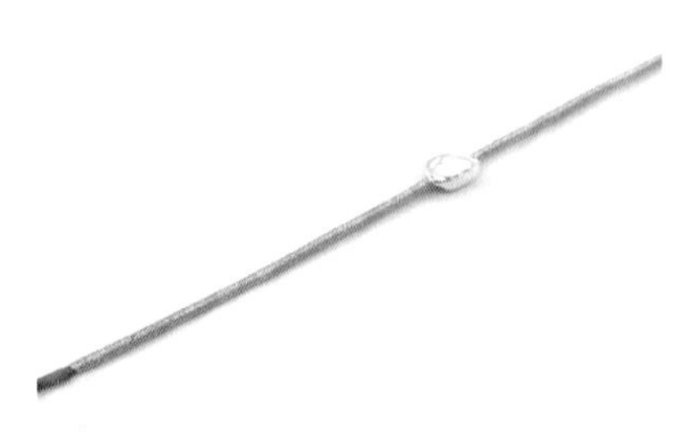

04 将银饰放在绕好的金色 6 股线的中间位置。

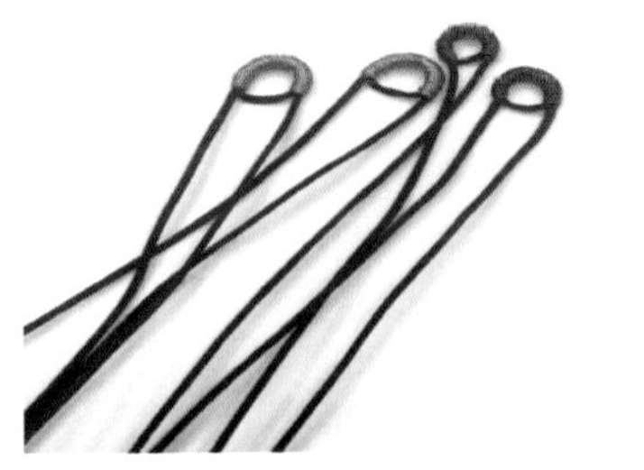

05 用黑色 72 号玉线为夹心线，红色 6 股线、蓝色 6 股线为绕线，做 4 个绕线线圈。

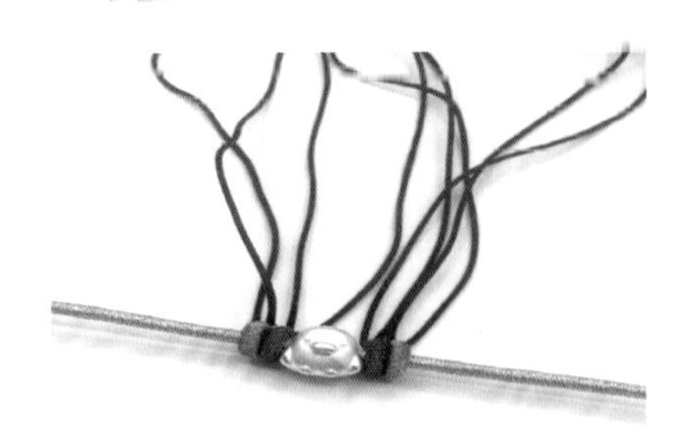

06 将绕线线圈套在银饰两侧拉紧。

07 剪掉多余的夹心线。

08 将两根红色 5 号线交叉重叠。

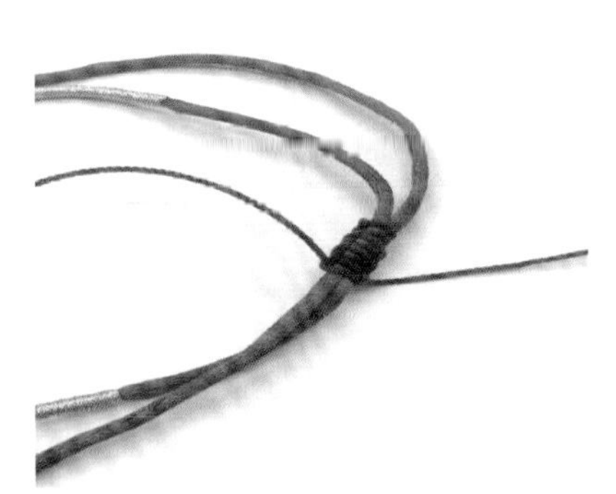

09 用红色 A 玉线在 2 根红色 5 号线上做 4 组平结。

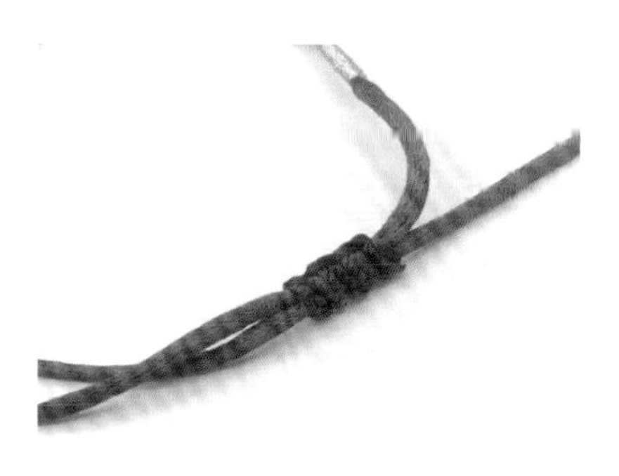

10 留 0.1 厘米剪掉平结多余线，用打火机烧粘烫平。

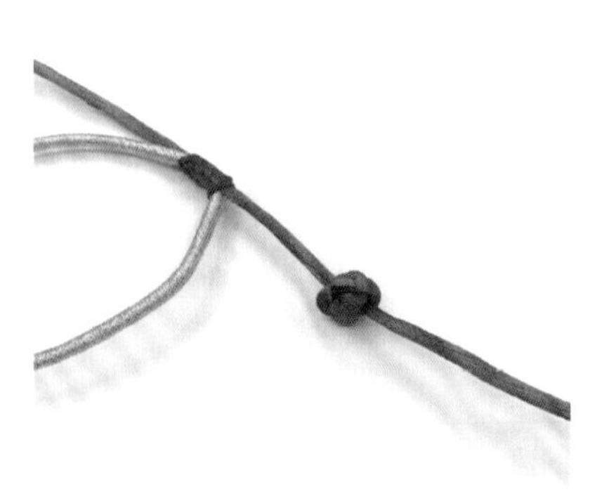

11 用红色 5 号线做一个单线纽扣结。

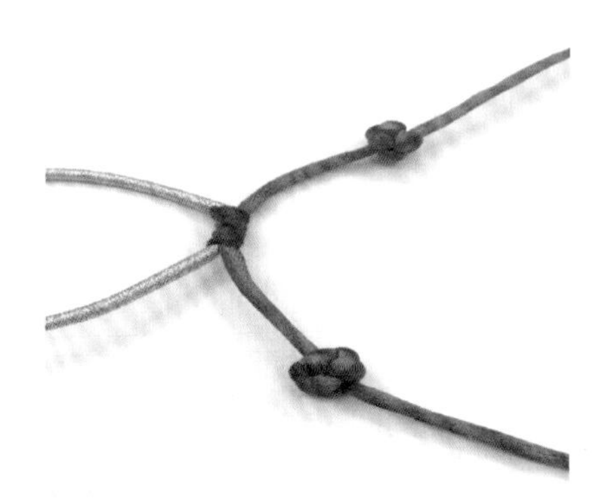

12 另一边也做一个单线纽扣结。

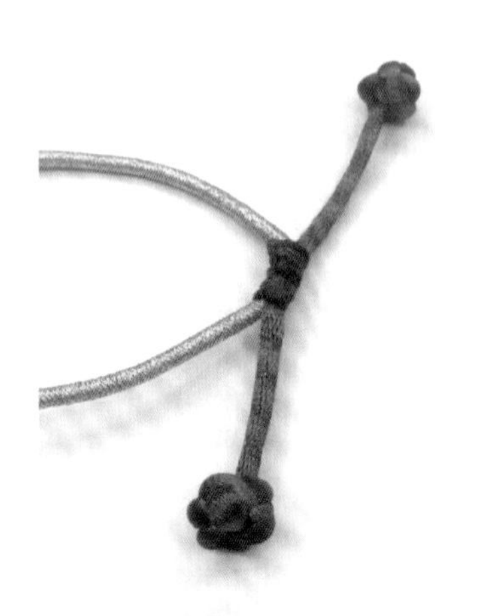

13 留 0.1 厘米剪掉多余线，用打火机烧粘烫平。

14 完成。

08 平安

长垣连草树，

远水照楼台。

材料及用量	红色 15 股股线（简称红线）90 厘米 ┆ 4 根　金色彩金线 6 股（简称金线）若干　银灰色三角丝若干 0.8 厘米琉璃珠 ┆ 1 个
耗　　时	35 分钟
尺　　寸	手绳粗约 0.8 厘米，案例适合净手围 16 厘米的手腕
结　　法	二股辫、八股辫、蛇结、绕线、双联结

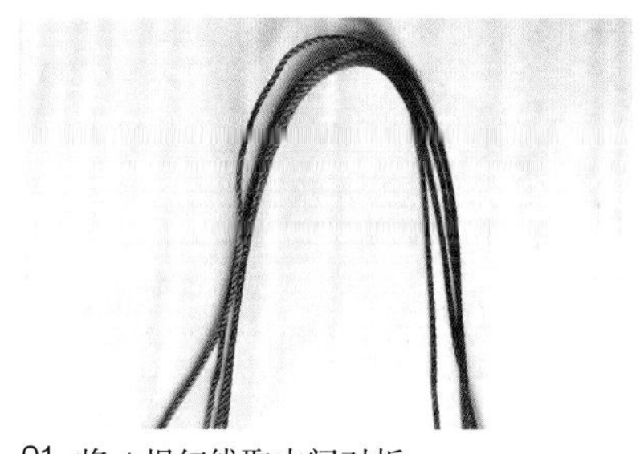

01 将 4 根红线取中间对折。

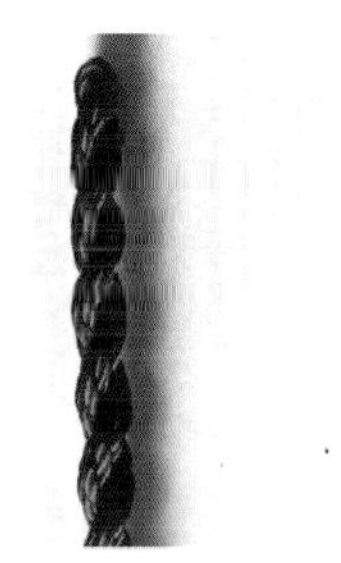

02 编二股辫 2.5~3 厘米做扣眼。

03 中间留 4 根，左右各 2 根。用左右 2 根包中间 4 根做一个蛇结固定二股辫。

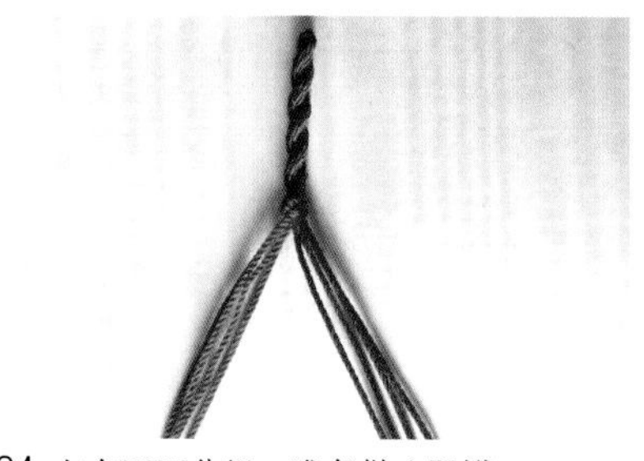

04 左右四四分组，准备做八股辫。

05 做 6.5 厘米左右的八股辫。

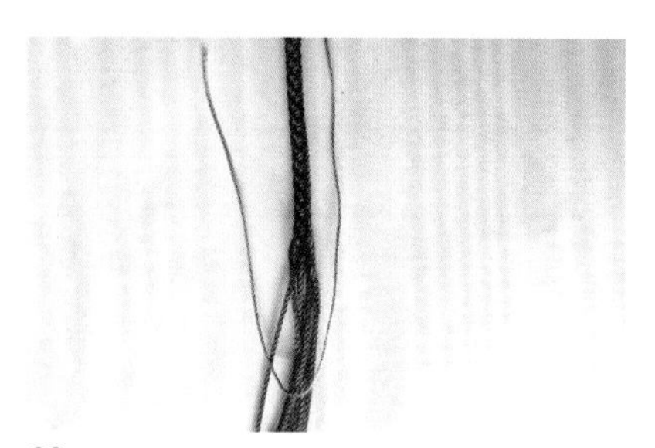

06 用金线做绕线，固定编好的八股辫。

07 金线绕 0.5 厘米左右。

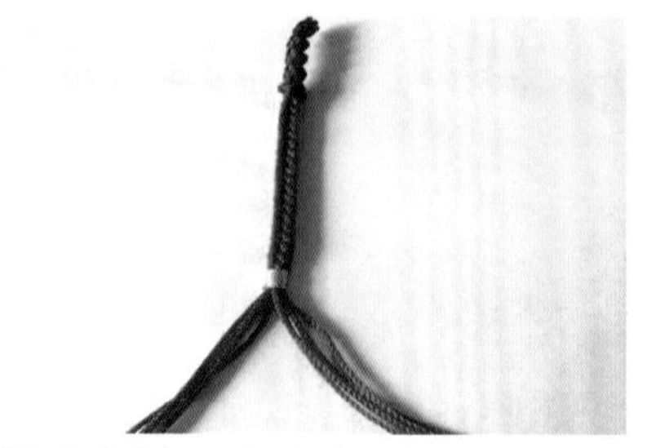

08 金线绕好以后，红线左右四四分组。

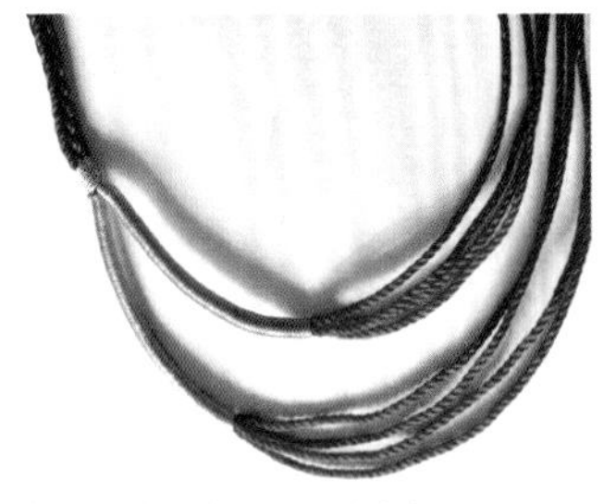

09 用银灰色三角丝绕线，左右各绕3.8厘米。

10 用银灰色三角丝绕好的线做一个双联结。

11 做好双联结，用金线在红线上做 0.5 厘米左右的绕线，和前面的金线对称。

12 红线左右四四分组，准备做八股辫。

13 做 6.5 厘米左右的八股辫。

14 用左右最外侧 2 根线包中间 4 根线做一个蛇结固定编好的八股辫。

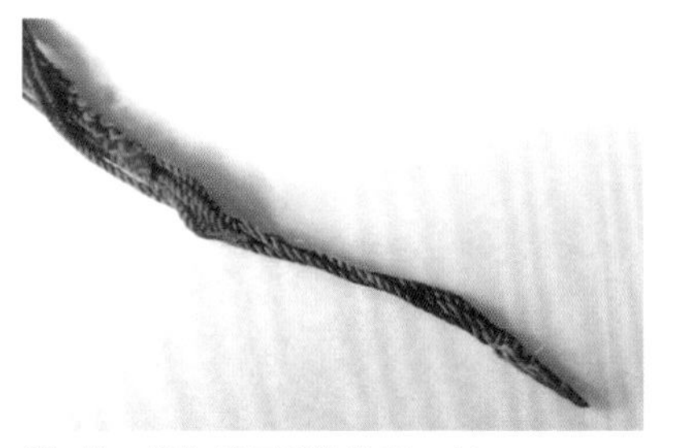

15 将 8 根红线尾部烧粘到一起。

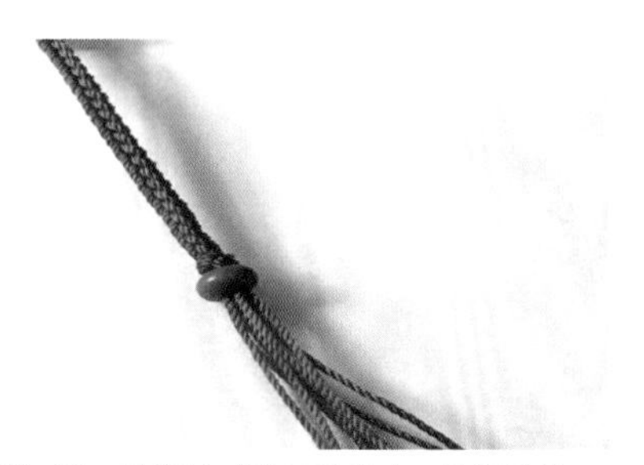

16 用 8 根线同时穿过琉璃珠，贴紧蛇结。

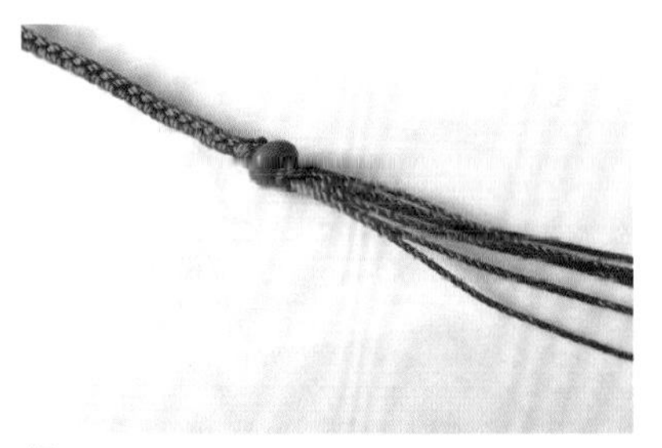

17 用左右最外侧 2 根线包中间 4 根线做一个蛇结固定琉璃珠。

18 蛇结后面留 0.1 厘米左右，剪掉多余的线。

19 用打火机把尾部烧粘烫平。

20 把琉璃珠穿入二股辫扣眼，围成一个圈，完成。

09 瑶华

心似双丝网，

中有千千结。

材料及用量	红色 A 玉线（简称红线）100 厘米 ¦ 4 根　金色 18 股股线 100 厘米 ¦ 2 根 金色 15 股股线 10 厘米 ¦ 2 根　金色、银色、红色 6 股彩金线（简称金色 6 股线、银色 6 股线、红色 6 股线）若干　黑色 72 号玉线若干　红色 72 号玉线 10 厘米 ¦ 3 根　0.8 厘米红玛瑙 ¦ 2 颗
耗　　时	35 分钟
尺　　寸	手绳粗约 0.8 厘米，案例适合净手围 17 厘米的手腕
结　　法	绕线线圈、平结线圈、同心结、玉米结、蛇结、平结

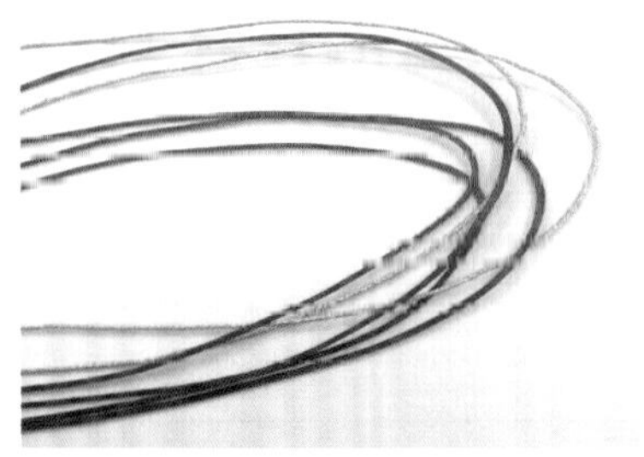

01 将 4 根红色 A 玉线、2 根金色 18 股股线平均分两组，每组 2 根红线 1 根金色 18 股股线。

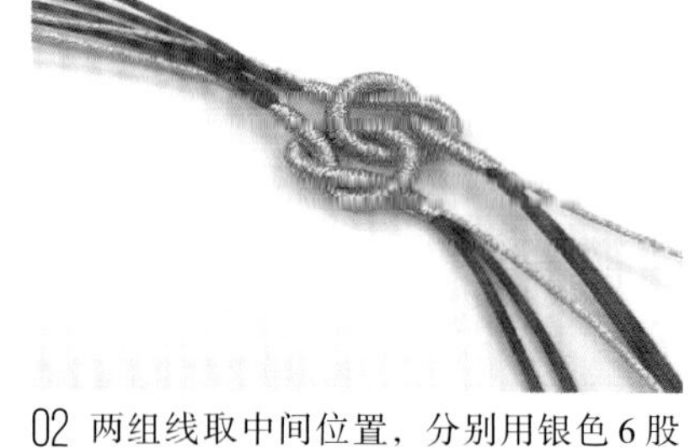

02 两组线取中间位置，分别用银色 6 股线绕线 8 厘米，做一个同心结。

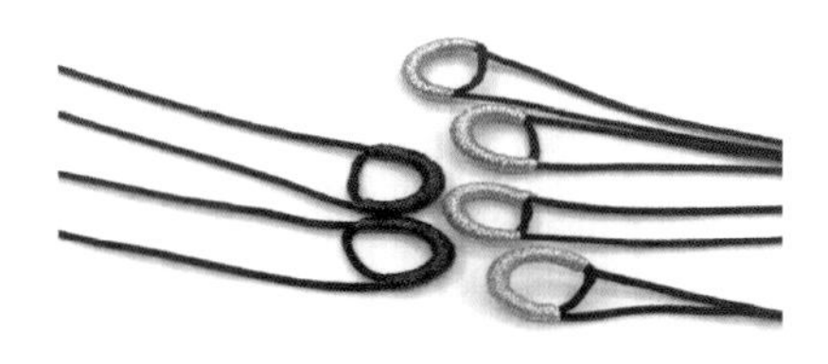

03 用黑色 72 号玉线为夹心线，金色 6 股线、银色 6 股线、红色 6 股线为绕线做 6 个绕线线圈。

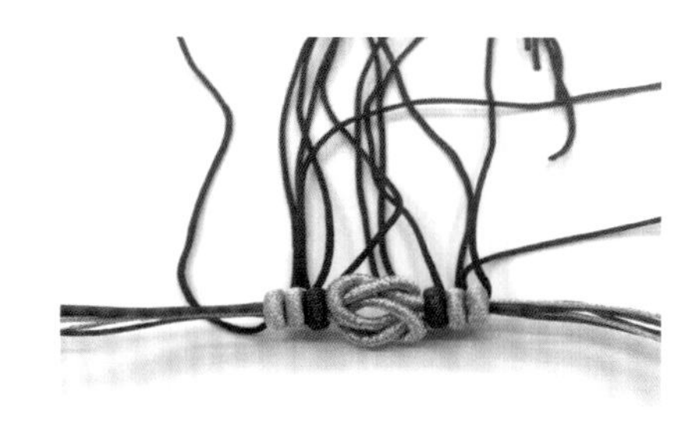

04 将 6 个绕线线圈套在同心结两侧拉紧。

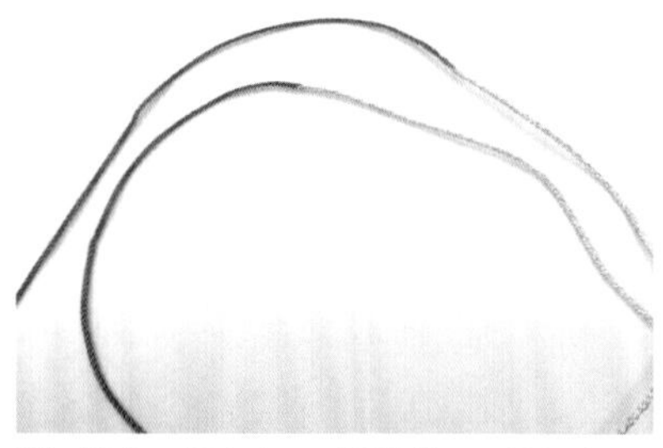

05 另取 2 根金色 15 股股线、2 根红色 72 号玉线各 10 厘米，接两根双色线。

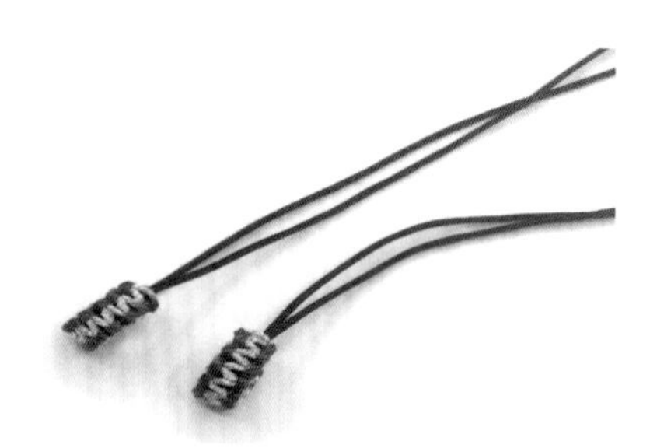

06 做两个双色平结线圈。

07 将平结线圈套在绕线线圈两侧拉紧。

08 将绕线线圈和平结线圈的多余夹心线剪掉。

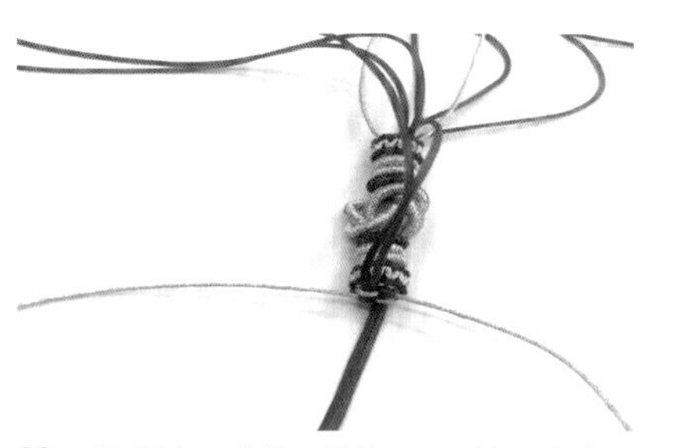

09 开始做方玉米结，排线：上下各 2 根红色 A 玉线，左右各 1 根金色 18 股股线。

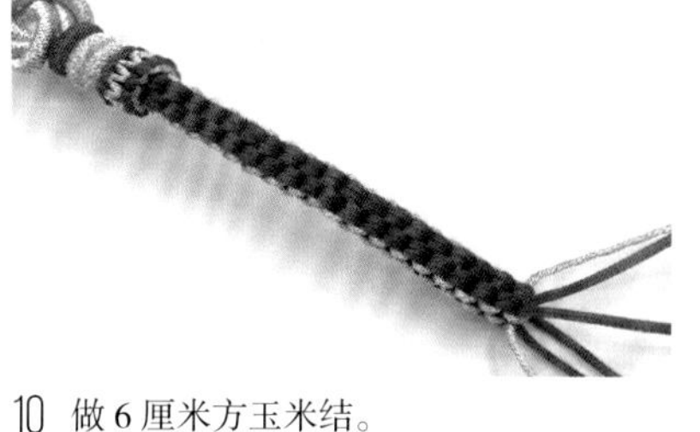

10 做 6 厘米方玉米结。

11 重复 9~10 步，在另一侧做 6 厘米方玉米结。

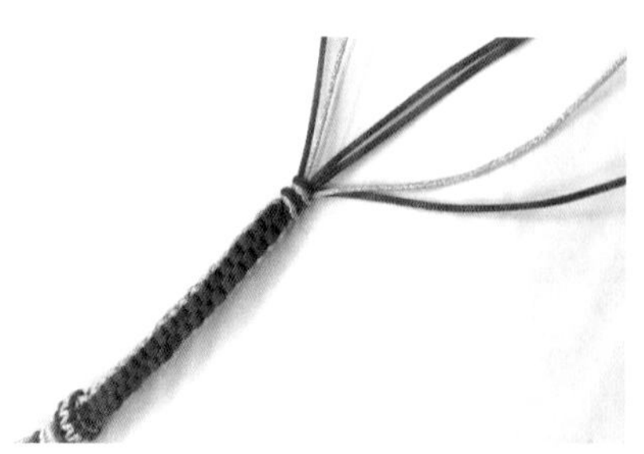

12 取左右最外侧 1 红、1 金 2 根线包中间 2 根红线，做两个蛇结固定编好的玉米结。

13 做蛇结的 4 根线留 0.1 厘米剪掉两侧多余的线，用打火机烧粘烫平。

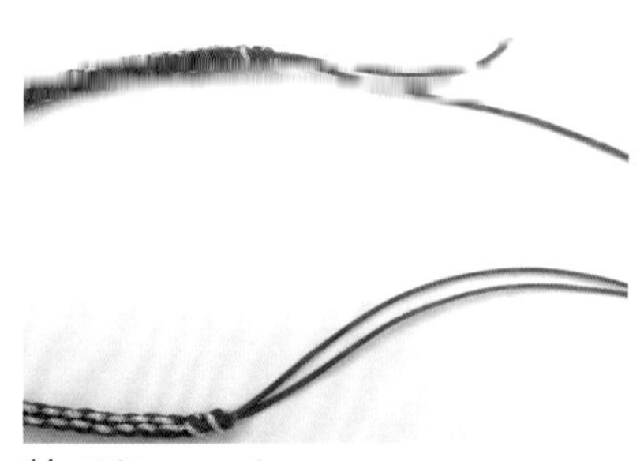

14 重复 12~13 步。

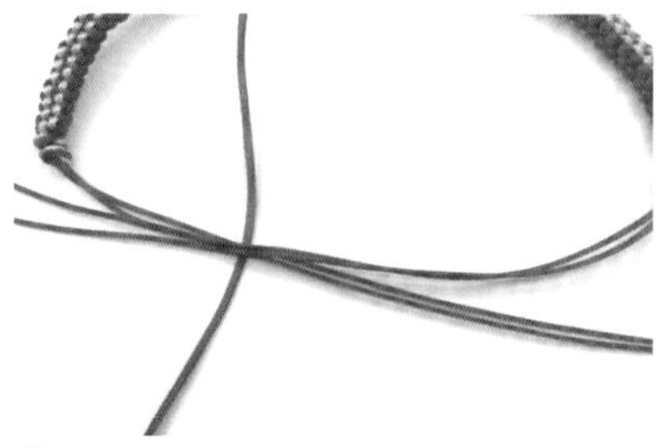

15 左右两组交叉，另取 1 根红色 72 号玉线放在下面。

16 做 4 组平结，留 0.1 厘米剪掉多余线，用打火机烧粘烫平。

17 一边穿一颗 0.8 厘米红玛瑙，做一个蛇结固定。

18 留 0.1 厘米剪掉多余线，用打火机烧粘烫平。

19 完成。

⑩ 桃花

桃之夭夭，
灼灼其华。

材料及用量	绿色 24 股股线（简称绿线）70 厘米 ┆ 2 根　粉色 24 股股线（简称粉线）20 厘米 ┆ 1 根 金色 6 股彩金线（简称金色 6 股线）若干
耗　　时	40 分钟
尺　　寸	手绳粗约 0.8 厘米，案例适合净手围 16 厘米的手腕
结　　法	绕线、二股辫、四股辫、雀头结、纽扣结

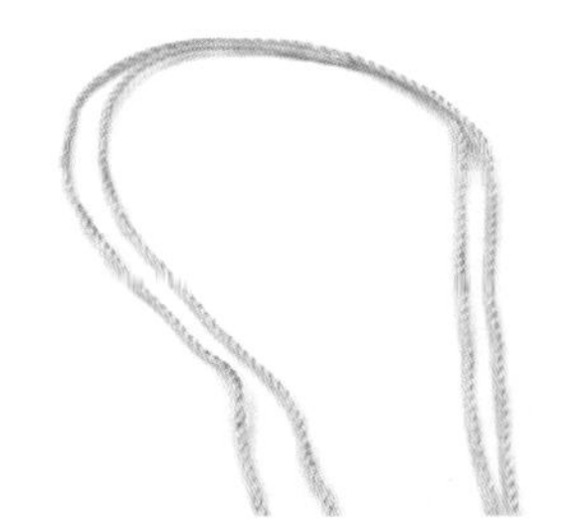

01 将2根绿线取中间对折。

02 做2.5厘米二股辫扣眼。4根线平均分两组，每组2根做一个蛇结固定二股辫扣眼。

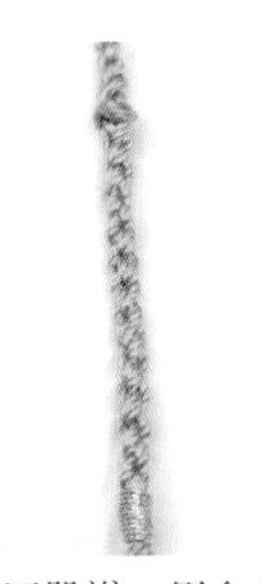

03 做6.5厘米四股辫，用金色6股线做绕线固定编好的四股辫。

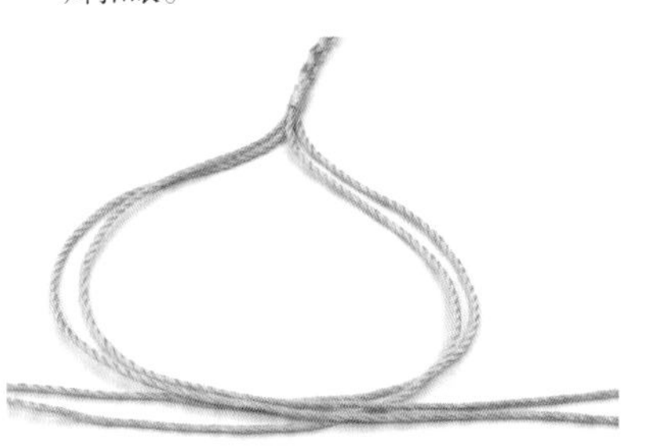

04 将4根线平均分两组，每组2根线。左右两组线交叉形成一个圈。

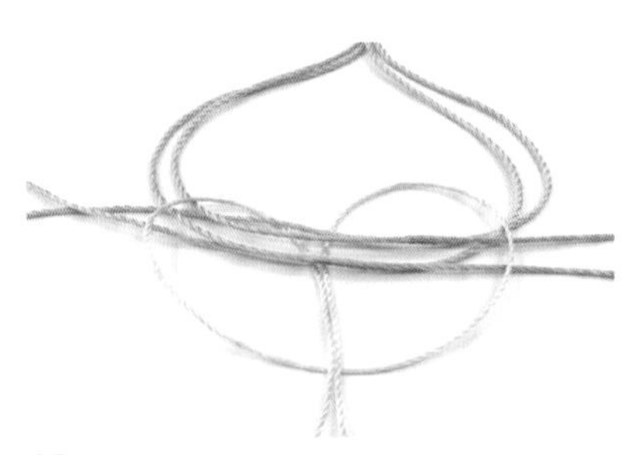

05 粉线对折，在绿线交叉重叠处做一个雀头结拉紧。

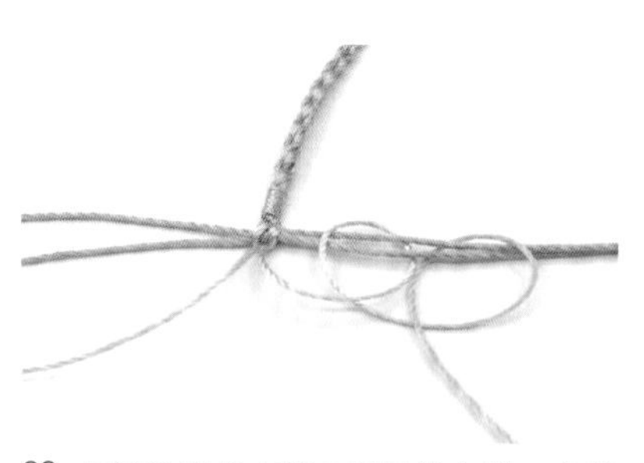

06 右侧粉线在右侧2根绿线上做一个雀头结。

07 拉紧右侧雀头结。

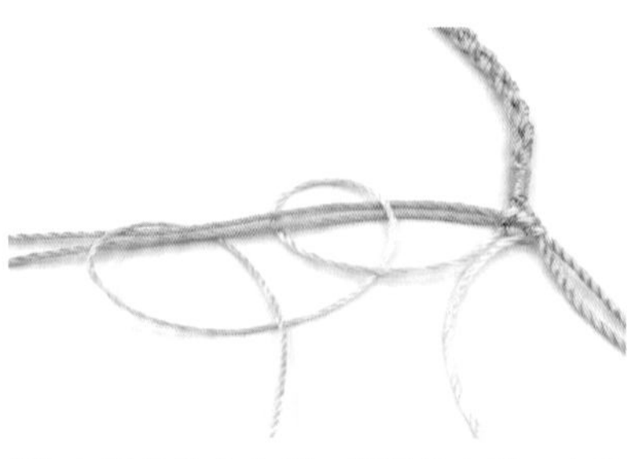

08 左侧粉线在左侧2根绿线上做一个雀头结，拉紧。

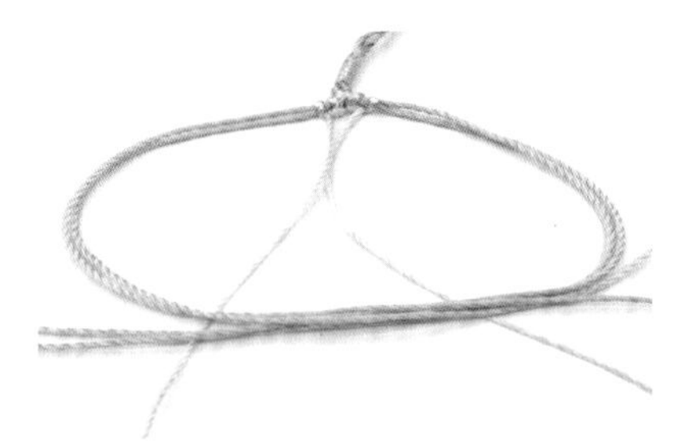

09 两组绿线交叉压在中间2根粉线上面。

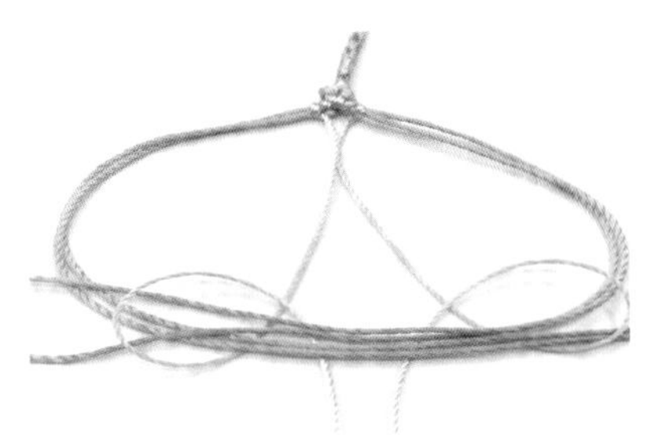

10 用粉线在交叉的绿线上做一个雀头结（也就是左侧粉线做半个雀头结，右侧粉线做半个雀头结，组成一个雀头结）。

11 拉紧两组绿线和中间的2根粉线，一朵桃花做好。

12 重复6~11步，左侧粉线在左侧绿线上做一个雀头结，右侧粉线在右侧绿线上做一个雀头结。

13 拉紧2根粉线。

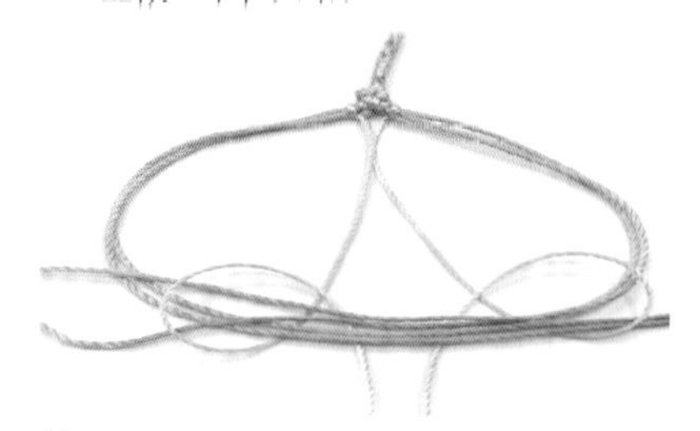

14 两组绿线交叉压在中间粉线上面，用粉线在绿线上做一个雀头结（左侧粉线做半个雀头结，右侧粉线做半个雀头结，组成一个雀头结）。

15 拉紧两组绿线和中间2根粉线。

16 五朵桃花做好。

17 绿线、粉线合并用金色 6 股线做绕线固定。

18 剪掉 2 根粉线，用 4 根绿线做 6.5 厘米四股辫。

19 将 4 根绿线平均分两组，每组 2 根做一个蛇结固定编好的四股辫。

20 贴紧蛇结做一个纽扣结。

21 留 0.1 厘米剪掉多余线，用打火机烧粘烫平。

22 将纽扣结塞进二股辫扣眼围成圈，一条完整的手绳完成。

⑪ 黄婵

秋风起兮白云飞，

草木黄落兮雁南归。

材料及用量	红色 15 股股线（简称红线）90 厘米 ┊ 4 根　金色 6 股彩金线（简称金色 6 股线）若干　8 毫米大孔琉璃珠 ┊ 1 个　珍珠吊坠 ┊ 1 个
耗　　时	40 分钟
尺　　寸	手绳粗约 1 厘米，案例适合净手围 16.5 厘米的手腕
结　　法	绕线、二股辫、八股辫、蛇结、双联结

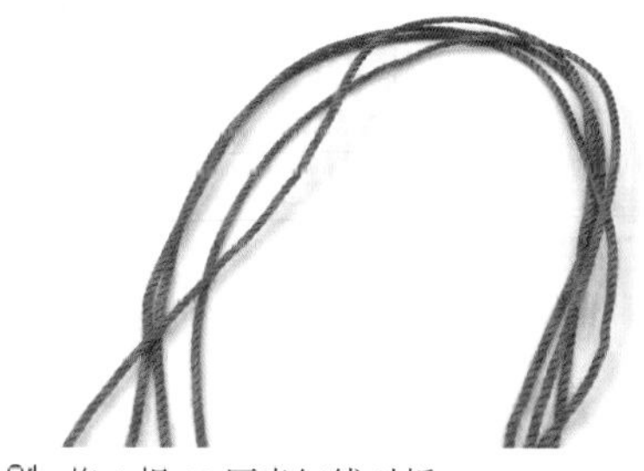

01 将 4 根 90 厘米红线对折。

02 做二股辫 2.5 厘米左右，用左边最外侧 2 根线和右边最外侧 2 根线包中间 4 根红线做一个蛇结固定二股辫。

03 做八股辫 6 厘米。

04 用金色 6 股线做绕线固定八股辫。

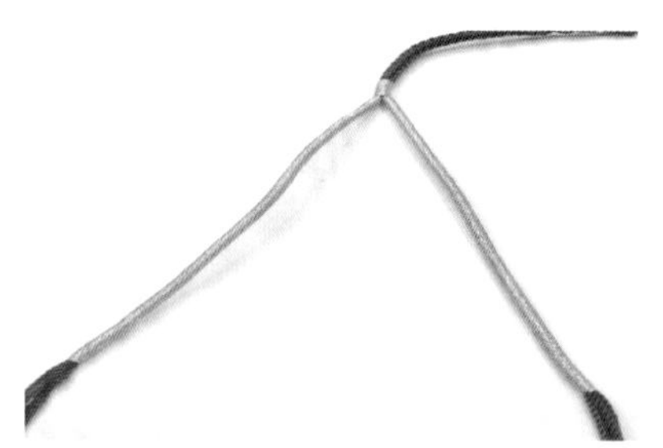

05 将 8 根线平均分两组，每组 4 根，用金色 6 股线绕线 15 厘米。

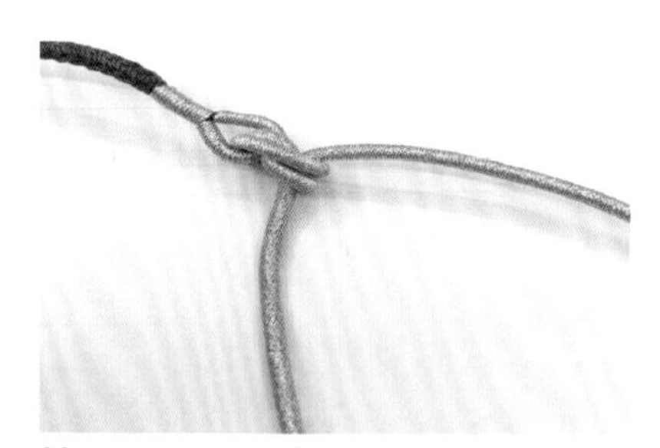

06 做一个横向双联结。

07 用一组金色 6 股线绕线穿珍珠吊坠。

08 再做一个横向双联结。

09 用金色 6 股线做绕线固定双联结。

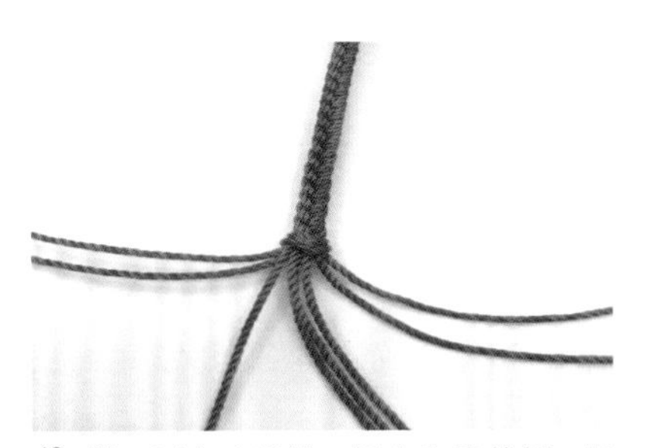

10 做 6 厘米八股辫。用左边最外侧 2 根线和右边最外侧 2 根线包中间 4 根红线做一个蛇结固定编好的八股辫。

11 将 8 根线同时穿过大孔琉璃珠。

12 留 0.5 厘米剪掉多余线，用打火机烧粘烫平。

13 将大孔琉璃珠塞进扣眼围成一个圈，一条完整的手绳完成。

原创案例

温馨暖意的项链绳

01 蓝羽

02 朝暮

03 枫红

04 芳菲

05 永结同心

06 忆江南

07 云暮

08 春

09 翩然

10 绿依

11 落花

01 蓝羽

羽毛似雪无瑕点，

孤影秋池舞白云。

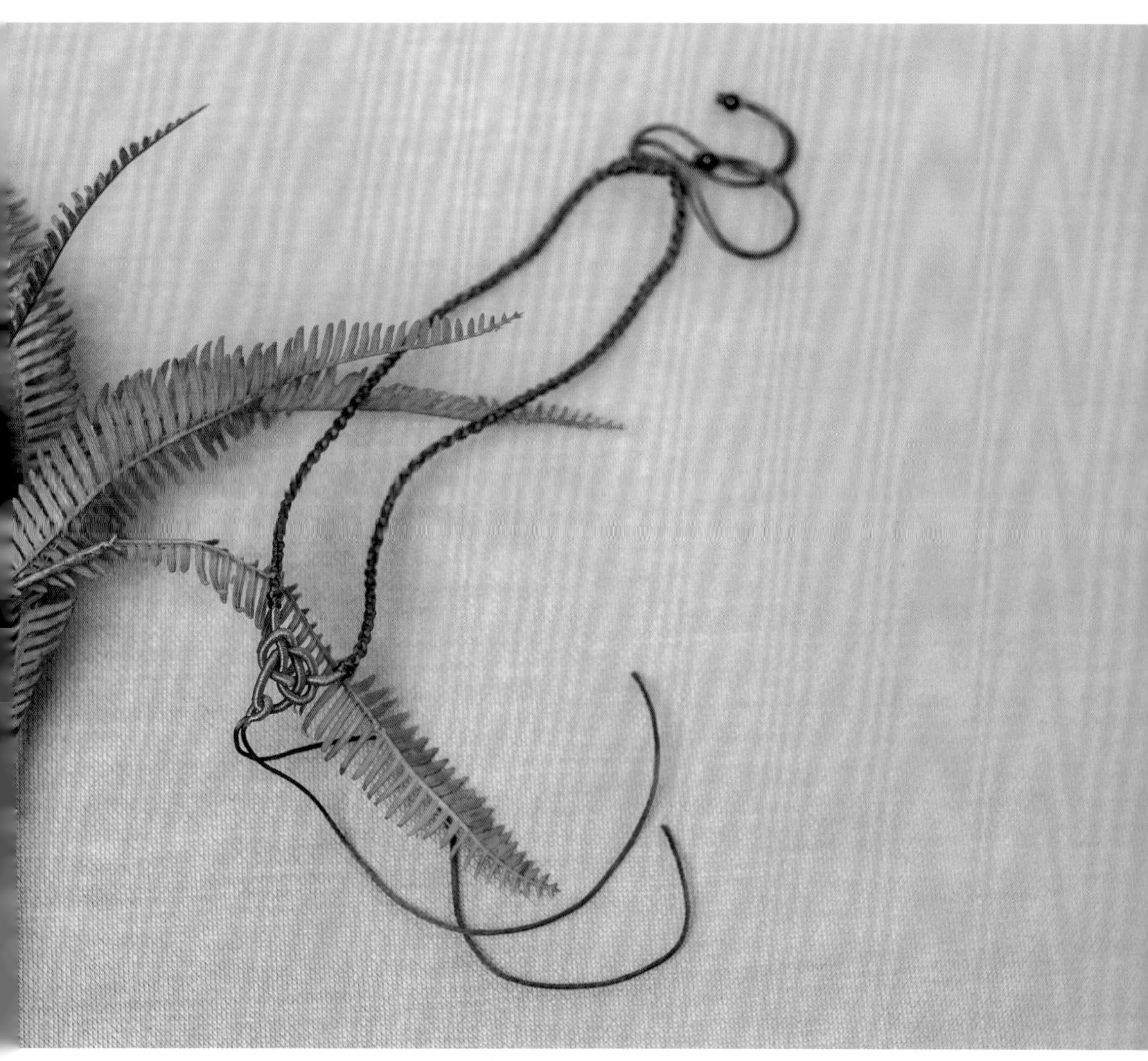

材料及用量	蓝色 7 号线（简称蓝线）90 厘米 ┊ 4 根　紫色 3 股股线（简称紫线）若干　蓝色 72 号玉线 10 厘米 ┊ 2 根 0.6 厘米黑玛瑙 ┊ 2 个
耗　　时	40 分钟
尺　　寸	项链绳粗细 0.5 厘米，案例总长 60 厘米
结　　法	绕线、四股辫、蛇结、双钱结

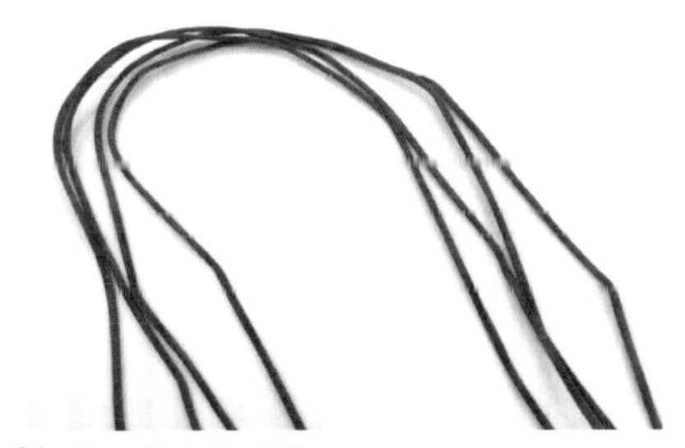

01 将 4 根蓝线对折。

02 4 根蓝线为夹心线，紫线为绕线，在中间位置绕 18 厘米。

03 做一个双钱结。

04 两组各 4 根线，每组用左右最外侧 1 根线包中间 2 根线做两个蛇结。

05 两侧分别做 25 厘米四股辫。

06 两侧 4 根线平均分两组，每组 2 根做两个蛇结，固定四股辫。

07 留 0.1 厘米剪掉左右最外侧两根线，用打火机烧粘烫平。

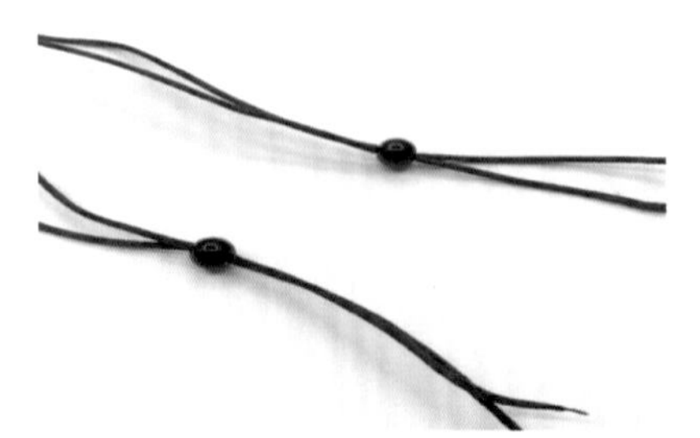

08 两侧分别穿一颗 0.6 厘米黑玛瑙。

09 两侧分别做一个蛇结固定珠子，留 0.1 厘米左右剪掉多余线，用打火机烧粘烫平。

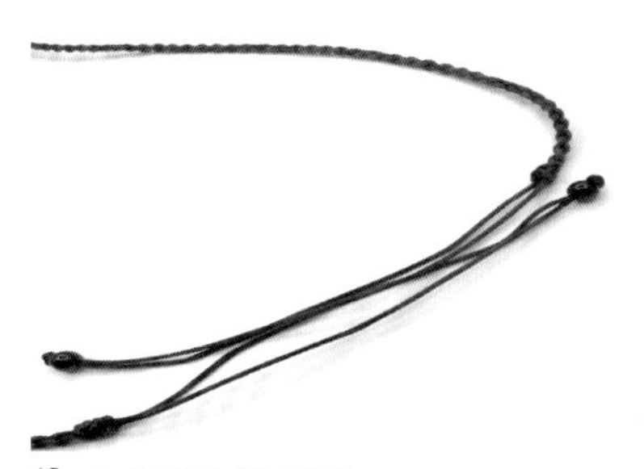

10 左右两侧交叉重叠

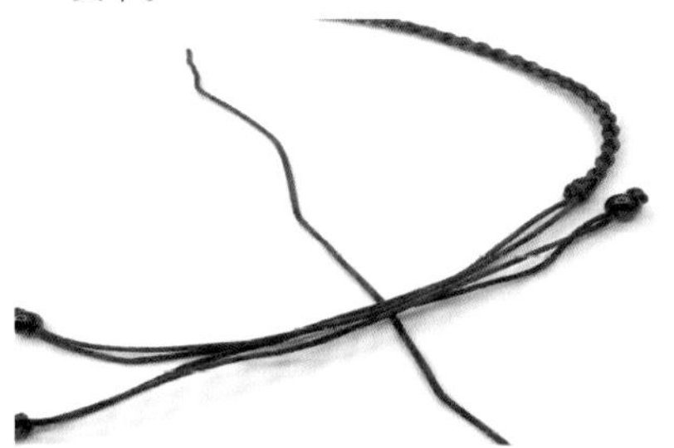

11 另取 1 根蓝色 72 号玉线放在两组线下面。

12 做 4 组平结。

13 留 0.1 厘米剪掉平结多余线，用打火机烧粘烫平。

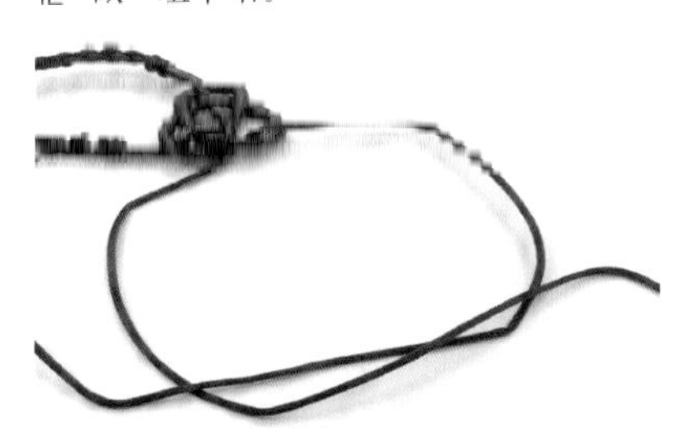

14 取 1 根蓝色 72 号玉线穿过双钱结，交叉重叠形成一个圈。

15 蓝色 72 号玉线为夹心线，紫线为绕线做一个线圈。拉紧夹心线。

16 完成。

02

朝暮

金风玉露一相逢，

便胜却人间无数。

材料及用量　咖啡色 18 股股线（简称咖啡色线）90 厘米｜6 根　金色 15 股股线 90 厘米｜2 根　咖啡色 72 号玉线若干
金色、红色、蓝色、咖啡色 6 股彩金线（简称金色 6 股线、红色 6 股线、蓝色 6 股线、咖啡色 6 股线）若干
0.6 厘米红玛瑙｜1 个

耗　　时　60 分钟

尺　　寸　项链绳粗细 0.8 厘米，案例长度 60 厘米

结　　法　绕线、蛇结、八股辫、平结线圈、绕线线圈

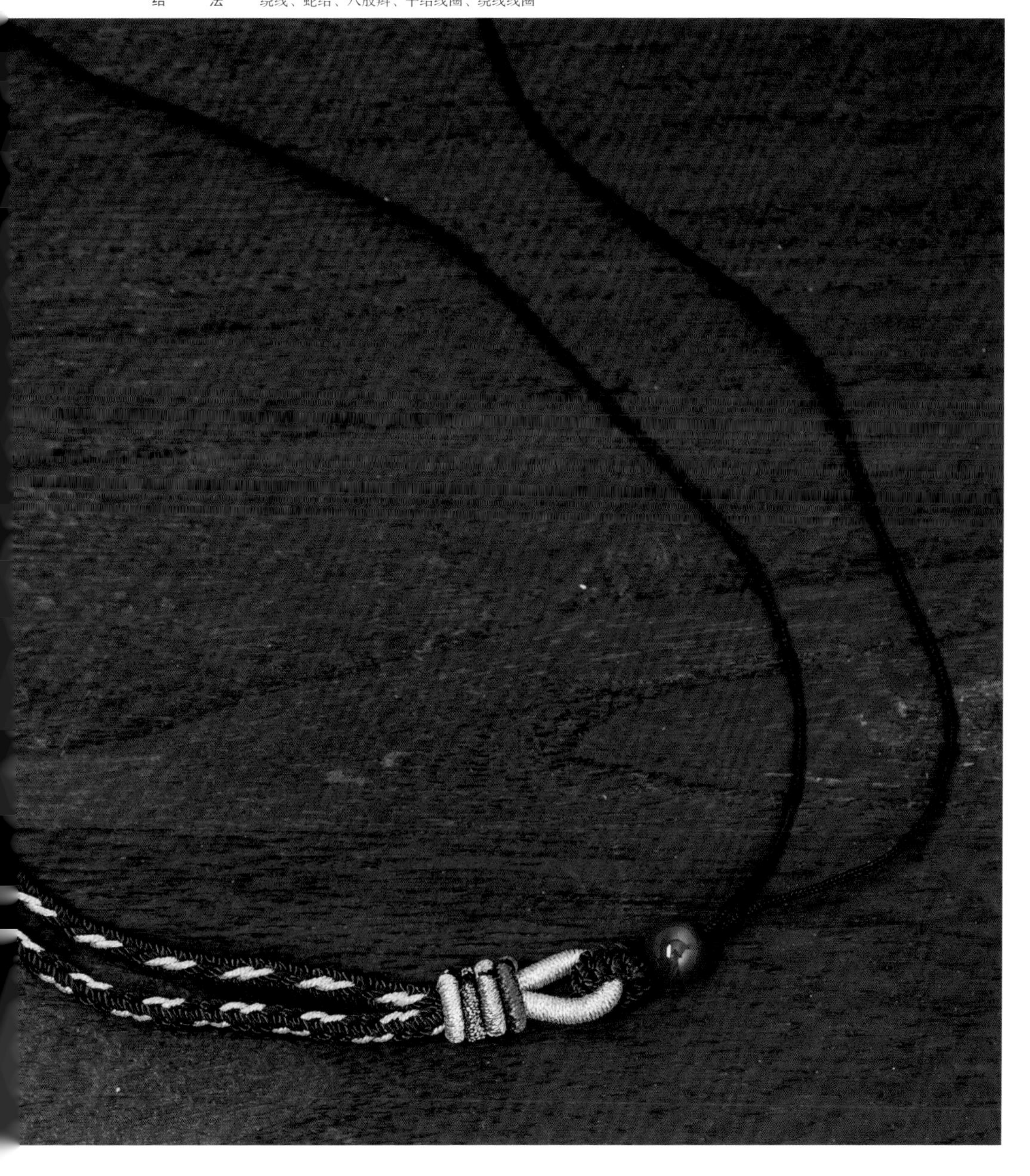

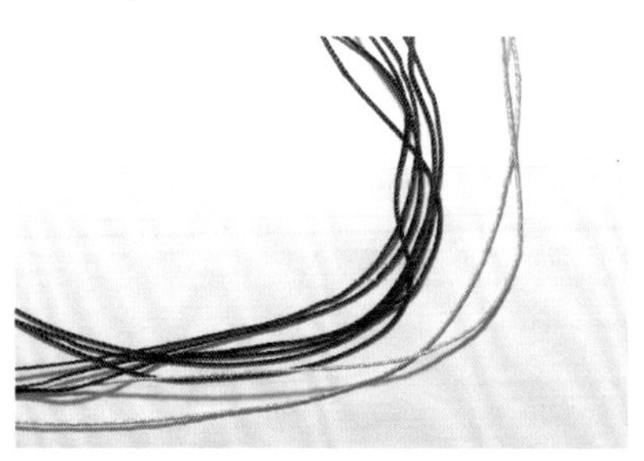

01 准备6根咖啡色线、2根金色15股股线，每根90厘米。

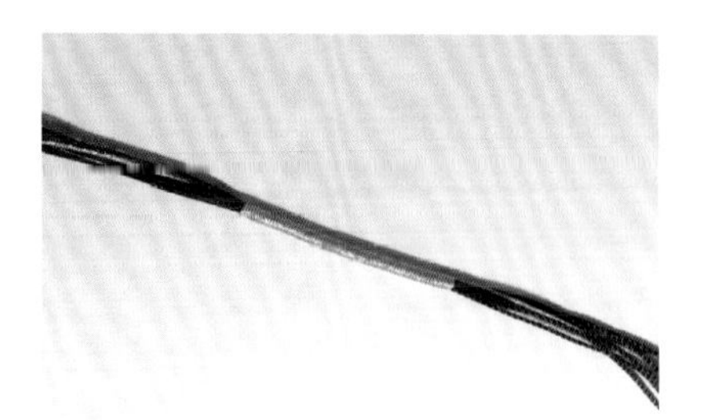

02 8根线为夹心线取中间位置用金色6股线做绕线，绕5厘米。

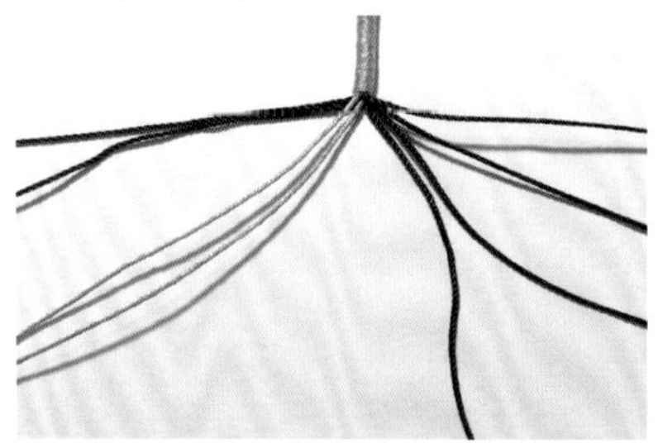

03 8根线平均分两组，每组4根。左边咖、咖、金、金，右边咖、咖、咖、咖。

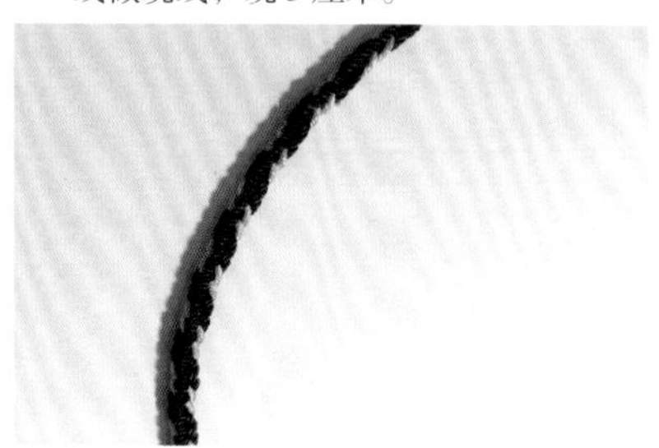

04 做八股辫30厘米。

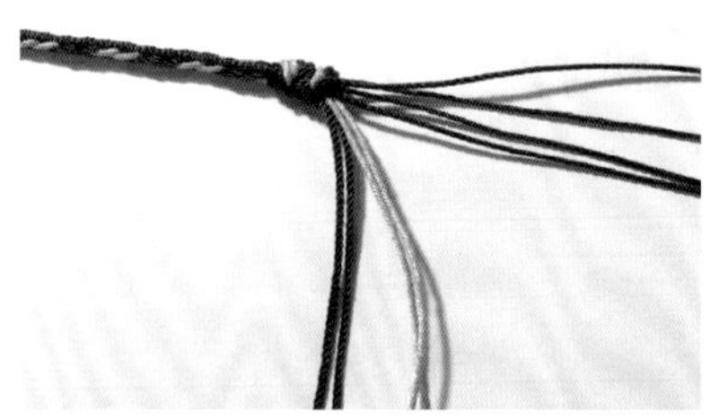

05 8根线平均分两组，每组4根做两个蛇结固定八股辫。

06 留0.1厘米左右，剪掉多余线，用打火机烧粘烫平。主绳一侧完成。

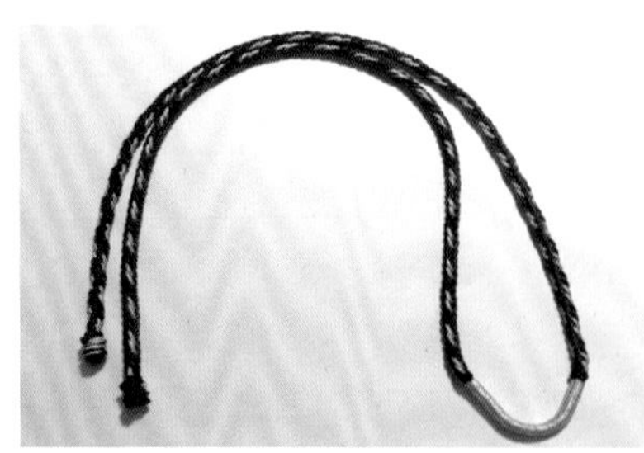

07 另一侧重复3~6步做30厘米八股辫，8根线平均分两组，每组4根做两个蛇结固定八股辫。留0.1厘米左右剪掉多余线，用打火机烧粘烫平。主绳完成。

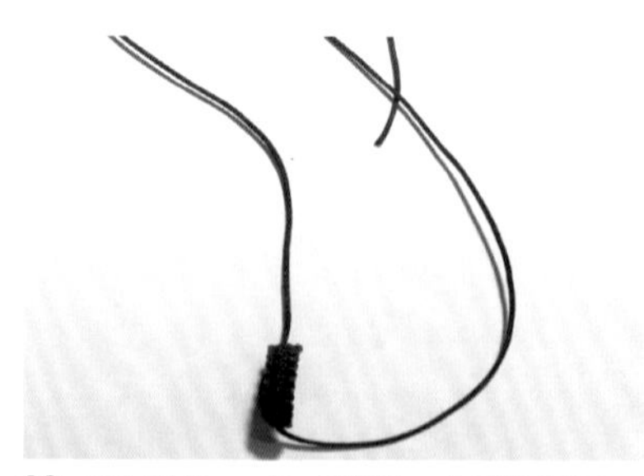

08 用咖啡色72号玉线做一个平结线圈。

09 把平结线圈套在主绳中间拉紧。

10 用平结线圈的夹心线穿一个红玛瑙。

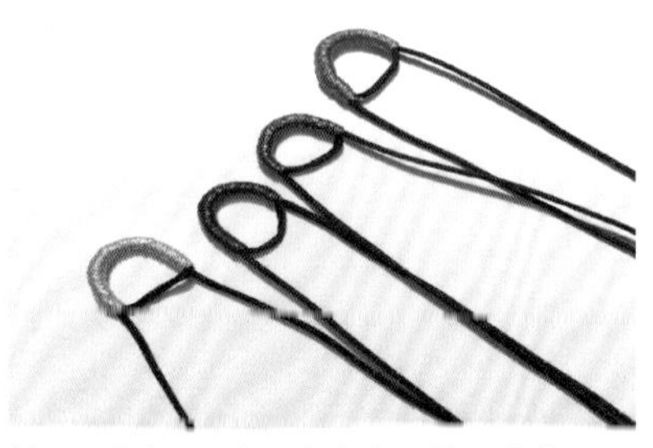

11 咖啡色72号玉线为夹心线，金色6股线、蓝色6股线、红色6股线、咖啡色6股线为绕线，做4个绕线线圈。

12 将绕线线圈依次套在两组八股辫上拉紧。

13 剪掉绕线线圈多余的夹心线。

14 用咖啡色72号玉线做一个平结线圈。

15 将平结线圈套在两组八股辫上拉紧，剪掉多余夹心线，做抽拉活扣。

16 完成。

03

枫红

雨打青松青，

霜染枫叶红。

材料及用量	酒红色 24 股股线（简称酒红色线）90 厘米丨8 根　金色 15 股股线 10 厘米丨1 根　金色、红色、咖啡色 6 股彩金线（简称金色 6 股线、红色 6 股线、咖啡色 6 股线）若干　酒红色 72 号玉线若干
耗　　时	1 小时
尺　　寸	项链绳粗细 0.8 厘米，案例总长 60 厘米
结　　法	绕线、绕线线圈、平结线圈、蛇结、八股辫、平结

01 准备 8 根 90 厘米酒红色线。

02 8 根酒红色线为夹心，取中间位置用红色 6 股线绕线 6 厘米左右。

03 两边分别用左右外侧 2 根线包中间编一个蛇结。

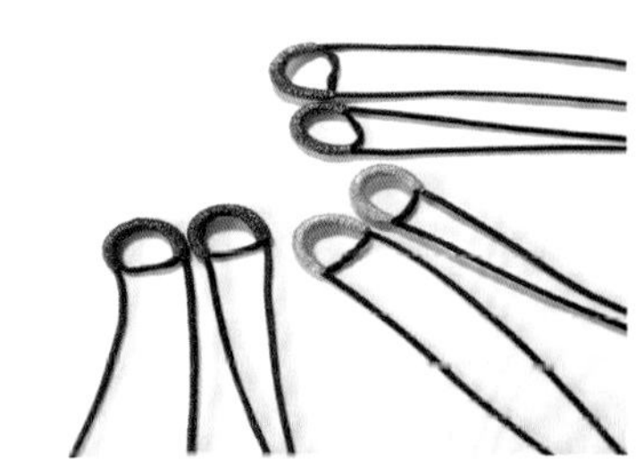

04 用酒红色 72 号玉线为夹心线，金色 6 股线，红色 6 股线、咖啡色 6 股线为绕线做 6 个绕线线圈（每种颜色各做 2 个）。

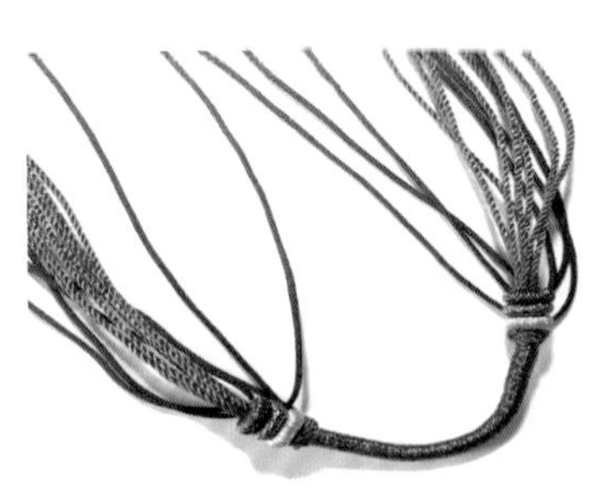

05 两边在蛇结后面分别套上 3 个绕线线圈，拉紧。

06 剪掉绕线线圈多余夹心线。

07 在绕线线圈后面，8 根酒红色线为夹心线，用金色 6 股线做单向平结。

08 单向平结做 2.5 厘米左右。剪掉多余线，用打火机烧粘烫平。

09 另一侧同样做 2.5 厘米左右单向平结。

10 8 根线平均分两组，每组 4 根。

11 做 30 厘米左右八股辫。

12 将 8 根线平均分两组，每组 4 根做两个蛇结固定八股辫。

13 留 0.1 厘米左右剪掉多余线，用打火机烧粘烫平。主绳一侧完成。

14 主绳另一侧重复 10~13 步做 30 厘米左右八股辫，8 根线平均分两组，每组 4 根做两个蛇结固定八股辫。留 0.1 厘米左右剪掉多余线，用打火机烧粘烫平。主绳完成。

15 取酒红色 72 号玉线 10 厘米为夹心线，用金色 6 股线做一个金色平结线圈。

16 将金色平结线圈套在主绳中间拉紧。

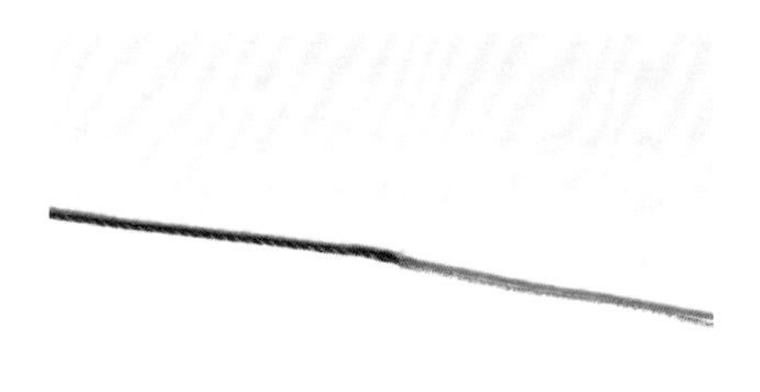

17 取1根酒红色72号玉线和1根金色15股股线各10厘米，接1根双色线。

18 做一个双色平结线圈。

19 将双色平结线圈套在两组八股辫上拉紧，剪掉多余夹心线，做抽拉活扣。

20 完成。

04
芳菲
草树知春不久归，
百般红紫斗芳菲。

材料及用量　红色 18 股股线 90 厘米　8 根　红色、金色、绿色 6 股彩金线（简称红色 6 股线、金色 6 股线、绿色 6 股线）若干　红色 72 号玉线若干　金色 15 股股线若干

耗　　时　1 小时 30 分钟

尺　　寸　项链绳粗细 1.0 厘米，案例长度 60 厘米

结　　法　绕线、蛇结、三股辫、八股辫、平结线圈

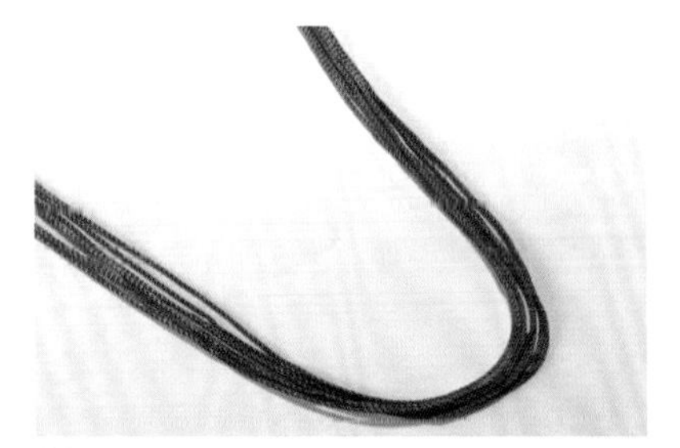

01 准备8根红色18股股线，每根90厘米。

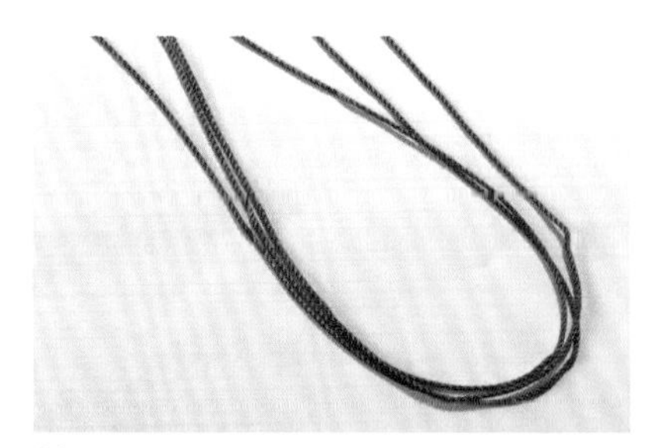

02 将8根红色18股股线分成3组，一组2根线，其余两组每组3根线。

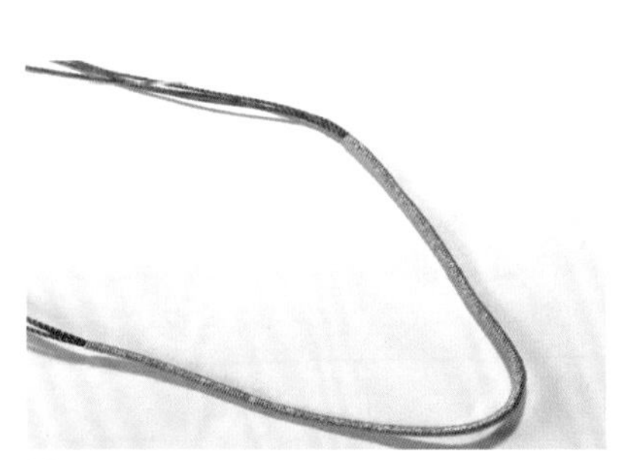

03 第一组3根线为夹心线，用金色6股线做绕线绕15厘米。

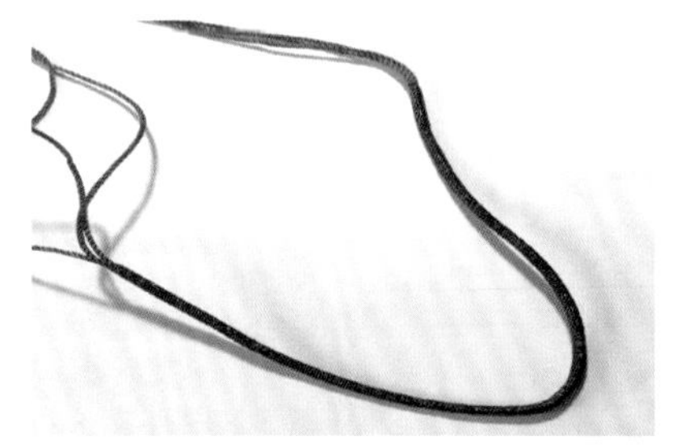

04 第二组3根线为夹心线，用红色6股线做绕线绕15厘米。

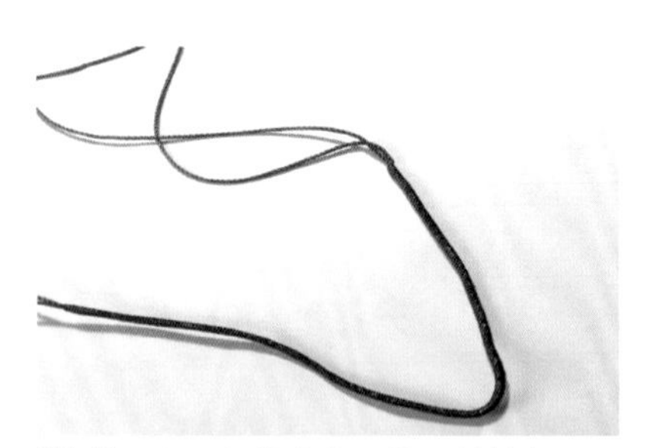

05 第三组2根线为夹心线，用绿色6股线做绕线绕15厘米。

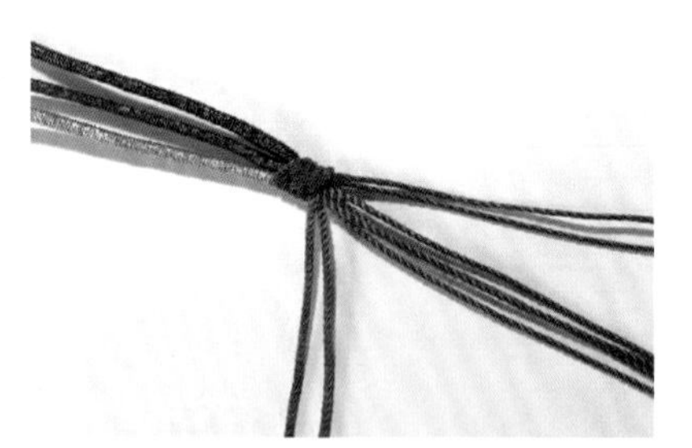

06 三组线合并，用左右最外侧2根线包中间4根线做两个蛇结固定。

07 用三组绕线做三股辫。

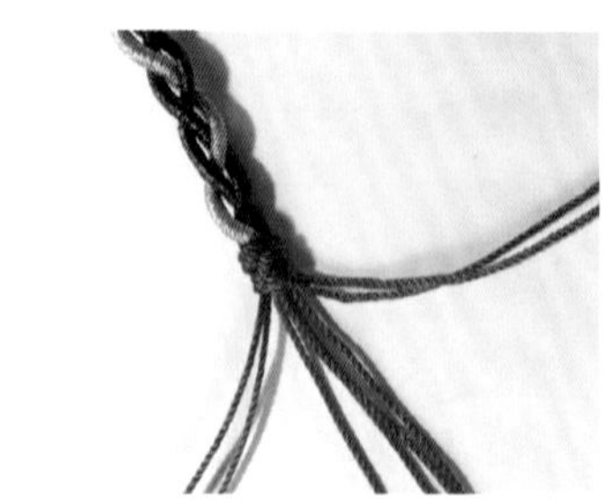

08 用左右最外侧2根线包中间4根线做两个蛇结固定三股辫。

09 蛇结后面做 30 厘米八股辫。

10 将 8 根线平均分两组，每组 4 根做两个蛇结固定八股辫。

11 留 0.1 厘米左右剪掉多余线，用打火机烧粘烫平。主绳一侧完成。

12 主绳另一侧重复 9~11 步做 30 厘米八股辫，8 根线平均分两组，每组 4 根做两个蛇结固定八股辫，留 0.1 厘米左右剪掉多余线，用打火机烧粘烫平。主绳完成。

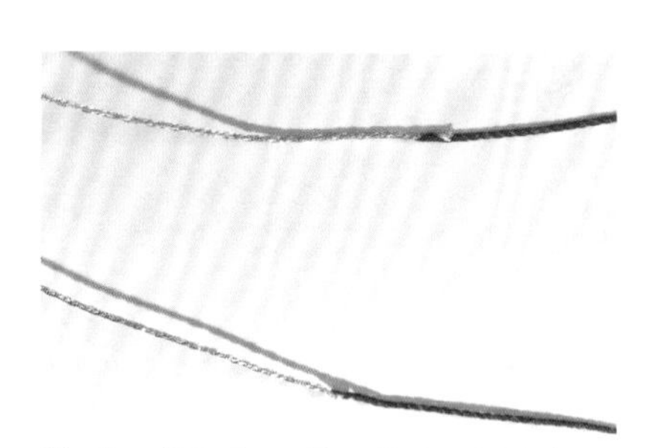

13 取 2 根红色 72 号玉线和 2 根金色 15 股股线各 10 厘米，接两根双色线。

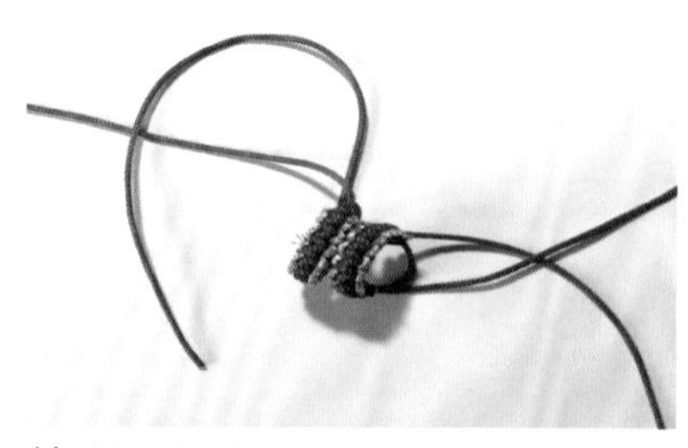

14 做两个双色平结线圈。

15 将双色平结线圈套在两侧蛇结下面，拉紧。

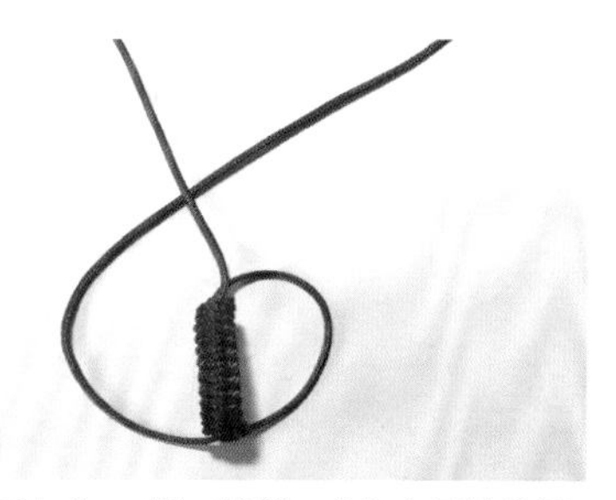

16 用红色 72 号玉线做一个红色平结线圈。

17 将红色平结线圈套在三股辫中间位置拉紧。

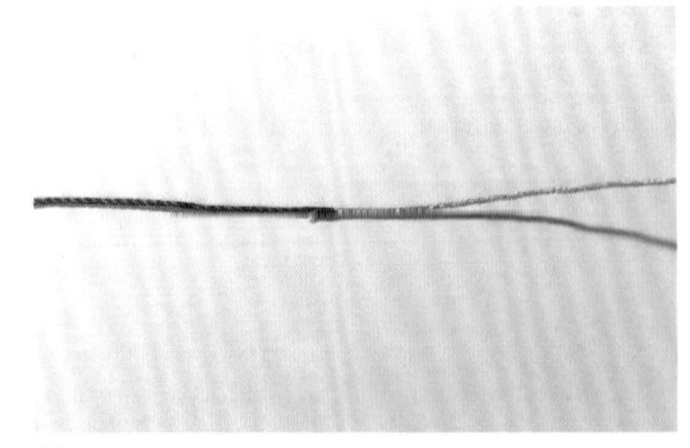

18 取1根红色72号玉线和1根金色15股股线，接1根双色线。

19 做一个双色平结线圈套在两组八股辫上拉紧，剪掉多余夹心线。做抽拉活扣。

20 完成。

05 永结同心

百年恩爱双心结，
千里姻缘一线牵。

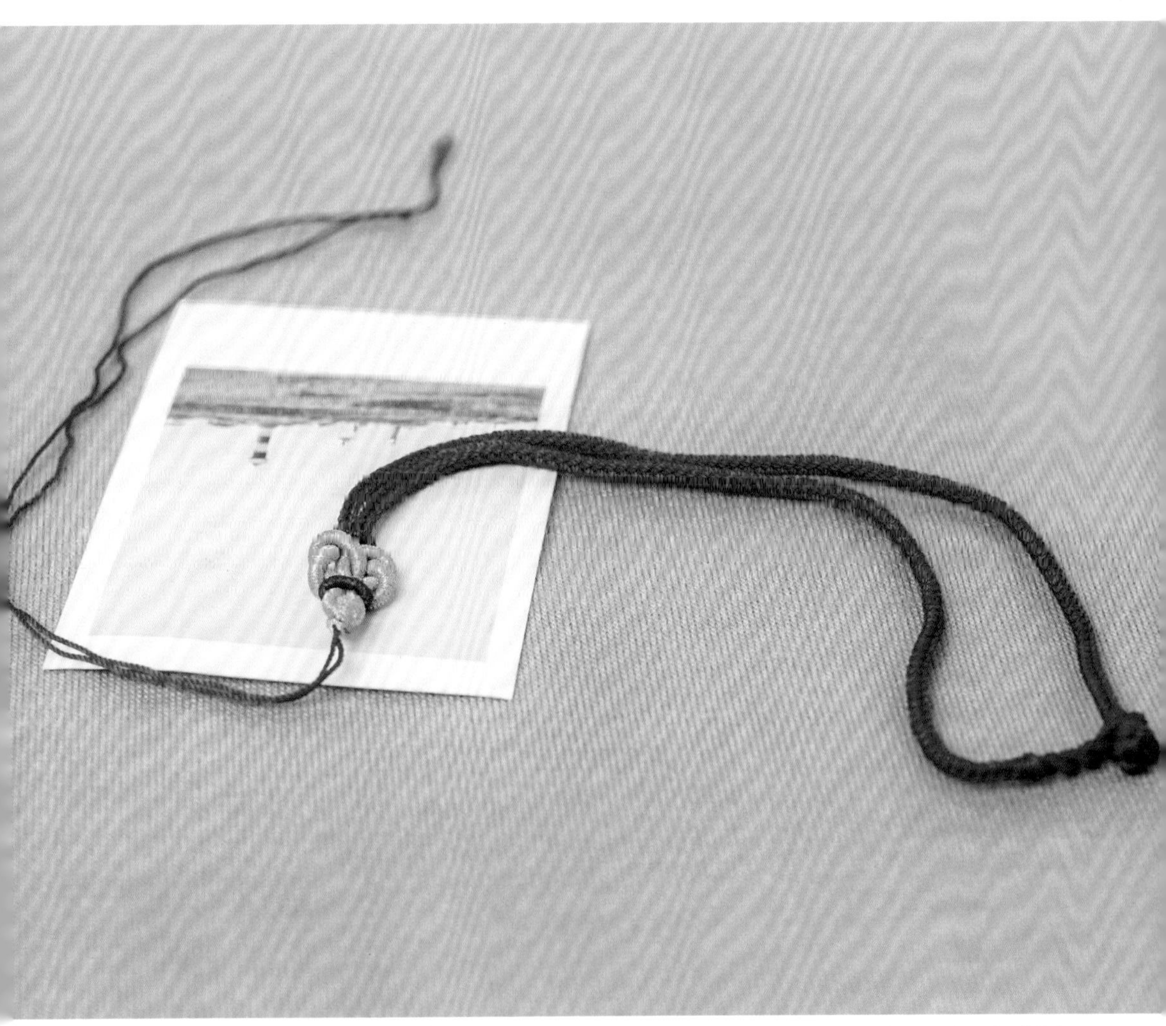

材料及用量	红色 15 股股线 1.8 米 ┆ 4 根　金色、红色 6 股彩金线（简称金色 6 股线、红色 6 股线）若干　红色 72 号玉线若干
耗　　时	1 小时
尺　　寸	项链绳粗细 0.8 厘米，案例总长 60 厘米
结　　法	二股辫、八股辫、蛇结、同心结、绕线、纽扣结、平结、绕线线圈

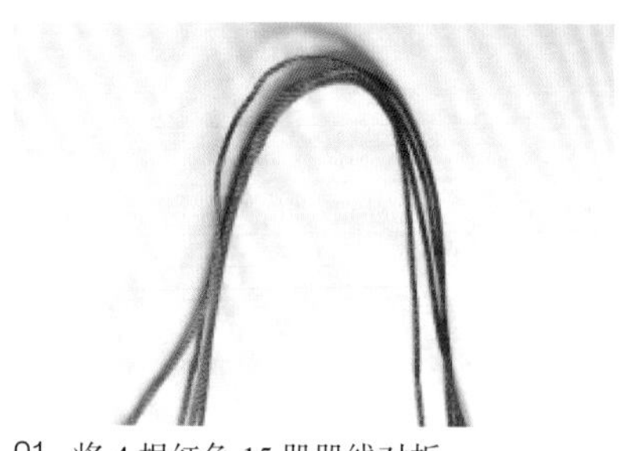

01 将 4 根红色 15 股股线对折。

02 做 3 厘米左右二股辫做扣眼。

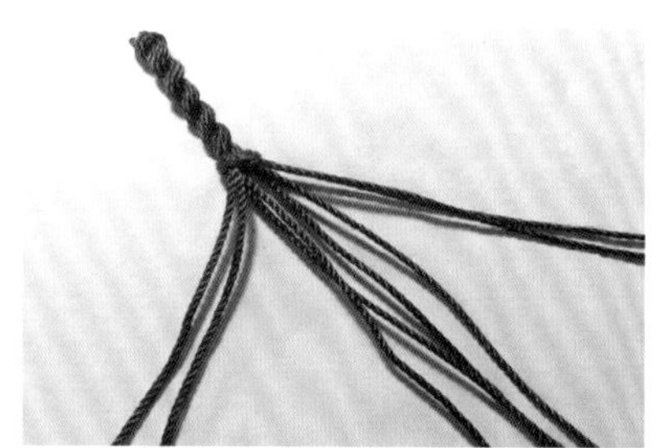

03 用左右最外侧 2 根红色 15 股股线包中间 4 根红色 15 股股线做蛇结，固定二股辫扣眼。

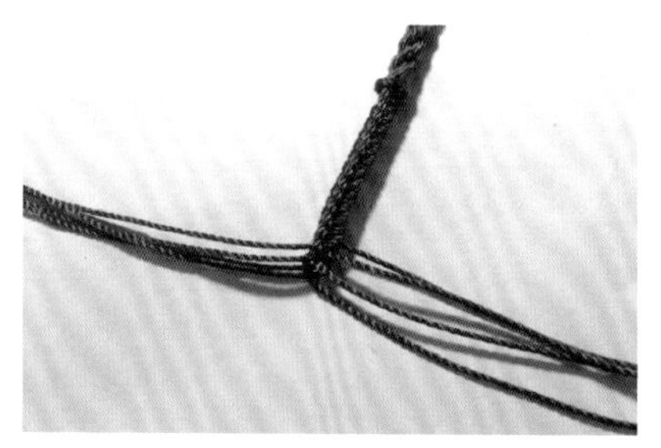

04 左右各 4 根线，做八股辫。

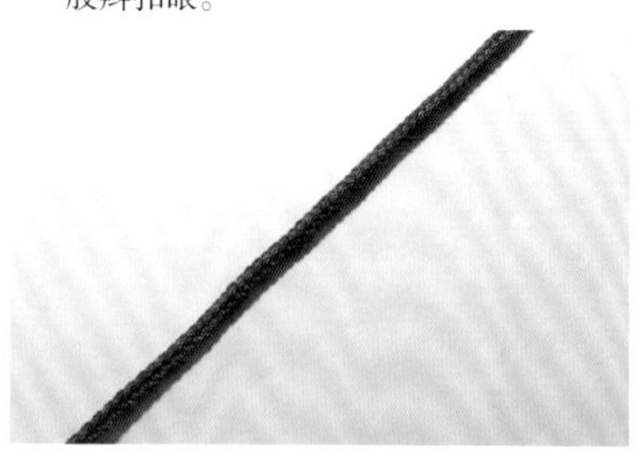

05 八股辫做 25 厘米左右。

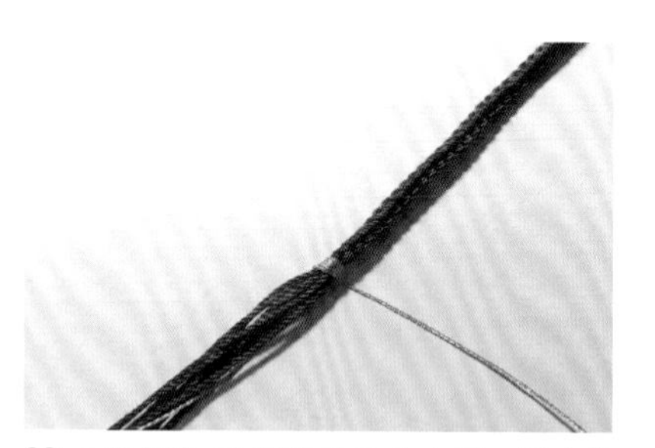

06 8 根红色 15 股股线为夹心线，用金色 6 股线做长绕线。

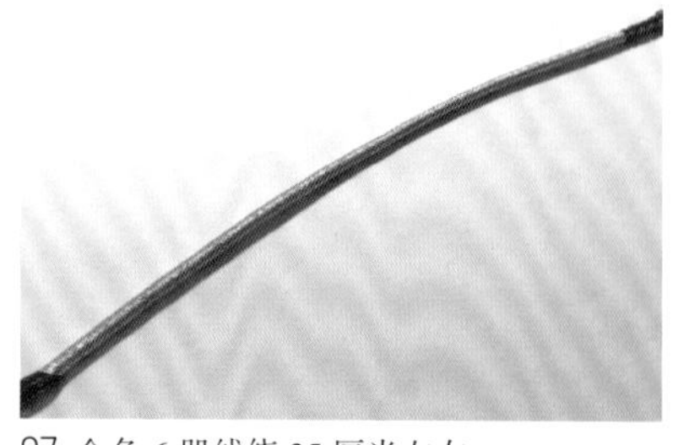

07 金色 6 股线绕 35 厘米左右。

08 打个活扣。

09 做个同心结。

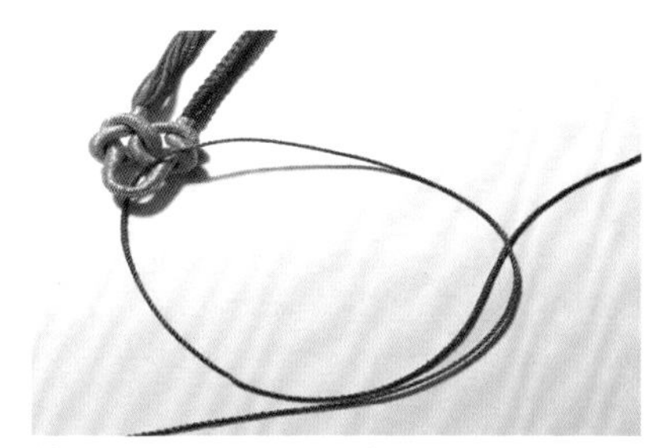

10 取 1 根 20 厘米的红色 72 号玉线穿过同心结交叉重叠形成一个圈。

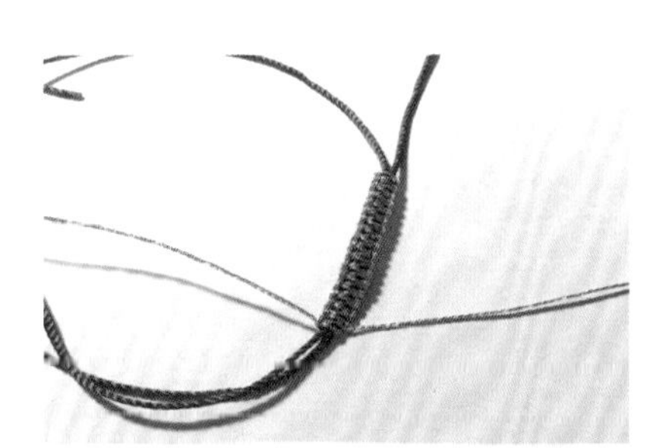

11 用金色 6 股线在圈上做双向平结。

12 留 0.1 厘米剪掉双向平结多余的金线，拉紧红线圈。

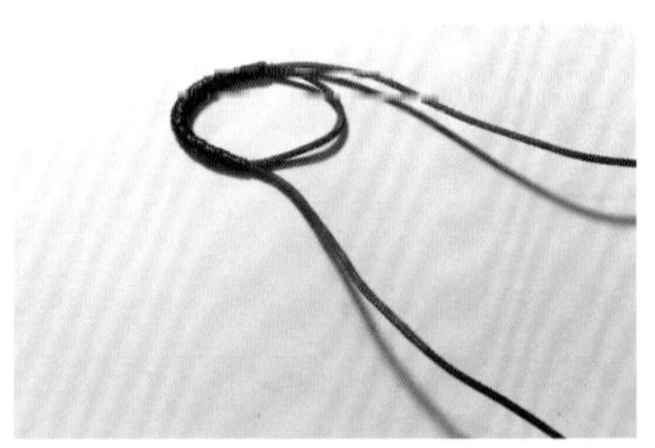

13 红色 72 号玉线为夹心线，红色 6 股线为绕线做一个绕线线圈。

14 把绕线线圈套在同心结下面。

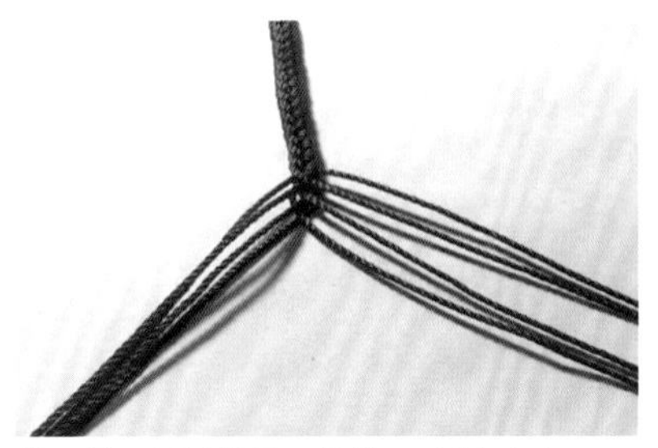

15 另一侧继续做八股辫 25 厘米左右。

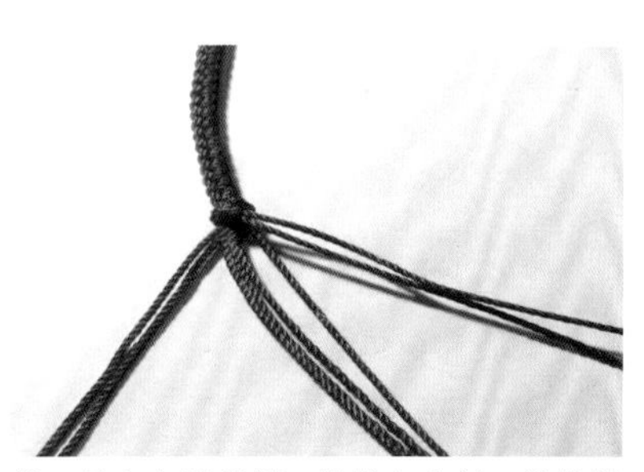

16 用左右最外侧 2 根线包中间 4 根线做一个蛇结固定八股辫。

17 8 根线 4 根线一组，分两组做一个纽扣结。

18 留 0.1 厘米左右剪掉多余的线。

19 用打火机把纽扣结尾部烧粘烫平。

20 再做一个红色绕线线圈，套在同心结上面，拉紧。

21 完成。

06

忆江南

日出江花红胜火，

春来江水绿如蓝。

材料及用量　咖啡色 18 股股线（简称咖啡色线）90 厘米 | 8 根　金色 15 股股线 10 厘米 | 1 根　金色、红色、绿色 6 股彩金线（简称金色 6 股线、红色 6 股线、绿色 6 股线）若干　咖啡色 72 号玉线若干　1.0 厘米红玛瑙 | 1 个

耗　　时　1 小时 30 分钟

尺　　寸　项链绳粗细 1.0 厘米，案例总长 60 厘米

结　　法　绕线、双联结、八股辫、蛇结、绕线线圈

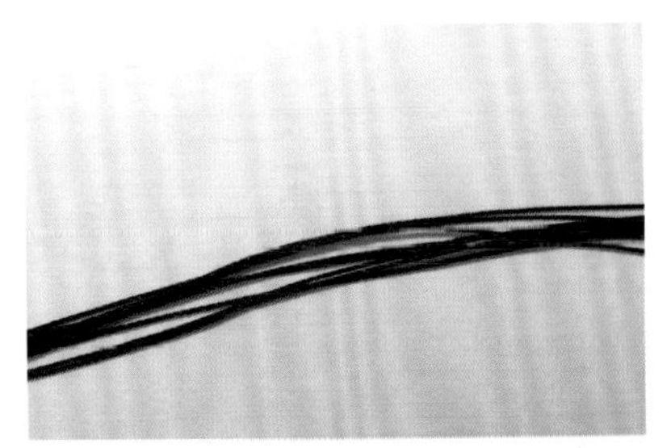

01 准备 8 根 90 厘米咖啡色线。

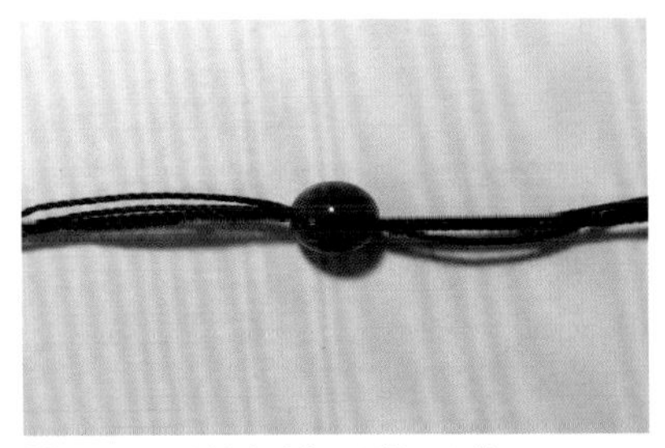

02 取 4 根线同时穿一颗红玛瑙。

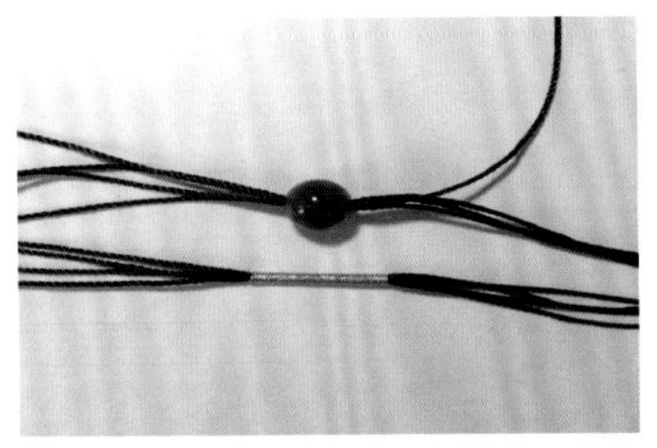

03 另外 4 根线取中间位置用金色 6 股线绕 2.5 厘米左右。

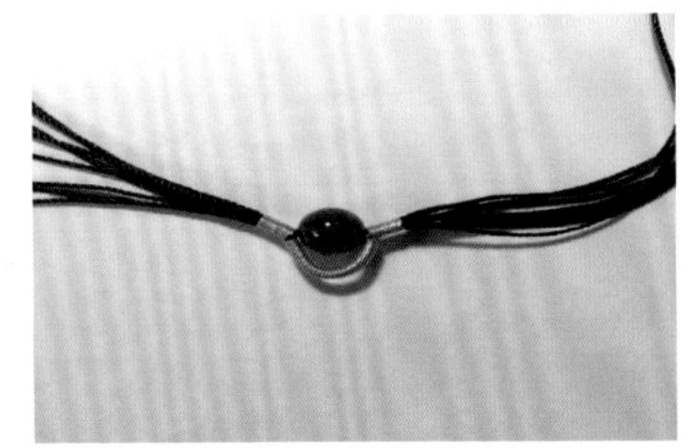

04 将 8 根线合并，用金色 6 股线绕线固定两侧。

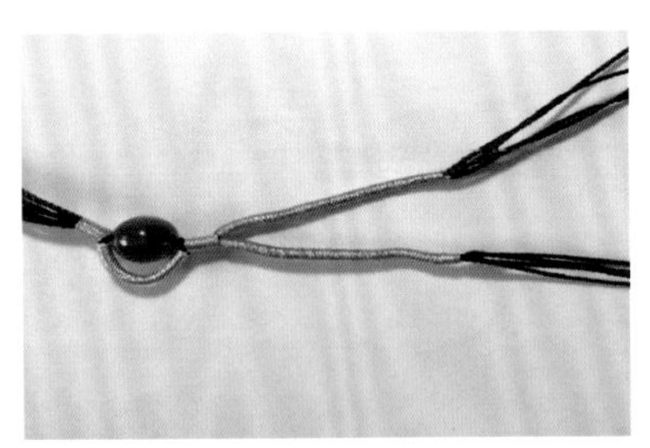

05 将 8 根线平均分两组，每组 4 根线分别绕线 4 厘米左右。

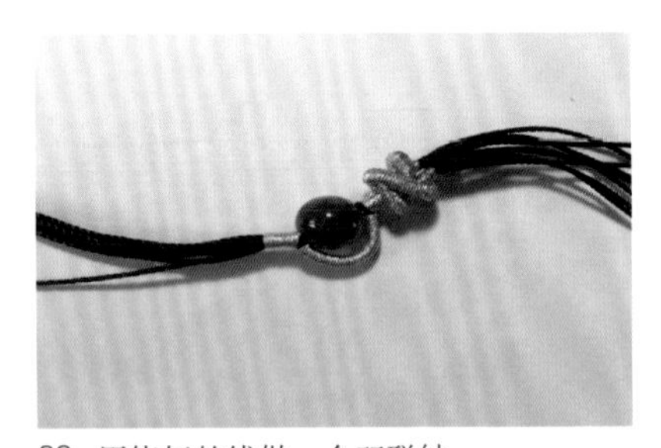

06 用绕好的线做一个双联结。

07 另一侧 8 根线平均分两组，每组 4 根线分别绕线 4 厘米左右，做一个双联结。

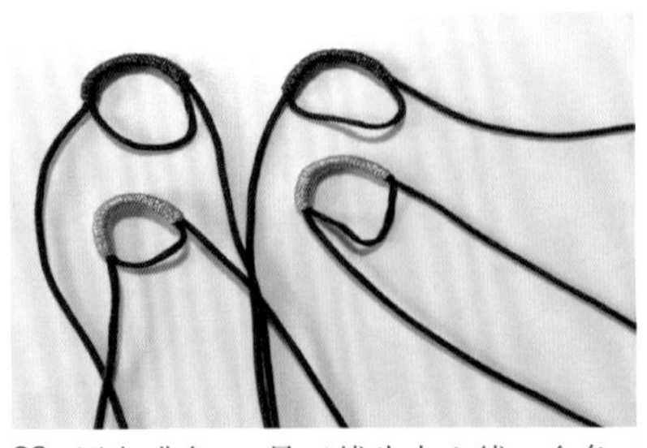

08 用咖啡色 72 号玉线为夹心线，金色 6 股线、红色 6 股线为绕线做 2 红、2 金 4 个绕线线圈。

09 分别把金色绕线线圈和红色绕线线圈套在双联结前后。剪掉多余夹心线。

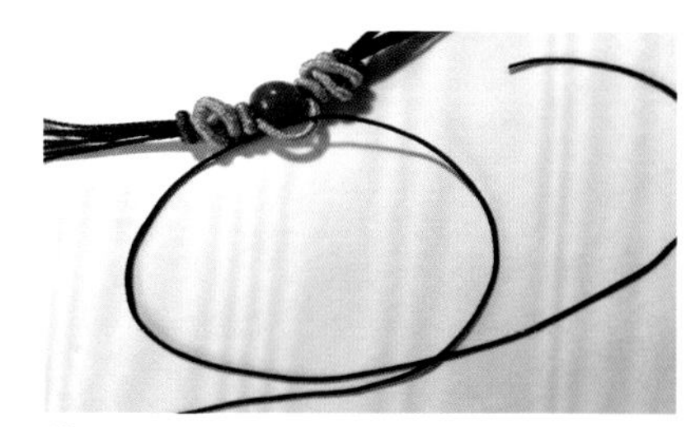

10 在红玛瑙下方金色绕线上穿 1 根咖啡色 72 号玉线，交叉重叠形成一个圈。

11 用绿色 6 股线在咖啡色 72 号玉线上做绕线。

12 在红色绕线线圈后面用金色 6 股线做 0.5 厘米左右绕线，然后用咖啡色线做 30 厘米八股辫。

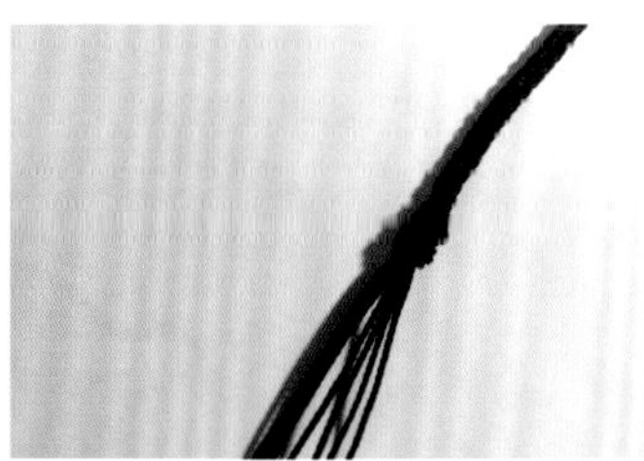

13 将 8 根线平均分两组，每组 4 根做两个蛇结固定编好的八股辫。

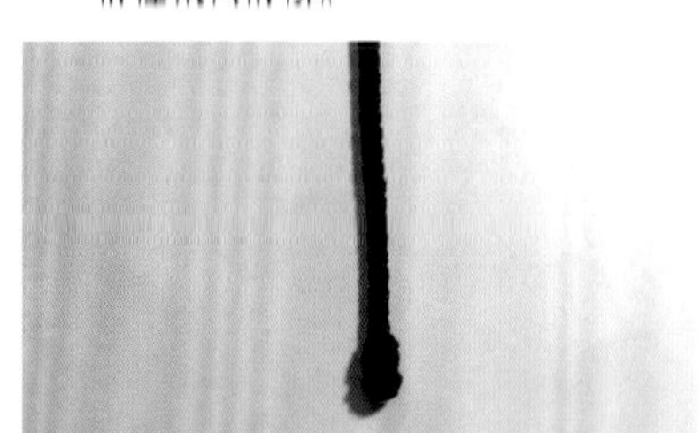

14 留 0.1 厘米左右剪掉多余线，用打火机烧粘烫平。主绳一侧完成。

15 主绳另一侧重复 12~15 步，在红色绕线线圈后面做 0.5 厘米左右金色 6 股线绕线，然后用咖啡色线做 30 厘米左右八股辫，8 根线平均分两组，每组 4 根线做两个蛇结固定八股辫，留 0.1 厘米左右剪掉多余线，用打火机烧粘烫平。主绳完成。

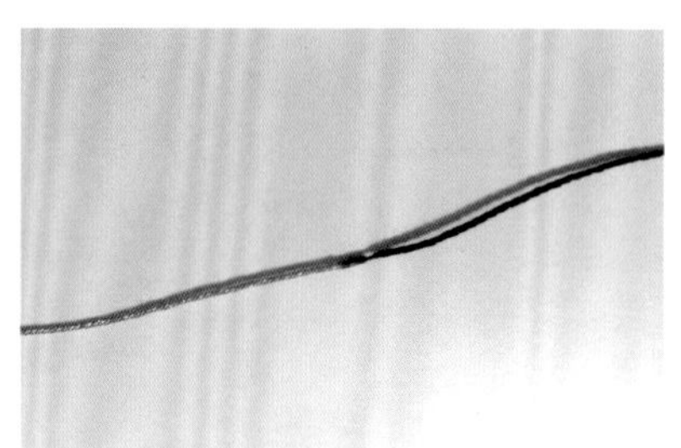

16 另取金色 15 股股线和咖啡色 72 号玉线各 1 根，接一段双色线。

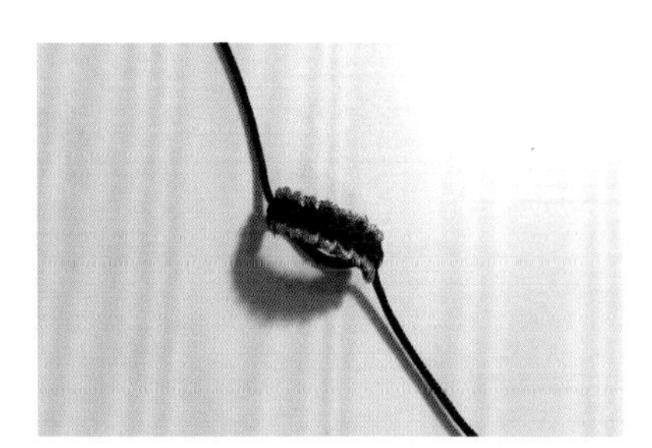

17 做一个双色平结线圈。

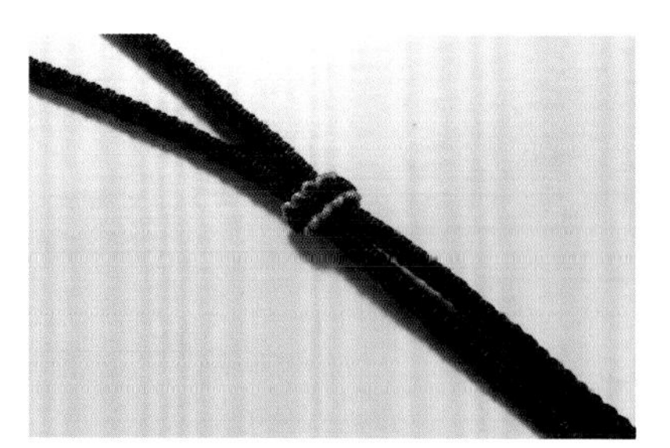

18 把平结线圈套在两组八股辫上拉紧，剪掉多余夹心线，当抽拉活扣。

19 完成。

07

云暮

一树春风千万枝，

嫩于金色软于丝。

材料及用量	咖啡色 18 股股线（简称咖啡色线）90 厘米 ⋮ 8 根　金色、咖啡色 6 股彩金线（简称金色 6 股线、咖啡色 6 股线）若干 金色 15 股股线 10 厘米 ⋮ 1 根　咖啡色 72 号玉线若干
耗　　时	1 小时 20 分钟
尺　　寸	项链绳粗细 0.8 厘米，案例总长 60 厘米
结　　法	绕线、蛇结、雀头结、平结、八股辫、平结线圈

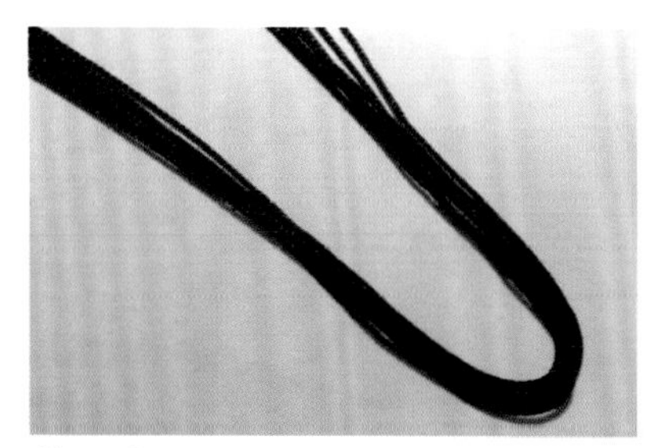

01 准备 8 根 90 厘米咖啡色线。

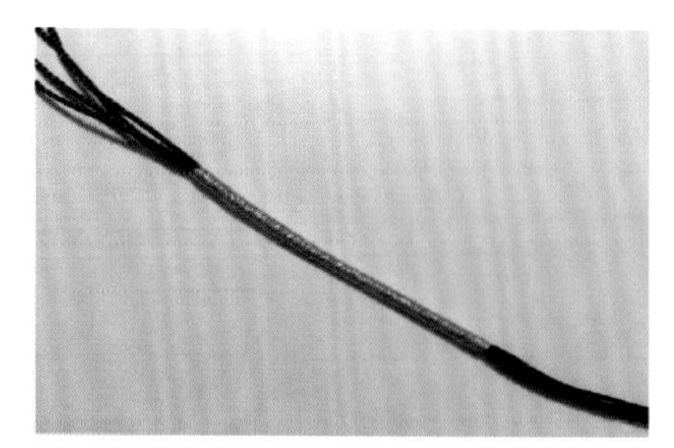

02 咖啡色线平均分 2 组，每组 4 根，第一组 4 根线取中间位置用金色 6 股线绕线 8 厘米左右。

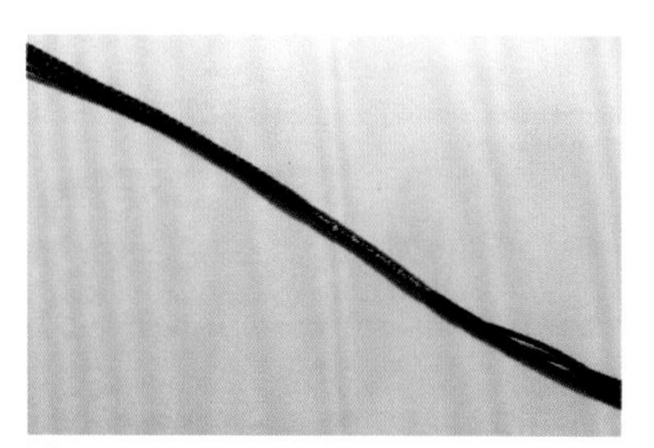

03 第二组 4 根线取中间位置用咖啡色 6 股线绕线 11.5 厘米左右。

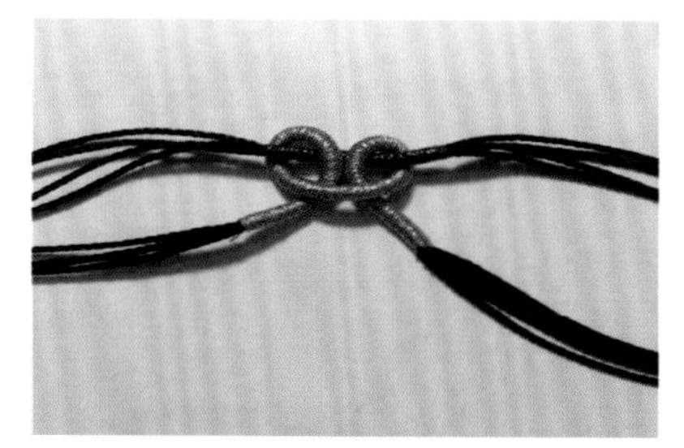

04 用第一组金色 6 股线绕线在第二组咖啡色 6 股线绕线上做一个雀头结。

05 用左右最外侧 2 根线包中间 4 根线做一个蛇结固定雀头结。

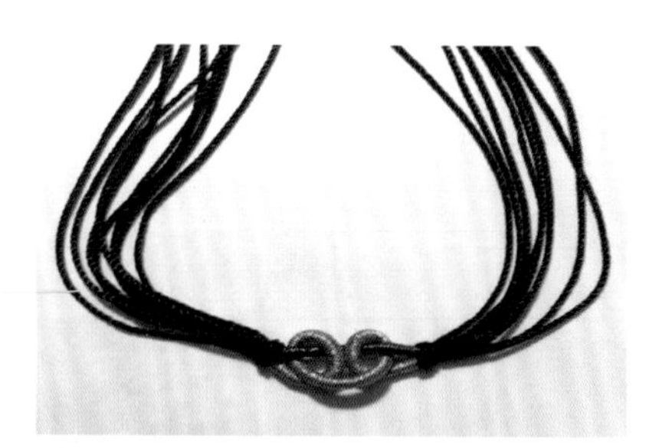

06 另一侧同样用左右最外侧 2 根线包中间 4 根线做一个蛇结固定雀头结。

07 另取 2 根金色 6 股线在 8 根咖啡色线上做单向平结。

08 单向平结做 2.5 厘米左右，留 0.1 厘米左右剪掉多余线，用打火机烧粘烫平。

09 在另一侧重复 7~8 步做 2.5 厘米左右单向平结，留 0.1 厘米左右剪掉多余线，用打火机烧粘烫平。

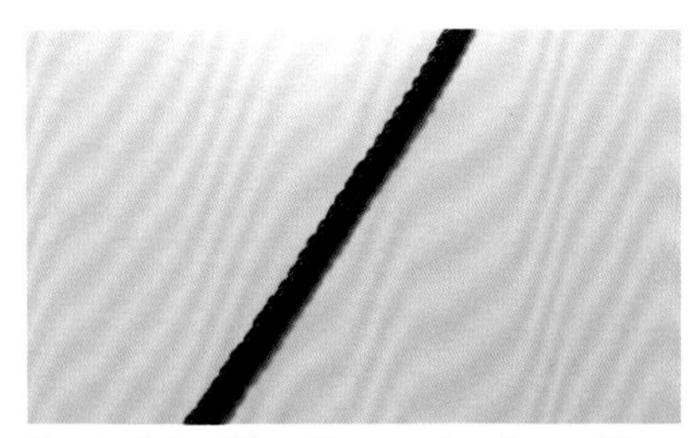

10 在单向平结后做 30 厘米左右八股辫。

11 8 根线平均分两组，每组 4 根做两个蛇结固定八股辫。

12 留 0.1 厘米左右剪掉多余线，用打火机烧粘烫平。主绳一侧完成。

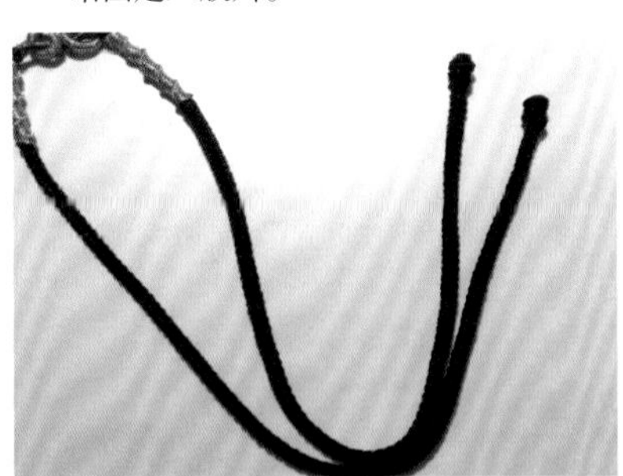

13 主绳另一侧重复 10~12 步，做 30 厘米左右八股辫。8 根线平均分两组，每组 4 根做两个蛇结固定八股辫。留 0.1 厘米左右剪掉多余线，用打火机烧粘烫平。主绳完成。

14 另取 1 根 20 厘米咖啡色 72 号玉线在雀头结上穿过，交叉重叠形成一个圈。

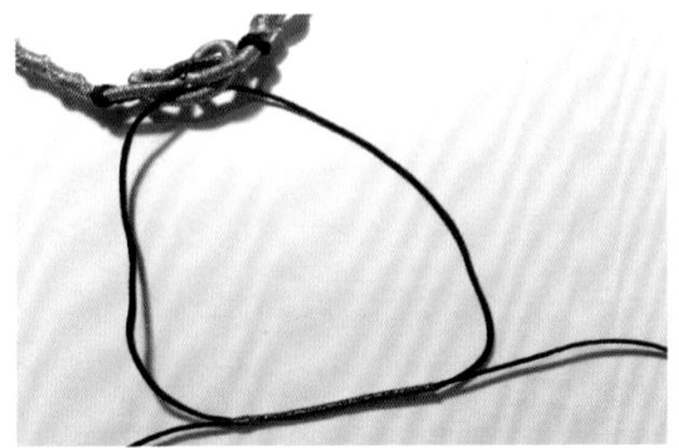

15 用咖啡色 6 股线在咖啡色 72 号玉线上做一段绕线。

16 拉紧绕线圈。

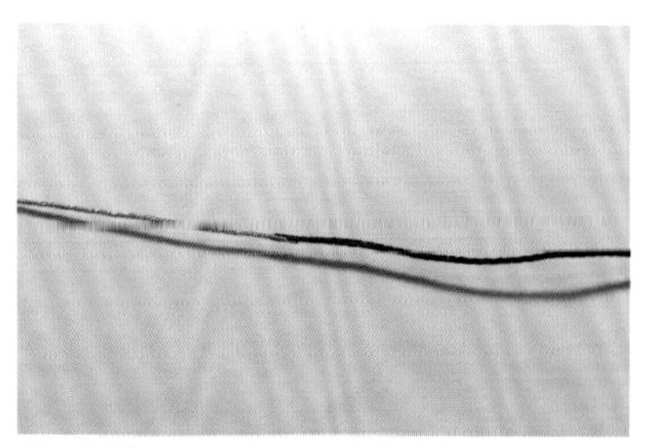

17 另取 1 根金色 15 股股线和 1 根咖啡色 72 号玉线各 10 厘米，接一段双色线。

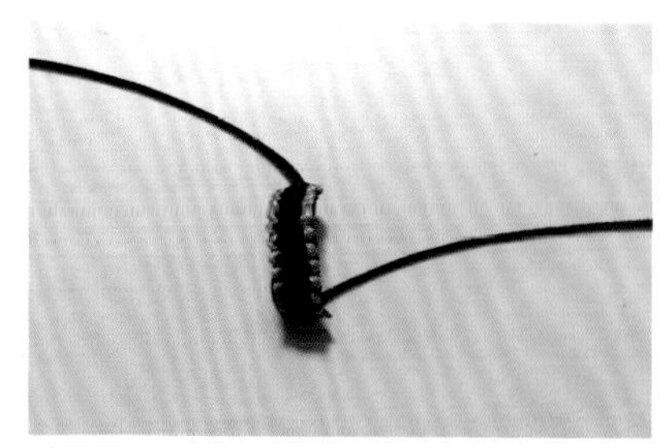

18 做一个双色平结线圈。

19 将双色平结线圈套在两组八股辫上拉紧，剪掉多余夹心线，做抽拉活扣。

20 完成。

08 春

千里莺啼绿映红，
水村山郭酒旗风。

材料及用量	墨绿色 15 股股线（简称墨绿色线）90 厘米 ┊ 7 根　墨绿色 15 股股线 30 厘米 ┊ 3 根 墨绿色 15 股股线 10 厘米 ┊ 1 根　酒红色 15 股股线（简称酒红色线）90 厘米 ┊ 1 根 酒红色 15 股股线 10 厘米 ┊ 1 根　金色、咖啡色 6 股彩金线（简称金色 6 股线、咖啡色 6 股线）若干
耗　　时	1 小时 20 分钟
尺　　寸	项链绳粗细约 1.0 厘米，案例总长 60 厘米
结　　法	八股辫、横向双联结、纽扣结、绕线、蛇结、平结线圈、爱心结

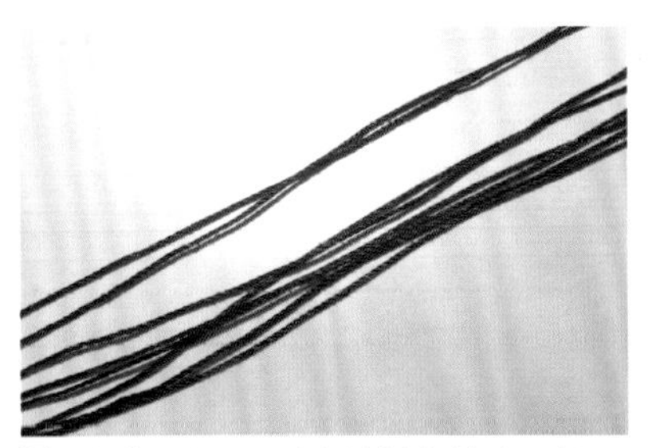

01 准备 7 根 90 厘米墨绿色线和 1 根 90 厘米酒红色线。

02 将 8 根线合并。

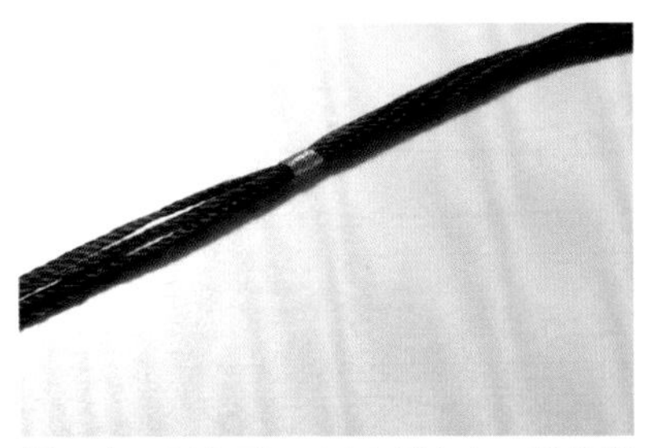

03 在一侧留了 35 厘米用金色 6 股线做绕线 1 厘米左右。

04 将 8 根线平均分两组，每组 4 根线。排线顺序为：左侧墨绿、墨绿、墨绿、酒红，右侧墨绿、墨绿、墨绿、墨绿。

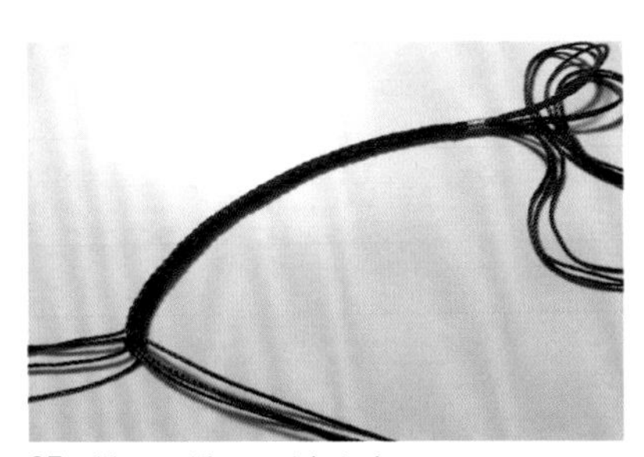

05 做八股辫 10 厘米左右。

06 用金色 6 股线做绕线，固定编好的八股辫。

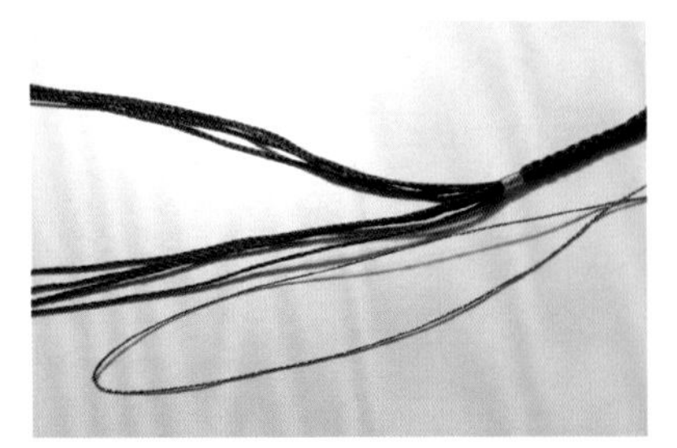

07 将 8 根线平均分成两组，每组 4 根线为夹心线，用咖啡色 6 股线做绕线。

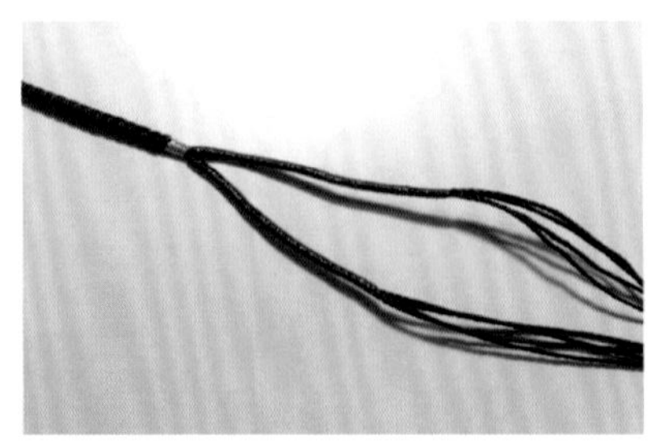

08 每组绕 4 厘米左右。

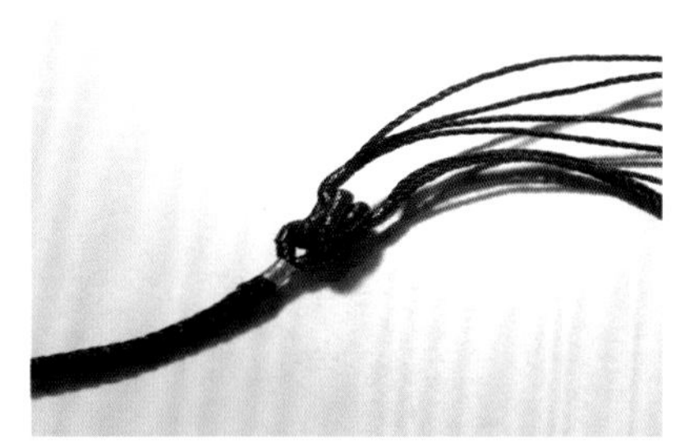

09 用绕好的线做一个横向双联结。

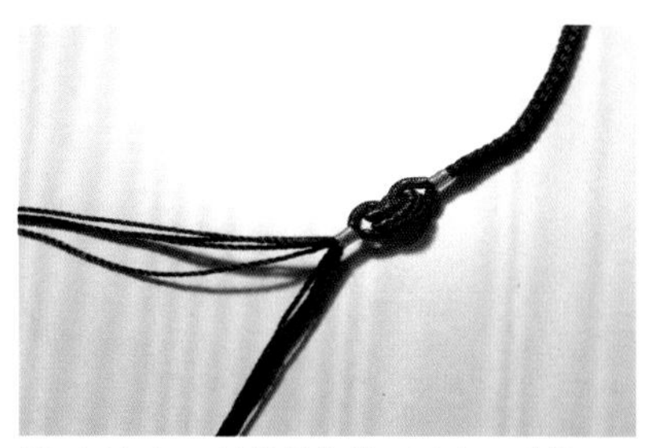

10 用金色 6 股线做绕线，固定双联结。

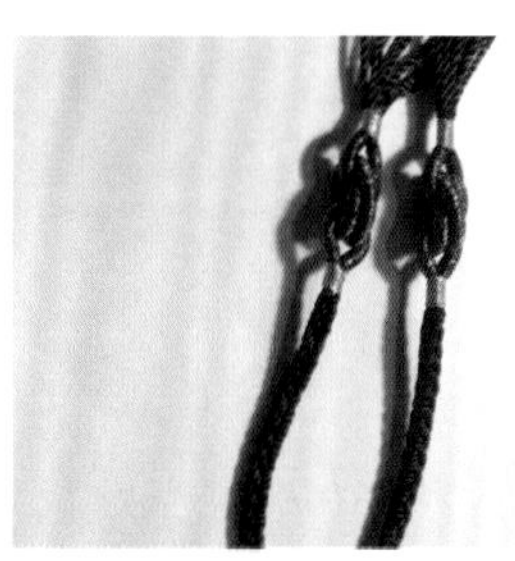

11 另一侧 8 根线平均分两组，每组 4 根线，分别绕线 4 厘米左右，做一个横向双联结，用金色 6 股线做绕线固定双联结。

12 将 8 根线平均分成两组，每组 4 根，左侧酒红、墨绿、墨绿、墨绿，右侧墨绿、墨绿、墨绿、墨绿。

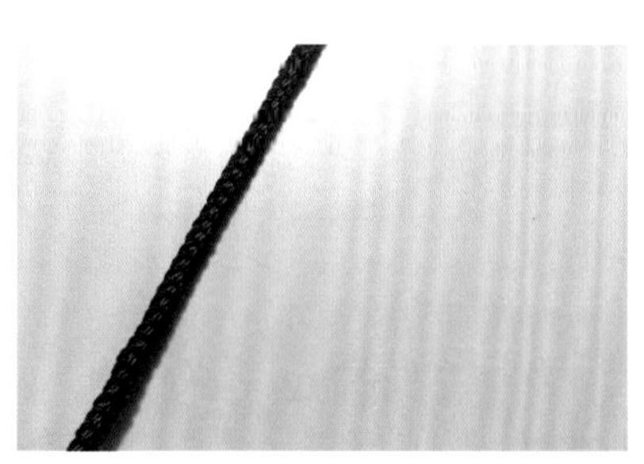

13 做八股辫 25 厘米。

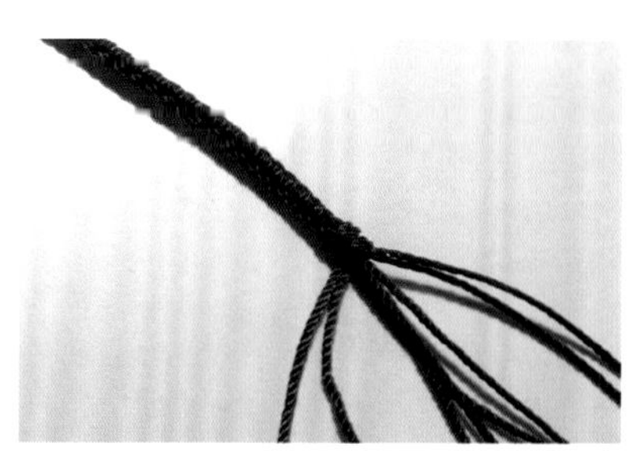

14 用左右最外侧 2 根线包中间 4 根线做两个蛇结固定八股辫（这里不用管线色排列）。

15 将 8 根线平均分两组，每组 4 根，尾部用打火机烧粘到一起。

16 做一个纽扣结。

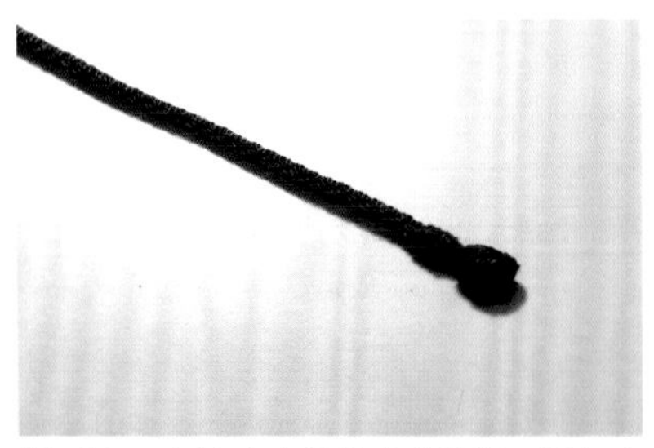

17 留 0.1 厘米左右剪掉多余的线，用打火机烧粘烫平。主绳一侧完成。

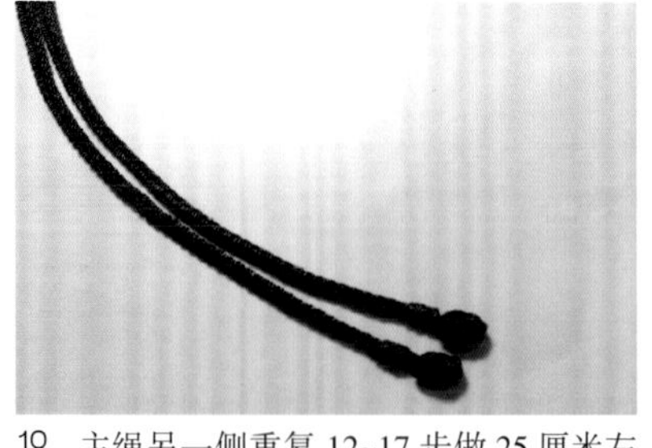

18 主绳另一侧重复 12~17 步做 25 厘米左右八股辫，用左右最外侧 2 根线包中间 4 根线做两个蛇结固定八股辫，8 根线平均分两组每组 4 根，做一个纽扣结，留 0.1 厘米左右剪掉多余的线，用打火机烧粘烫平，主线完成。

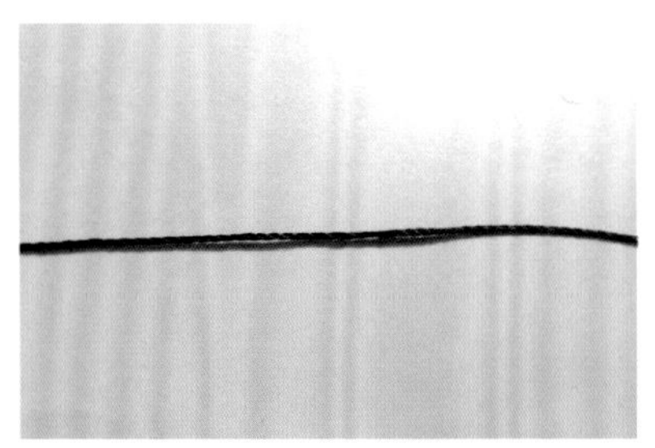

19 取 1 根酒红色线和 1 根墨绿色线各 10 厘米，接一段双色线。

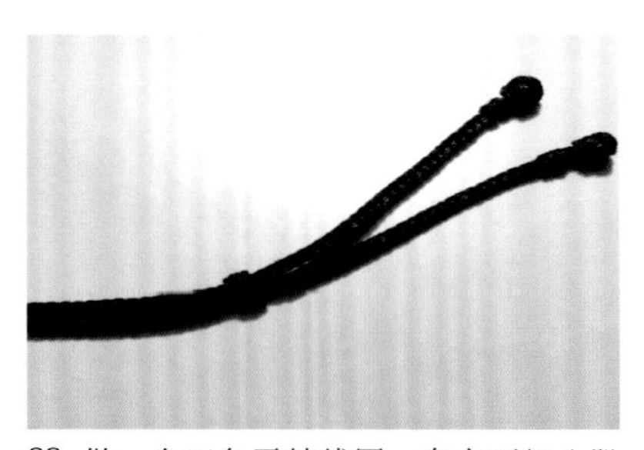

20 做一个双色平结线圈，套在两组八股辫上做抽拉活扣。主绳完成。

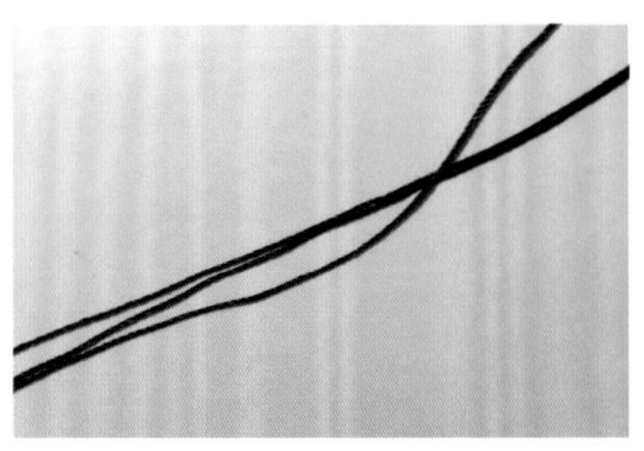

21 取 3 根 30 厘米左右墨绿色线。

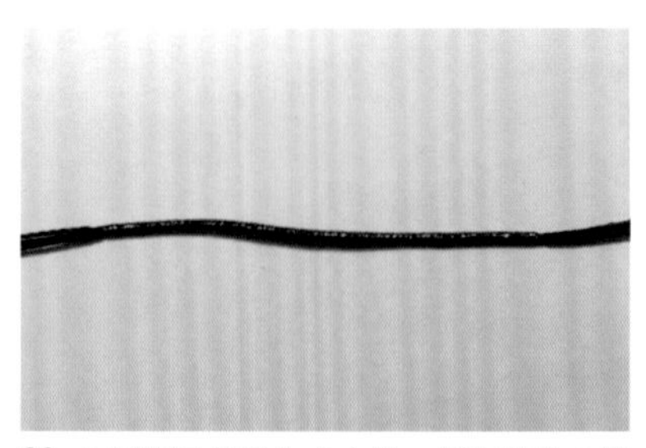

22 3 根墨绿色线为夹心线，用咖啡色 6 股线做绕线 13 厘米。

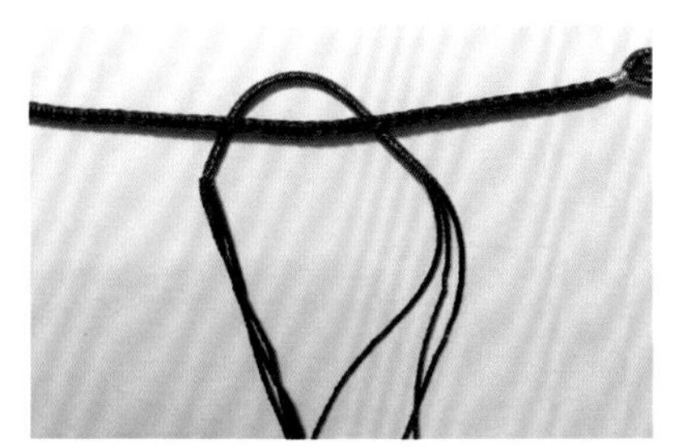

23 绕好的线对折放在主绳中间位置下面。

24 2 根线向上同时穿过上面圈中。

25 左上、右上两组绕线分别向下，由上至下穿过左、右圈中，做一个爱心结。

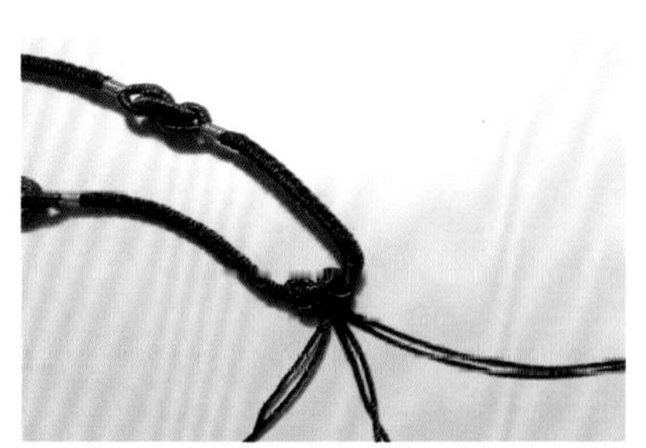

26 左、右最外侧 2 根线包中间 2 根线做一个蛇结。

27 留中间 2 根线，剪掉做蛇结的 4 根线，用打火机烧粘烫平。

28 完成。

09 翩然

何处背繁红，
迷芳到槛重。

材料及用量	咖啡色 18 股股线（简称咖啡色线）100 厘米 ┊ 8 根　金色 6 股彩金线（简称金色 6 股线）若干 咖啡色 72 号玉线 20 厘米 ┊ 2 根　金色 15 股股线（简称金色线）20 厘米 ┊ 2 根　12 毫米菠萝结 ┊ 1 个 水晶珠 ┊ 1 个
耗　　时	1 小时
尺　　寸	项链绳粗细 0.8 厘米，案例长度 60 厘米
结　　法	绕线、八股辫、蛇结、平结线圈、菠萝结

01 取 8 根咖啡色线对折。

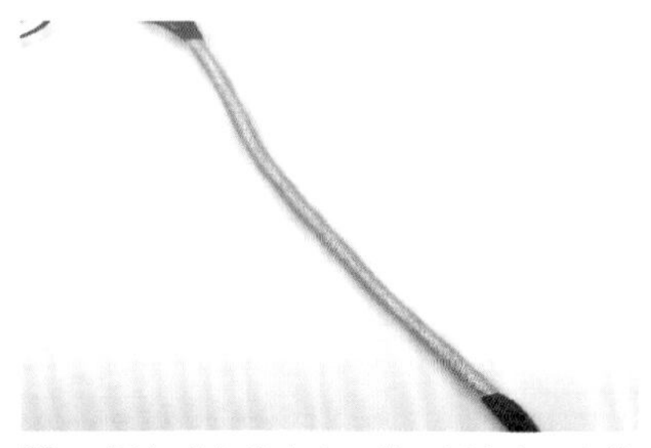

02 8 根咖啡色线为夹心线，用金色 6 股线做绕线 15 厘米。

03 另取 1 根金色线和 1 根咖啡色线各 20 厘米，接一段双色线。

04 做一个双色平结线圈。

05 金色绕线部分交叉做一个圈。

06 将双色平结线圈套在中间，拉紧。

07 用平结线圈夹心线穿一颗水晶珠。

08 做 30 厘米八股辫。

09 8根线平均分两组，每组4根做两个蛇结，固定八股辫。

10 留0.1厘米剪掉多余线，用打火机烧粘烫平。主绳一侧完成。

11 主绳另一侧重复8~11步，做30厘米八股辫，8根线平均分两组，每组4根做两个蛇结固定八股辫，留0.1厘米剪掉多余线，用打火机烧粘烫平。主绳完成。

12 另取1根金色线和1根咖啡色线各20厘米，接1根双色线。

13 做一个双色平结线圈。

14 将双色平结线圈套在两组八股辫上拉紧，剪掉多余夹心线。

15 将12毫米菠萝结穿到八股辫上。

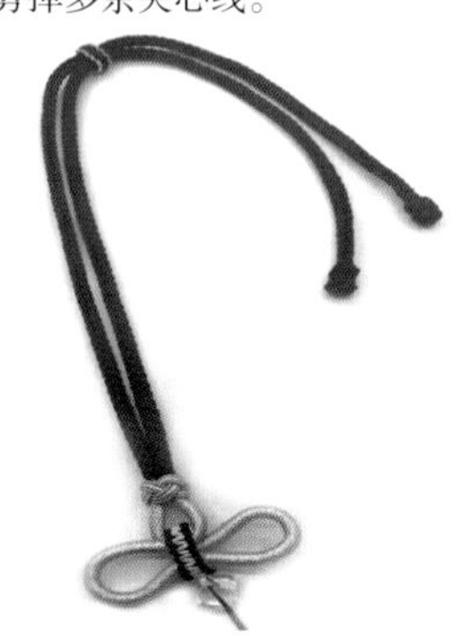

16 完成。

10

绿依

碧玉妆成一树高，

万条垂下绿丝绦。

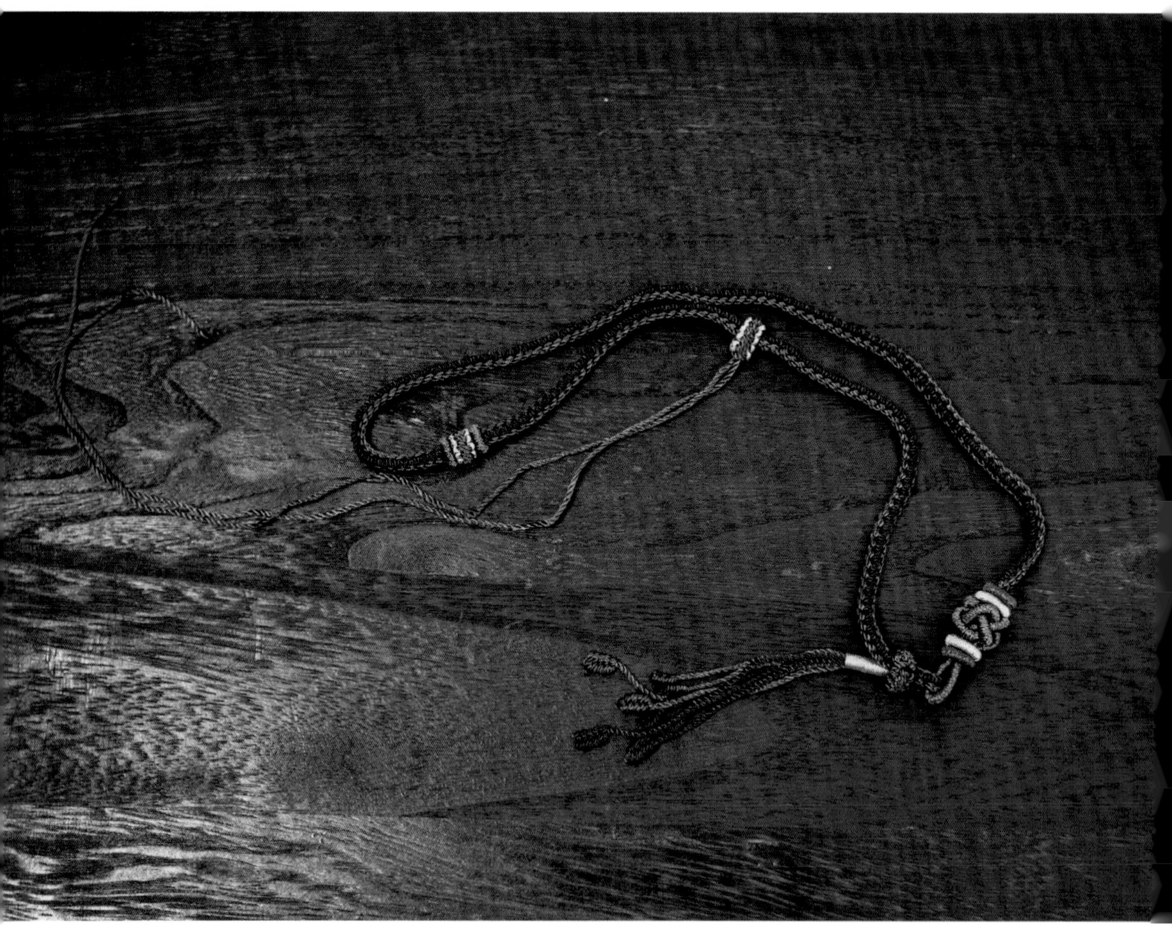

材料及用量	墨绿色 18 股股线（简称墨绿色线）2 米 ┆ 2 根　咖啡色 18 股股线（简称咖啡色线）2 米 ┆ 2 根　墨绿色 18 股股线 20 厘米 ┆ 2 根　蓝色、金色、红色 6 股彩金线（简称蓝色 6 股线、金色 6 股线、红色 6 股线）若干　金色 15 股股线（简称金色线）10 厘米 ┆ 2 根　咖啡色 72 号玉线若干
耗　　时	1 小时 30 分钟
尺　　寸	项链绳粗细 0.8 厘米，案例长度 60 厘米
结　　法	八股辫、绕线、纽扣结、绕线线圈、平结线圈、凤尾结

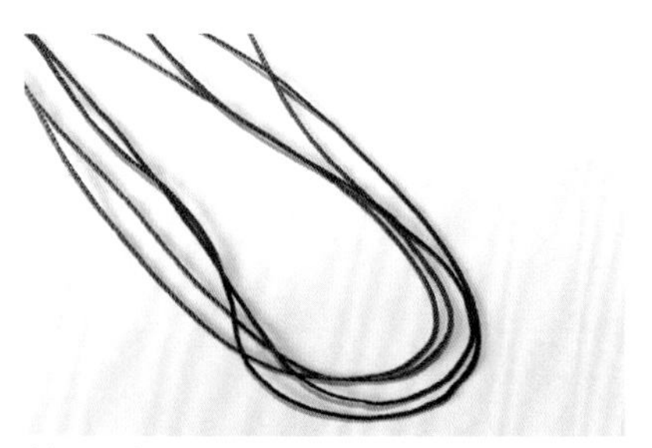

01 准备 2 根墨绿色线和 2 根咖啡色线，每根 2 米。

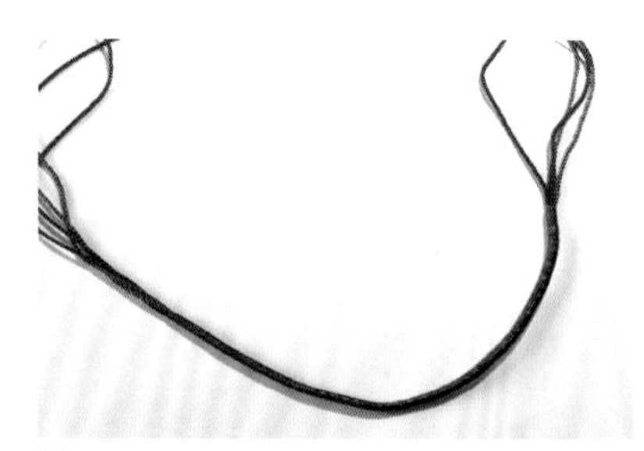

02 将 4 根线对折，取中间位置用蓝色 6 股线做绕线 20 厘米。

03 用绕线做一个纽扣结，留出扣眼的距离。

04 用金色 6 股线、红色 6 股线做 4 个绕线线圈，分别套在纽扣结前后。

05 8 根线平均分两组，每组 4 根线，左边，墨绿、墨绿、墨绿、墨绿，右边咖啡、咖啡、咖啡、咖啡。

06 做八股辫 60 厘米。

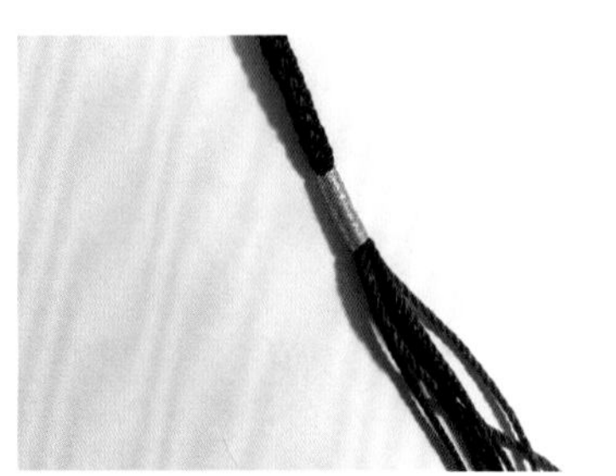

07 8 根线为夹心线，用金色 6 股线做绕线固定编好的八股辫。

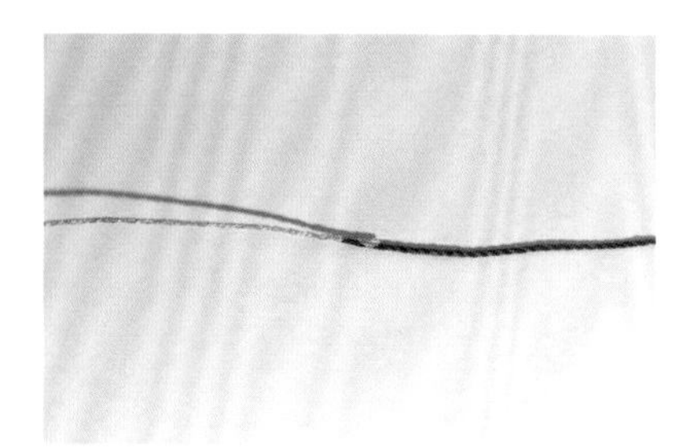

08 另取 1 根金色线和 1 根墨绿色线各 10 厘米，接 1 根双色线。

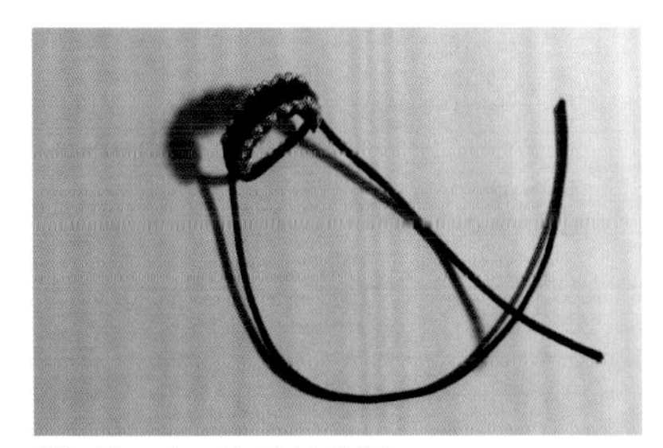

09 做一个双色平结线圈。

10 把双色平结线圈套在八股辫中间位置拉紧，剪掉多余夹心线。

11 做两个墨绿色绕线线圈，套在平结线圈上下拉紧，剪掉多余夹心线。

12 将八股辫穿进纽扣结扣眼。

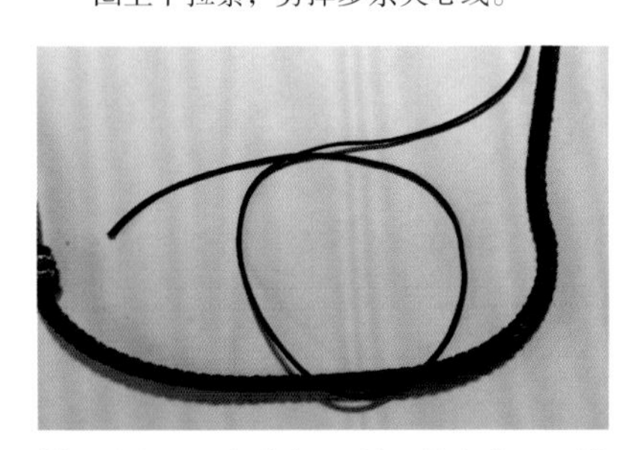

13 另取一根咖啡色 72 号玉线包住八股辫交叉做一个圈。

14 用 1 根墨绿色线做一个平结线圈，在两组八股辫上固定拉紧，剪掉多余夹心线烧粘烫平，当抽拉活扣。

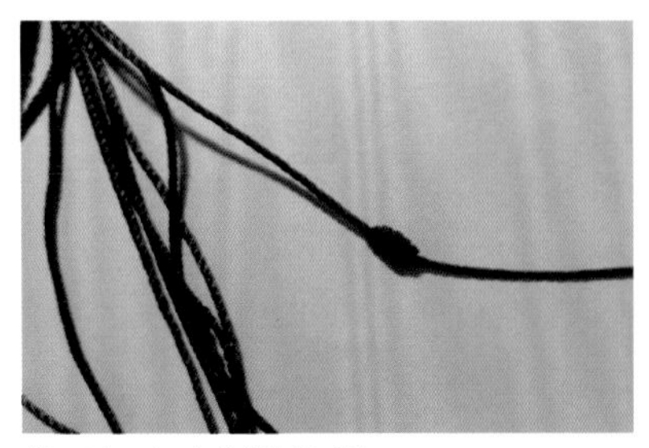

15 用 8 根余线做凤尾结。

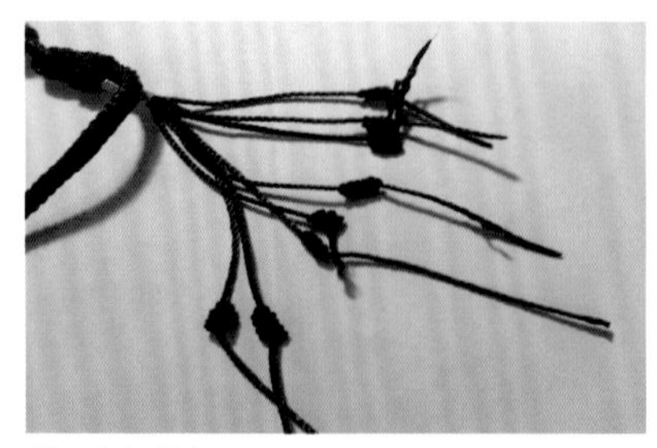

16 全部做好。

17 凤尾结留 0.1 厘米剪掉多余线，用打火机烧粘烫平。

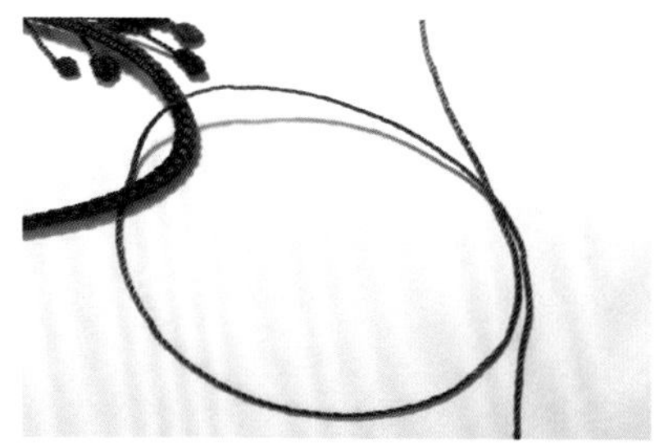

18 将 1 根 20 厘米墨绿色线交叉穿过八股辫形成一个圈。

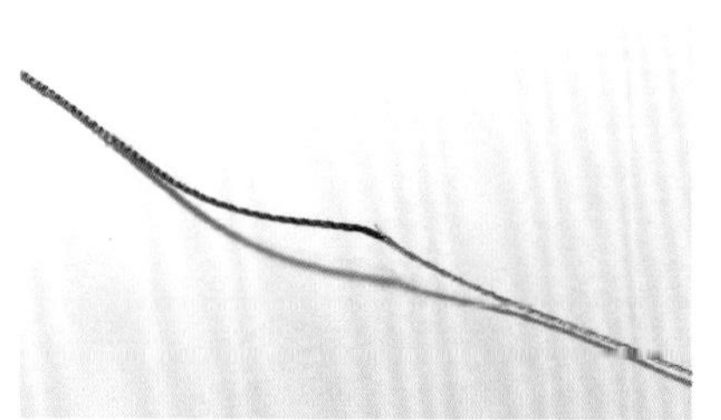

19 另取 1 根金色线和 1 根墨绿色线各 10 厘米，接 1 根双色线。

20 用接好的双色线在围好的圈上做平结，然后在八股辫主绳中间位置拉紧，形成一个双色平结线圈。

21 完成。

11

落花

东流不作西归水，

落花辞条羞故林。

材料及用量	咖啡色 18 股股线（简称咖啡色线）2 米 ┊ 4 根　咖啡色 18 股股线 10 厘米 ┊ 1 根 咖啡色 18 股股线 20 厘米 ┊ 1 根　金色、红色 6 股彩金线（简称金色 6 股线、红色 6 股线）若干 金色 15 股股线（简称金色线）10 厘米 ┊ 1 根　咖啡色 72 号玉线 20 厘米 ┊ 1 根　咖啡色 72 号玉线 10 厘米 ┊ 1 根 0.6 厘米红玛瑙 ┊ 6 个　0.8 厘米铜珠 ┊ 6 个
耗　　时	1 小时 30 分钟
尺　　寸	项链绳粗细 0.8 厘米，案例长度 60 厘米
结　　法	绕线、双联结、八股辫、曼陀罗结、平结线圈

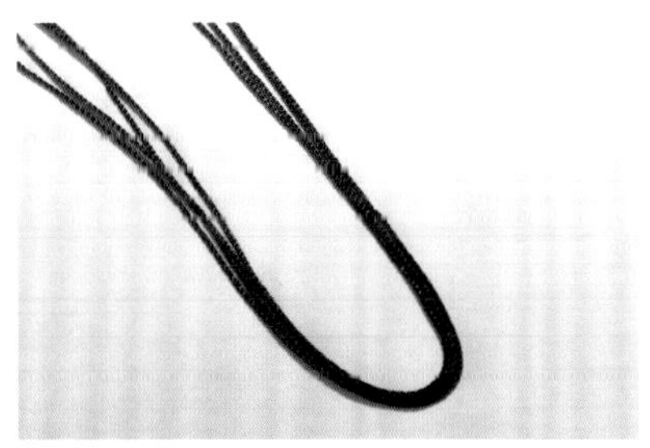

01 准备 4 根咖啡色线，每根 2 米。

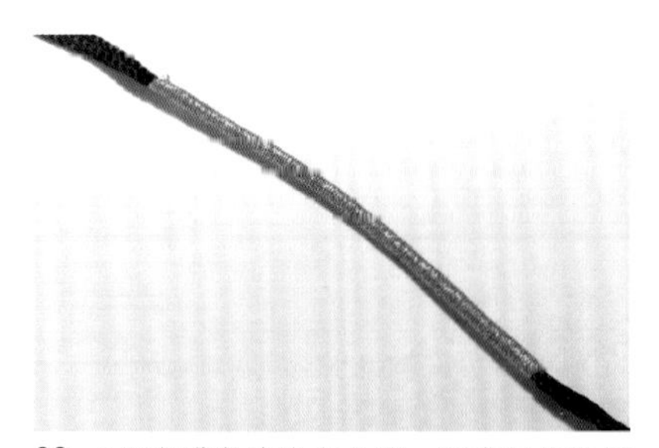

02 4 根咖啡色线为夹心线，取中间位置用金色 6 股线做绕线 8 厘米。

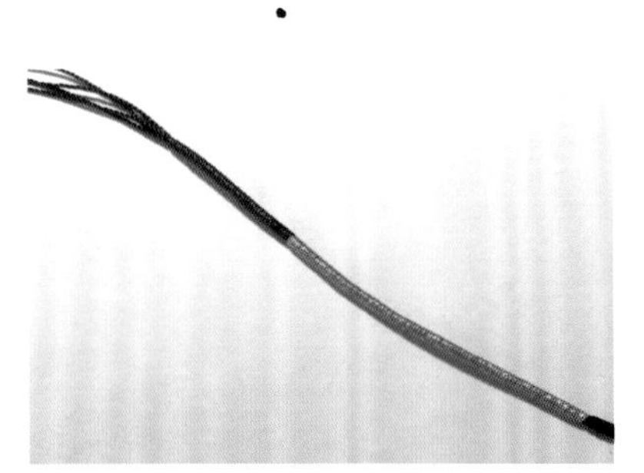

03 在金色 6 股绕线旁边用红色 6 股线做绕线 4.5 厘米。

04 做一个双联结，留出扣眼。

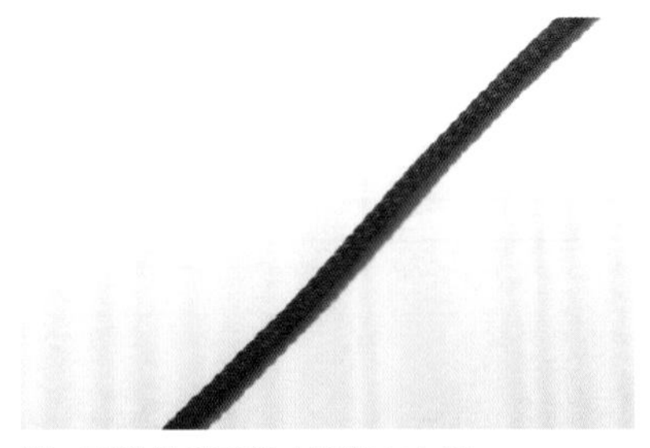

05 双联结后面做八股辫 30 厘米。

06 8 根咖啡色线为夹心线，用金色 6 股线做绕线 1 厘米固定编好的八股辫。

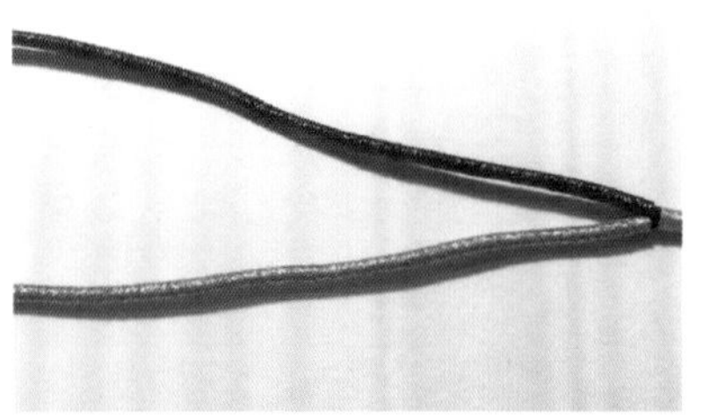

07 将 8 根咖啡色线平均分两组，每组 4 根为夹心线，分别用金色 6 股线和红色 6 股线做绕线 10 厘米。

08 做一个双色曼陀罗结。

09 8根咖啡色线为夹心线，用金色6股线做绕线1厘米。

10 继续做30厘米八股辫。

11 8根咖啡色线为夹心线，用金色6股线做绕线1厘米，固定编好的八股辫。

12 八股辫穿进双联结扣眼。

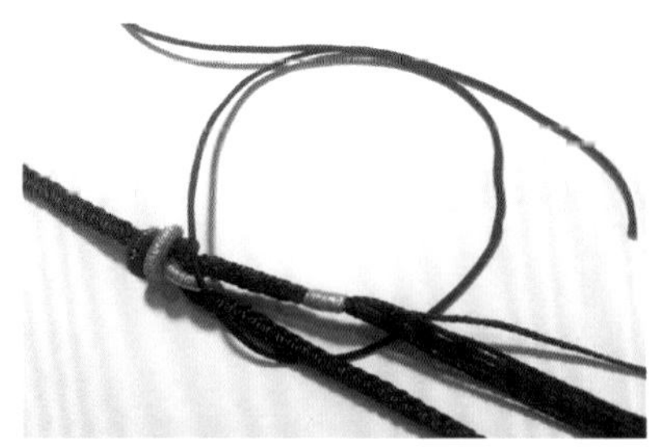

13 取1根10厘米咖啡色72号玉线围绕两组八股辫交叉做一个圈。

14 另取1根20厘米咖啡色线在交叉处做平结线圈，在两组八股辫上拉紧，剪掉多余夹心线用打火机烧粘烫平。

15 剪掉2根线，留6根。穿一颗0.6厘米红玛瑙、一颗0.8厘米铜珠，打个死结固定。

16 6根线全部穿好。

17 留 0.1 厘米左右，剪掉多余线，用打火机烧粘烫平。

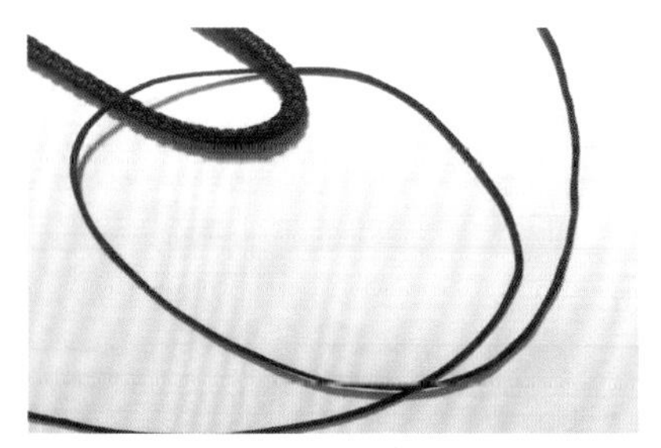

18 取 1 根 20 厘米咖啡色 72 号玉线围绕八股辫交叉做一个圈。

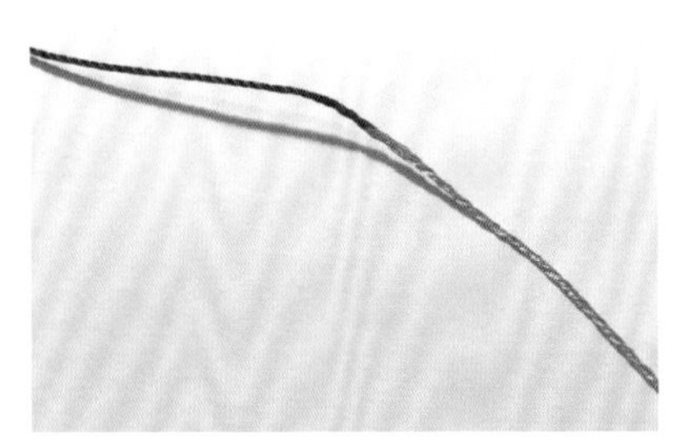

19 另取 1 根咖啡色线和 1 根金色 15 股股线各 10 厘米接一段双色线。

20 用接好的双色线在围好的圈上做平结，然后在八股辫主绳中间位置拉紧，形成一个双色平结线圈。

21 完成。

原创案例

雅致唯美的挂件

01

星

迢迢牵牛星，

杳在河之阳。

材料及用量	黑色 A 玉线（简称黑线）90 厘米 ¦ 1 根
	1 厘米红玛瑙 ¦ 6 个
	0.8 厘米红玛瑙 ¦ 2 个
	0.6 厘米红玛瑙 ¦ 2 个
	1 厘米黑玛瑙 ¦ 1 个
	0.6 厘米黑玛瑙 ¦ 2 个
耗　　时	25 分钟
尺　　寸	案例长度 10 厘米
结　　法	蛇结、凤尾结

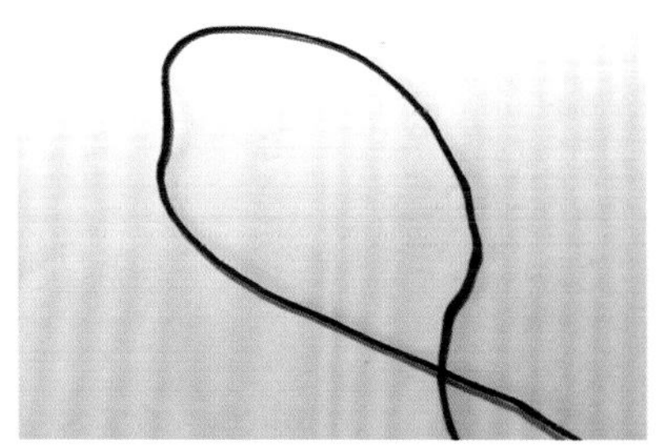

01 将1根90厘米黑线在三分之一处对折。

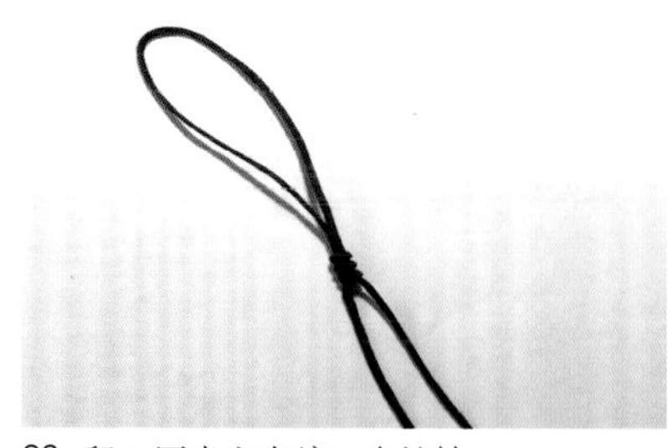

02 留5厘米左右编三个蛇结。

03 用1根黑线穿6颗1厘米红玛瑙。

04 用另1根黑线对穿6颗红玛瑙。

05 拉紧2根黑线。

06 2根黑线交叉向下。

07 2根黑线同时穿一颗1厘米黑玛瑙。

08 2根黑线在下方一前一后包住穿珠子的线。

09 两根黑线在下方编三个蛇结。

10 两根黑线分别穿 1 颗 0.6 厘米红玛瑙、1 颗 0.6 厘米黑玛瑙和 1 颗 0.8 厘米红玛瑙。

11 两根黑线尾部分别做风尾结。

12 留 0.1 厘米左右剪掉多余黑线，用打火机烧粘烫平，完成。

02

鱼

溪流渺渺净涟漪，

鱼跃鱼潜乐自知。

材料及用量	黄色5号线（简称黄线）50厘米 ┊ 3根　黄色5号线80厘米 ┊ 1根　钥匙圈 ┊ 1个
耗　　时	30分钟
尺　　寸	案例长度15厘米
结　　法	平结、凤尾结

01 准备 4 根黄线，其中 3 根 50 厘米，1 根 80 厘米和一个钥匙圈。

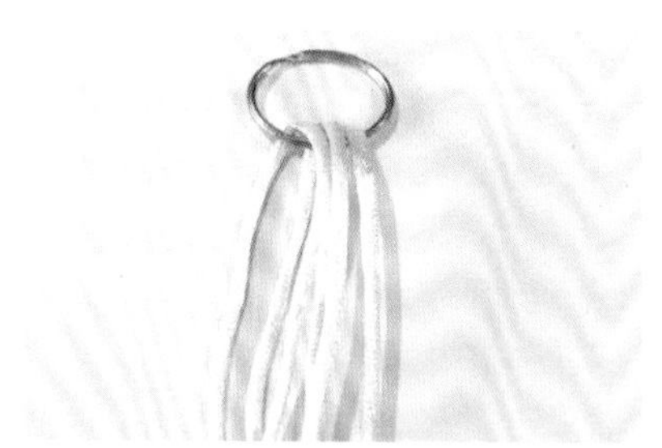

02 取 3 根 50 厘米的黄线做轴线对折挂到钥匙圈上。

03 取 80 厘米的黄线横向放到 6 根轴线下面。

04 做 1 组半平结。

05 将中间 6 根轴线分成两组，左右各 3 根。

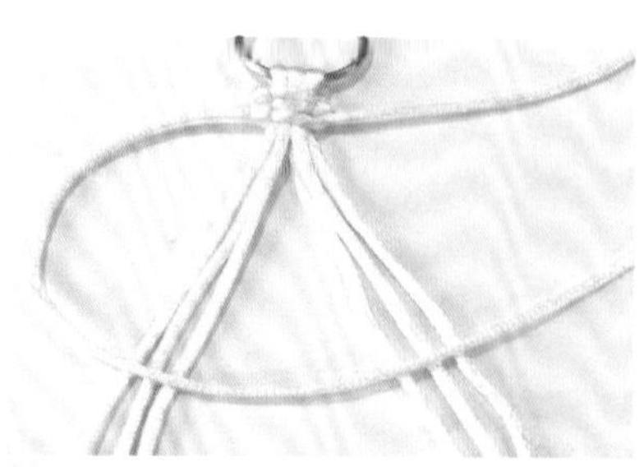

06 左边黄线向右，压在两组轴线上面。

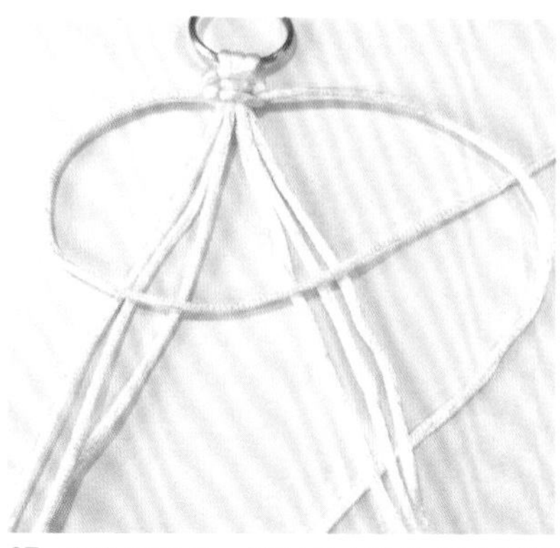

07 右线压左线，然后从右边这组 3 根轴线下面穿过。

08 右线到中间压左线，然后挑左边那组轴线，再压左线出来。

09 拉紧左右线。

10 重复 6~9 步。编 8 组，最后一组左右两根线要拉紧。

11 将两组轴线并拢，用左右线做一组半平结。

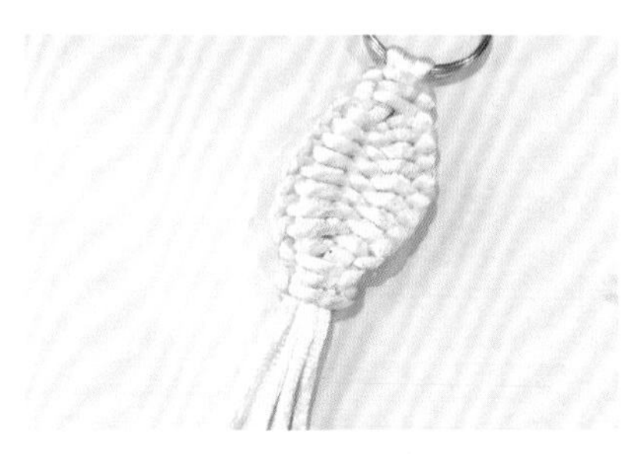

12 留 0.1 厘米左右剪掉多余的线，用打火机烧粘烫平。

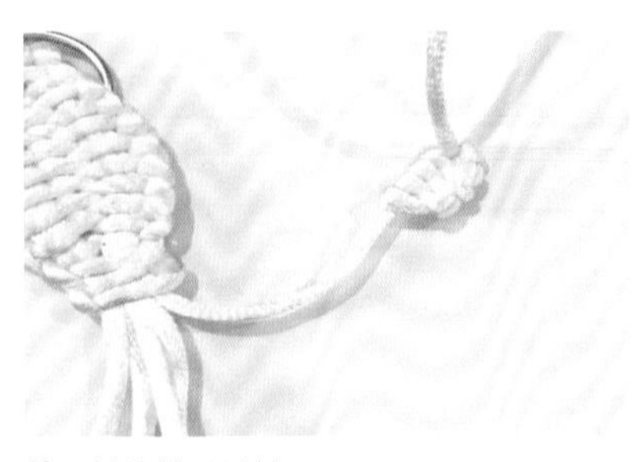

13 轴线做凤尾结。

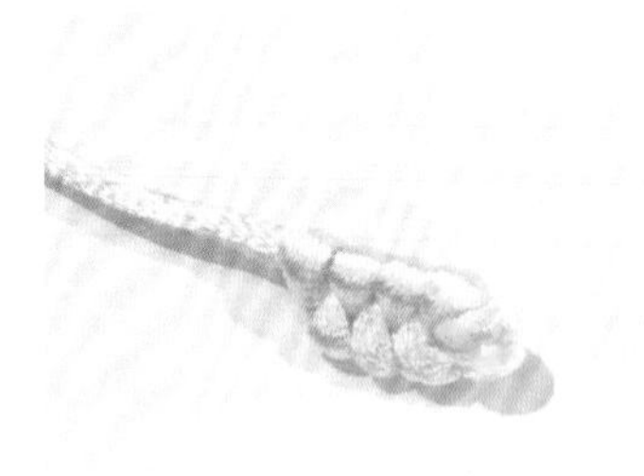

14 留 0.1 厘米剪掉多余的线，用打火机烧粘烫平。

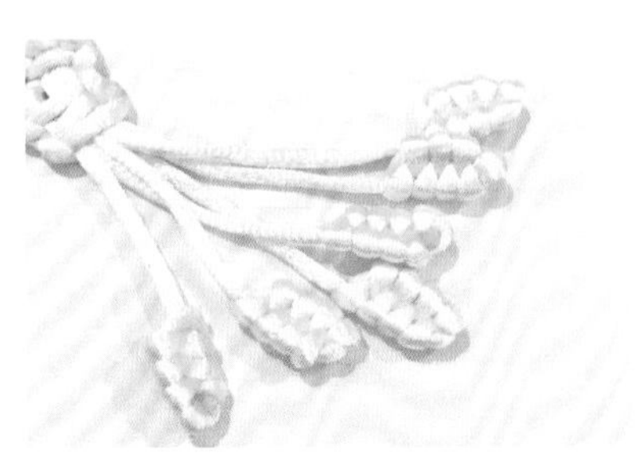

15 重复 13~14 步，其余 5 根轴线做凤尾结，剪掉多余的线，用打火机烧粘烫平。

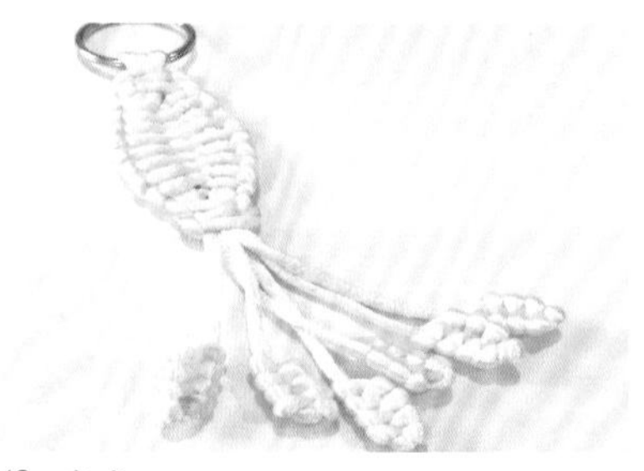

16 完成。

03 碧波

阑角寒光摇翡翠，
檐牙倒影浸琉璃。

材料及用量	黑色A玉线（简称黑线）70厘米 1根　金色6股彩金线（简称金色6股线）若干　翡翠配件若干　红玛瑙配件若干
耗　　时	25分钟
尺　　寸	案例长度20厘米
结　　法	绕线、蛇结、同心结

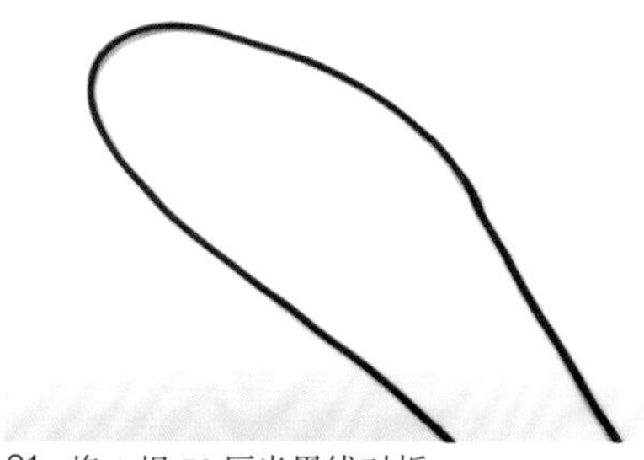

01 将 1 根 70 厘米黑线对折。

02 在 10 厘米处做两个蛇结。

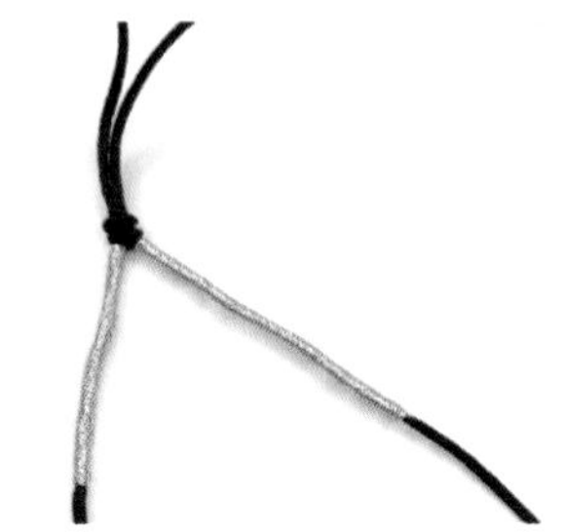

03 用金色 6 股线两边分别做绕线 4.5 厘米。

04 做一个同心结。

05 做两个蛇结固定同心结。

06 用其中 1 根黑线穿翡翠环。

07 两根黑线同时穿过一颗红玛瑙。

08 两根黑线包住翡翠环下半部分。

09 贴近翡翠环做一个蛇结固定。

10 重复 6~9 步，穿三个翡翠环。

11 用黑线做两个蛇结固定。

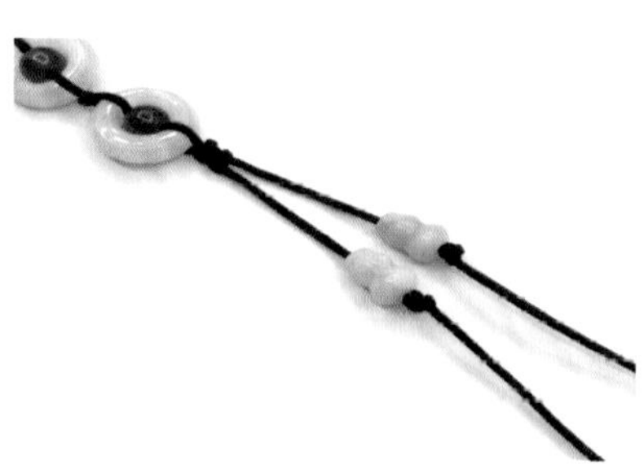

12 一边穿一颗翡翠葫芦配件，打一个死扣固定。

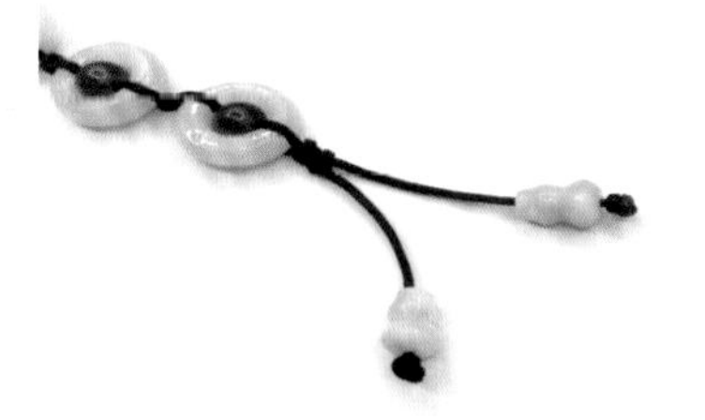

13 留 0.1 厘米剪掉多余线，用打火机烧粘烫平。

14 完成。

04

繁花

繁枝容易纷纷落，

嫩蕊商量细细开。

材料及用量	蓝线、紫线、红线、黄线5号线（简称蓝线、紫线、红线、黄线）各85厘米 ¦ 1根 红色5号线50厘米 ¦ 1根 大孔陶瓷珠 ¦ 1个
耗　　时	50分钟
尺　　寸	案例长度16厘米
结　　法	双联结、玉米结、蛇结、 绕线、秘鲁结

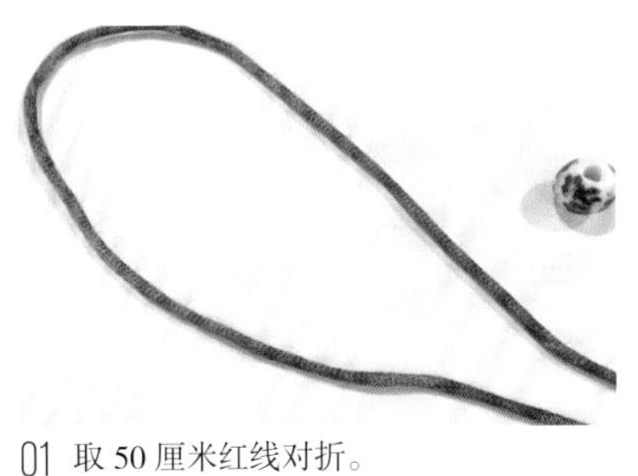

01 取 50 厘米红线对折。

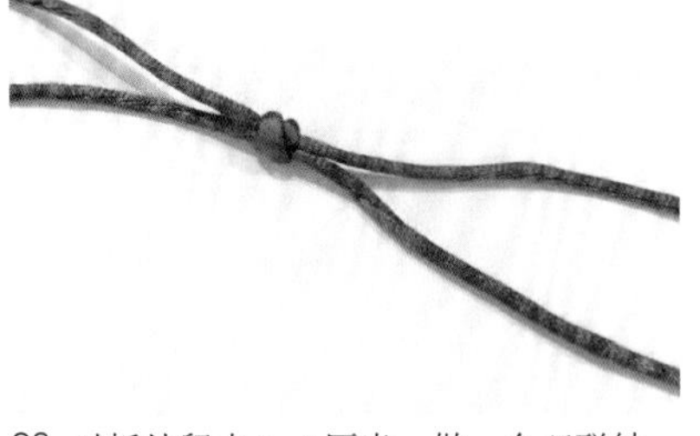

02 对折处留出 3~4 厘米，做一个双联结。

03 穿上大孔陶瓷珠。

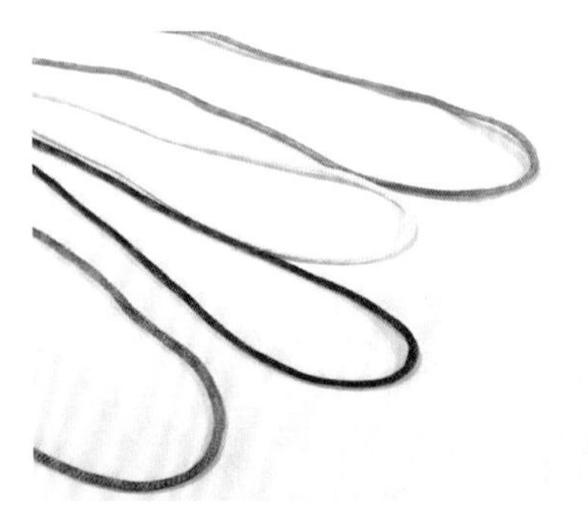

04 将 4 根 85 厘米蓝线、紫线、红线、黄线对折。

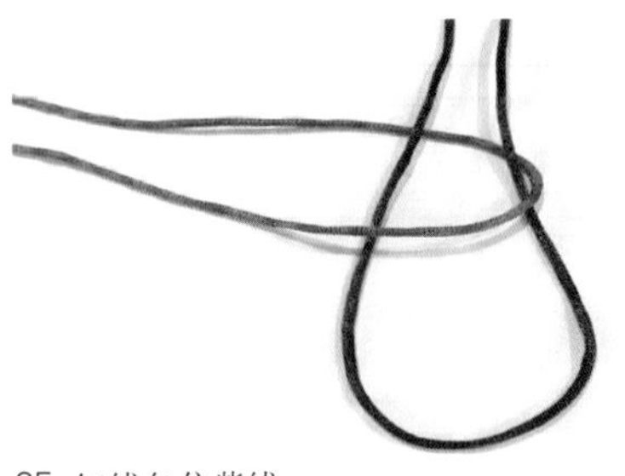

05 红线包住紫线。

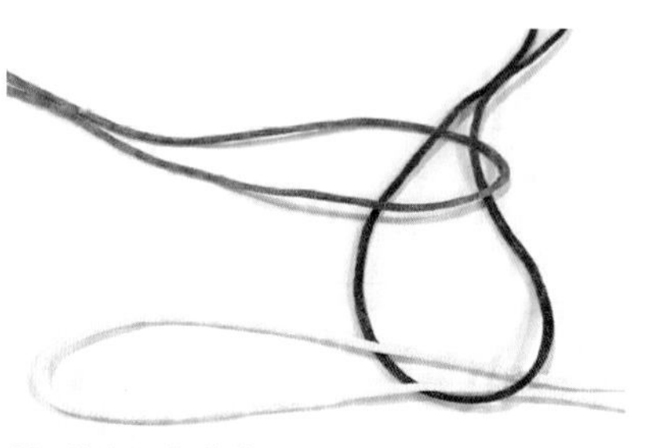

06 紫线包住黄线。

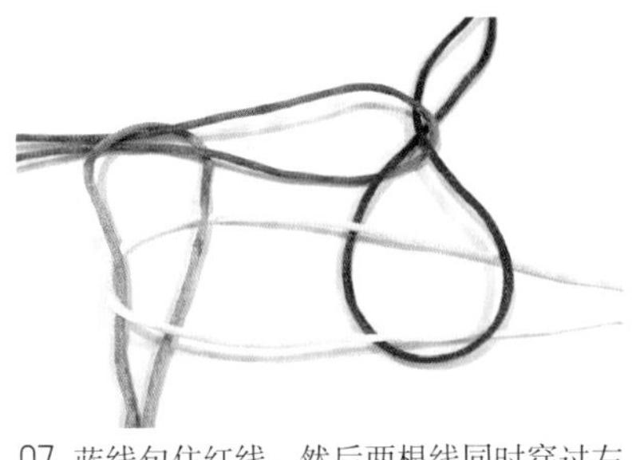

07 蓝线包住红线，然后两根线同时穿过左下黄线圈。

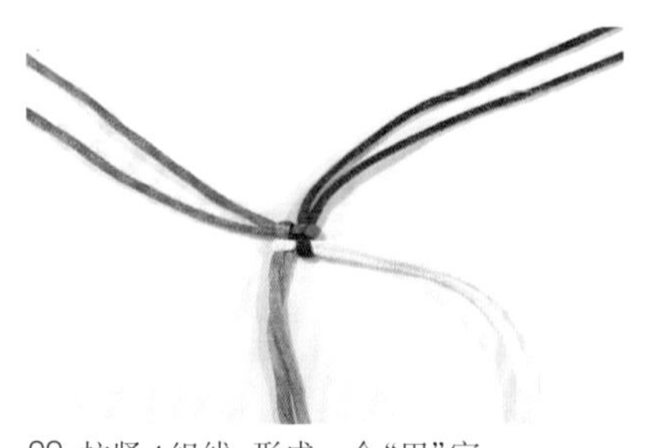

08 拉紧 4 组线，形成一个“田”字。

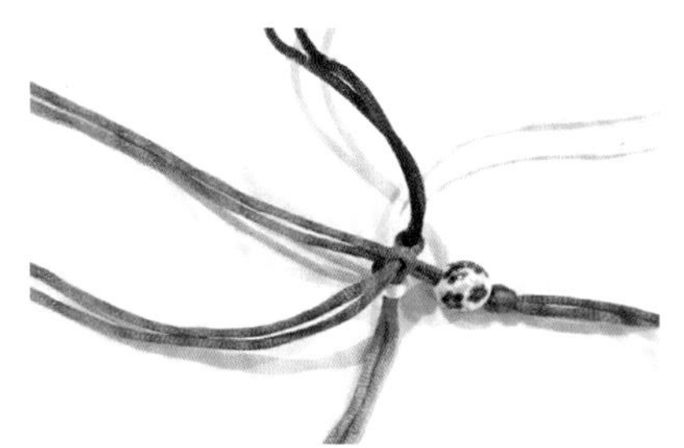

09 把穿珠的红线，从“田”字中间穿过。

10 翻转整个结体，把穿珠的红线紧贴“田”字做一个蛇结固定。

11 把整个结体翻转到正面。

12 分别用4组颜色的线做蛇结。

13 将4组线分别做一个蛇结（每组蛇结都要拉紧）。

14 围着中间红线做玉米结。左上红线向下压在紫线上面。

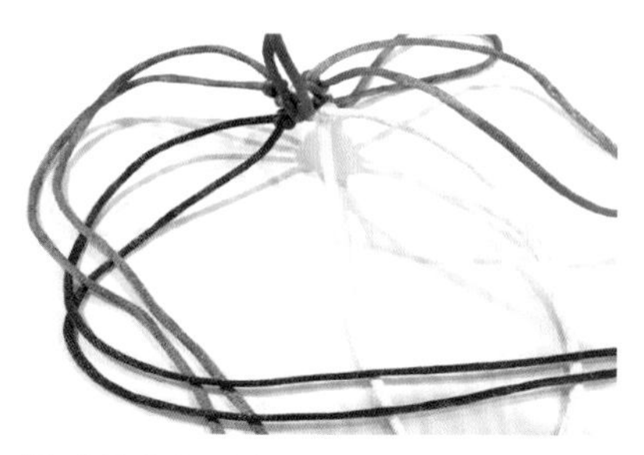

15 紫线向右，同时压在红线、黄线上面。

16 右下黄线向上，同时压在紫线和蓝线上面。

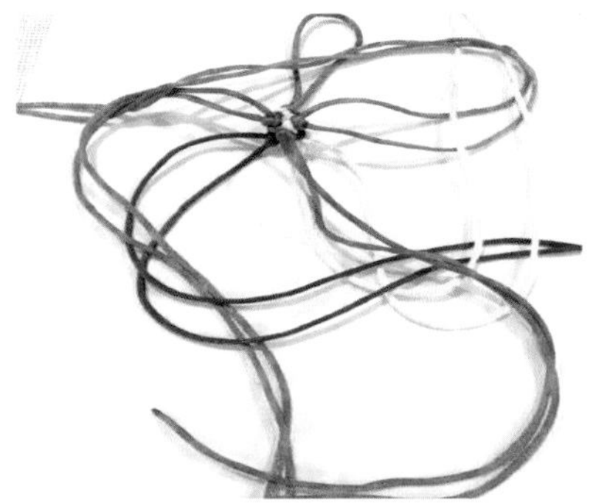

17 右上蓝线向左，压在黄线上面，同时由上至下穿过左上红线圈。

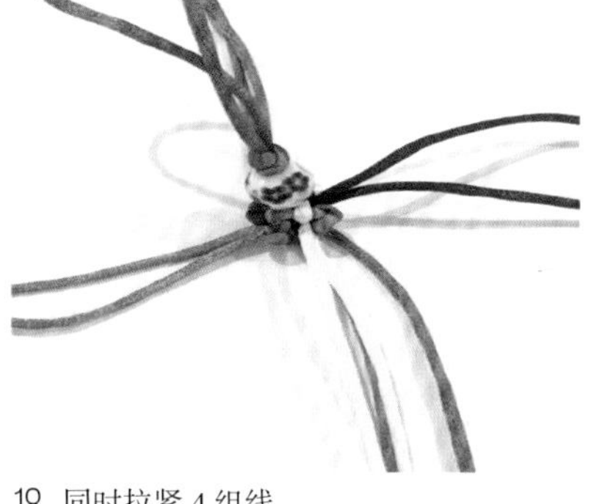

18 同时拉紧 4 组线。

19 继续用 4 组线做蛇结。

20 用 4 组线围着中间红线做玉米结。

21 做 8 厘米左右，准备收尾。

22 将 4 组线分别做一个蛇结。

23 取中间 1 根红线做一个圈。

24 用中间另一根红线做绕线。

25 剪掉上面多余的线头，用打火机烧粘烫平。

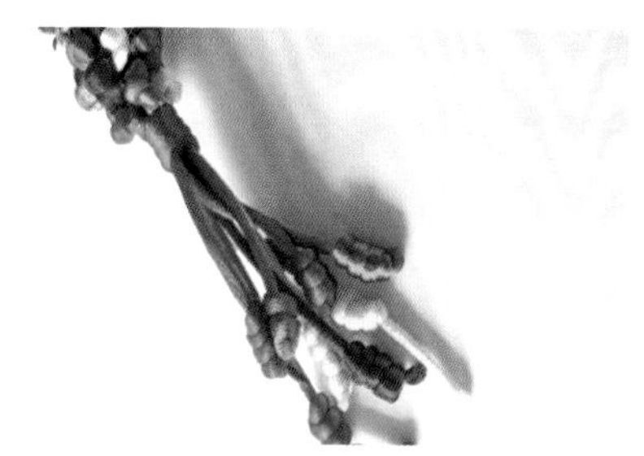

26 用尾部剩余的线做秘鲁结。

27 留 0.1 厘米剪掉多余线，用打火机烧粘烫平。

05

蝶梦

留连戏蝶时时舞，

自在娇莺恰恰啼。

材料及用量	咖啡色 A 玉线（简称咖啡色线）50 厘米 ⁝ 4 根　咖啡色 A 玉线 20 厘米 ⁝ 2 根　蓝色三角丝流苏线（简称流苏线）若干　咖啡色 72 号玉线 10 厘米 ⁝ 1 根　金色 15 股股线（简称金色线）10 厘米 ⁝ 1 根　黑色 15 股股线（简称黑线）10 厘米 ⁝ 1 根　金属蝴蝶 ⁝ 1 个　0.6 厘米红玛瑙 ⁝ 2 个　1 厘米红玛瑙 ⁝ 2 个　0.8 厘米蓝玛瑙 ⁝ 2 个
耗　　时	45 分钟
尺　　寸	案例长度 25 厘米
结　　法	蛇结、四股辫、绕线、流苏、平结线圈

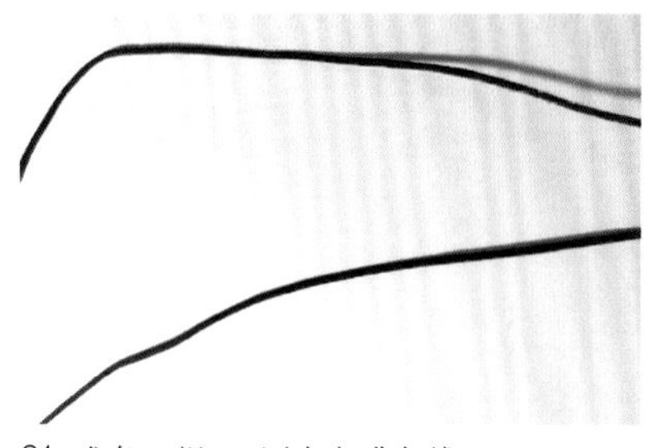

01 准备 2 根 20 厘米咖啡色线。

02 把 2 根 20 厘米咖啡色线对折，分别穿入金属蝴蝶两侧的孔 。

03 左右分别打 3 个蛇结。

04 左右两侧分别穿入 0.8 厘米蓝玛瑙和 1 厘米红玛瑙。

05 绕两组流苏线备用

06 用穿珠的线绑住流苏线中间，打死扣固定。

07 用金色线做绕线 2 厘米固定流苏线。

08 重复 6~7 步，做好另一侧流苏线。

09 把流苏线剪整齐。

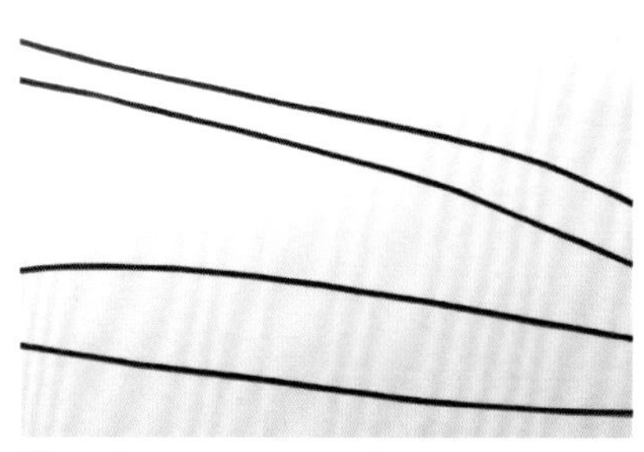

10 准备 4 根 50 厘米咖啡色线。

11 将 1 根 50 厘米咖啡色线对折穿入金属蝴蝶左上角的孔。

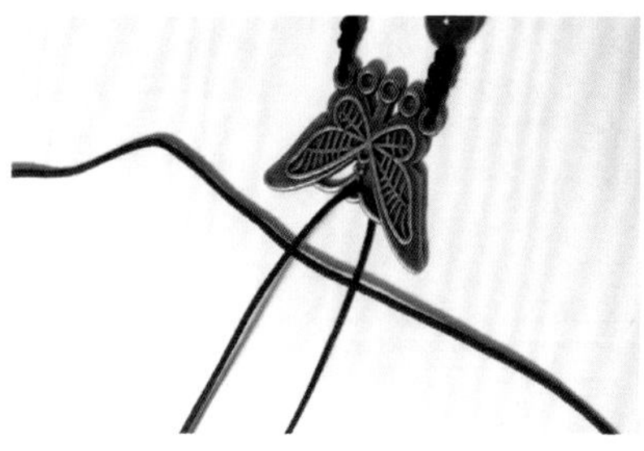

12 横向加 1 根 50 厘米咖啡色线做四股辫。

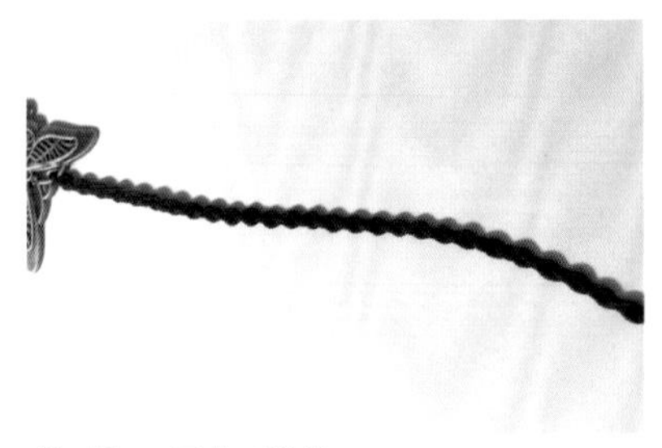

13 做 20 厘米四股辫。

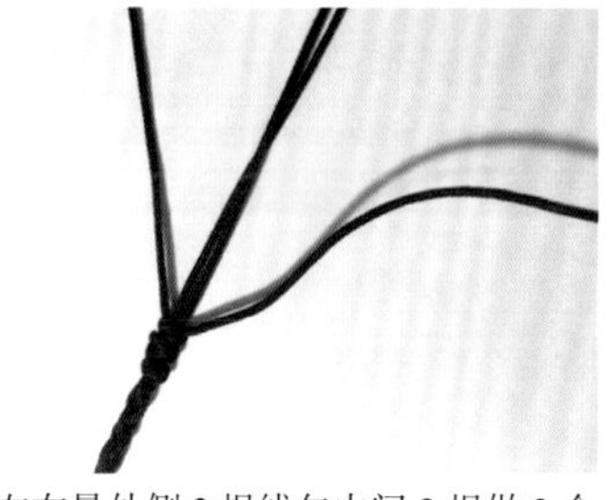

14 用左右最外侧 2 根线包中间 2 根做 3 个蛇结固定四股辫。

15 留 0.1 厘米剪掉左右最外侧 2 根线，用打火机烧粘烫平。

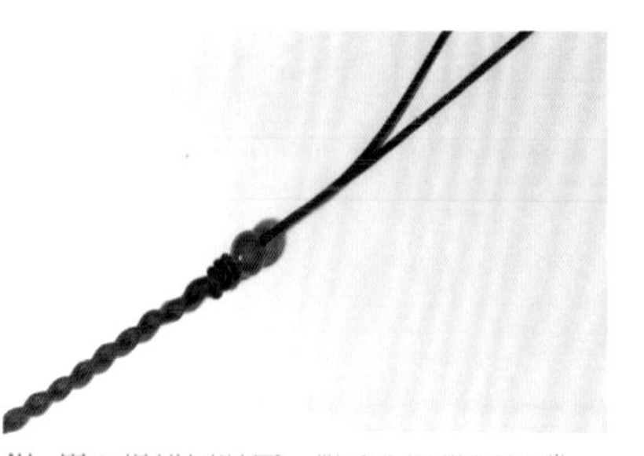

16 用 2 根线同时穿一颗 0.6 厘米红玛瑙。

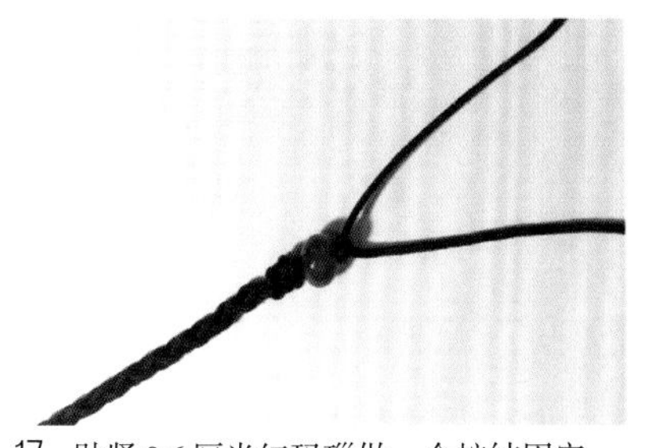

17 贴紧 0.6 厘米红玛瑙做一个蛇结固定。

18 留 0.1 厘米剪掉多余线，用打火机烧粘烫平。

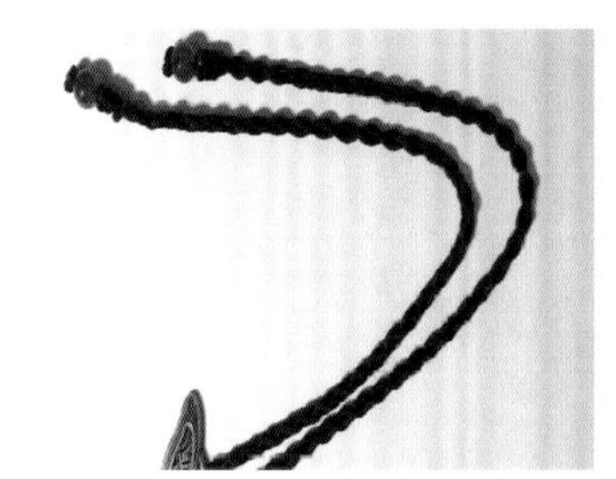

19 重复 11~18 步，做好另一侧四股辫。

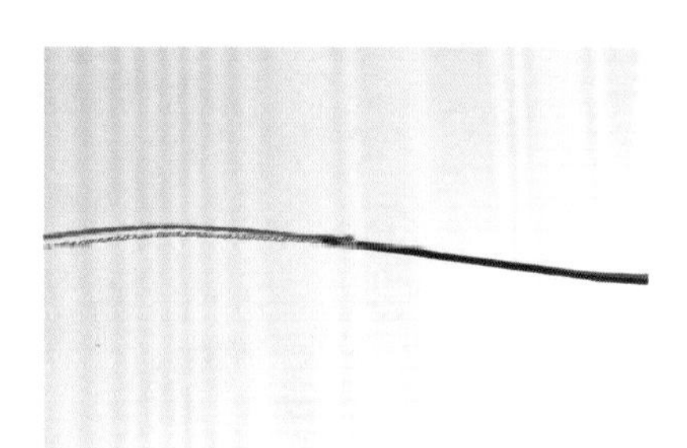

20 另取 1 根咖啡色 72 号玉线和 1 根金色线各 10 厘米接一段双色线。

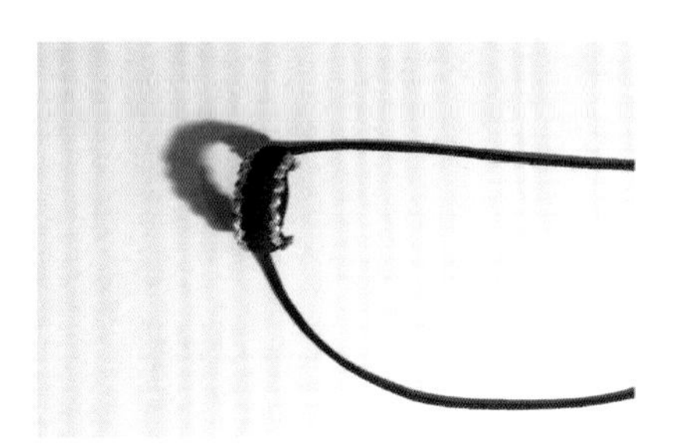

21 做一个双色平结线圈。

22 将双色平结线圈套在两组四股辫上拉紧，剪掉多余线。

23 完成。

06

相思

盈盈一水间，

脉脉不得语。

材料及用量	黑色B玉线（简称黑线）20厘米 ┆ 3根 金色、红色、蓝色、绿色6股彩金线（简称金色6股线、红色6股线、蓝色6股线、绿色6股线）若干　黑色72号玉线若干 大孔陶瓷珠 ┆ 1个　金属配件（金属钥匙）┆ 1个
耗　　时	45分钟
尺　　寸	案例长度15厘米
结　　法	绕线线圈、蛇结

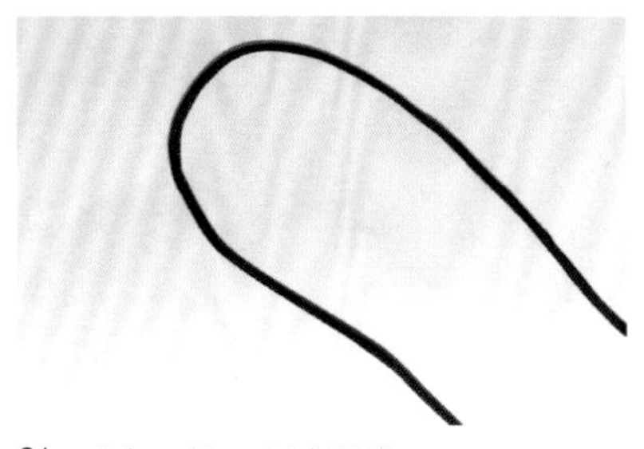

01 准备 1 根 20 厘米黑线。

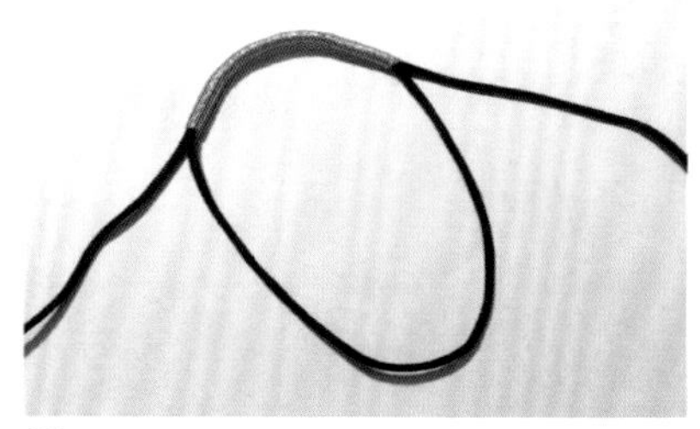

02 用金色 6 股线做一个绕线线圈。

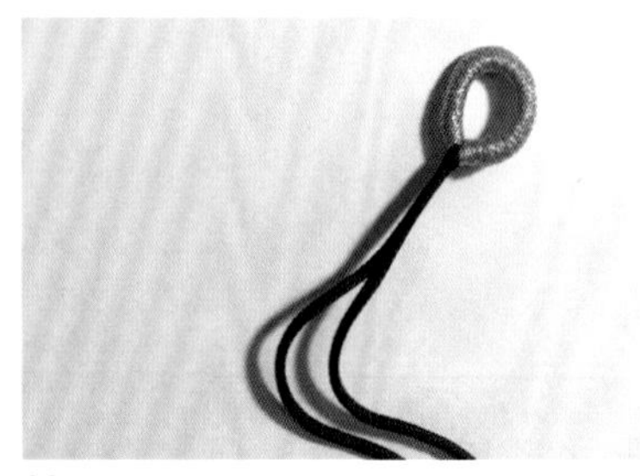

03 拉紧夹心线。

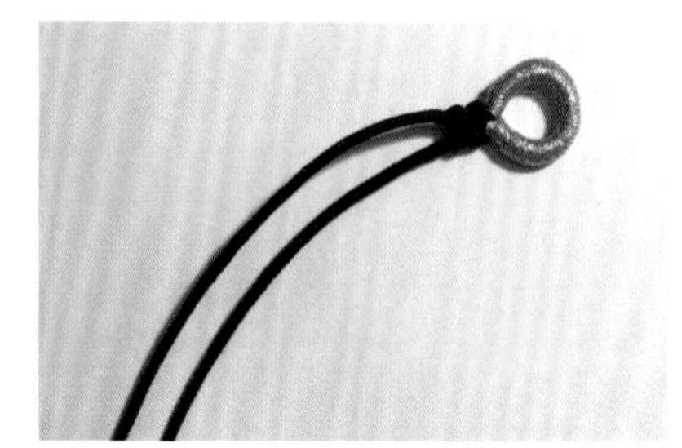

04 做两个蛇结。

05 两根线同时穿入大孔陶瓷珠，然后打两个蛇结。

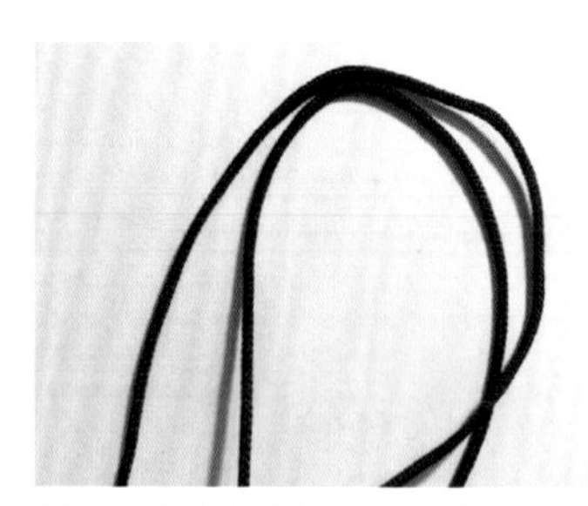

06 两根线交叉形成一个圈。

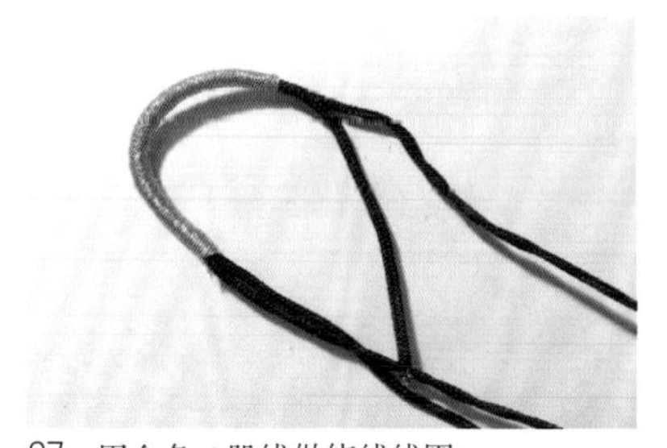

07 用金色 6 股线做绕线线圈。

08 拉紧夹心线。

09 剪掉多余夹心线。

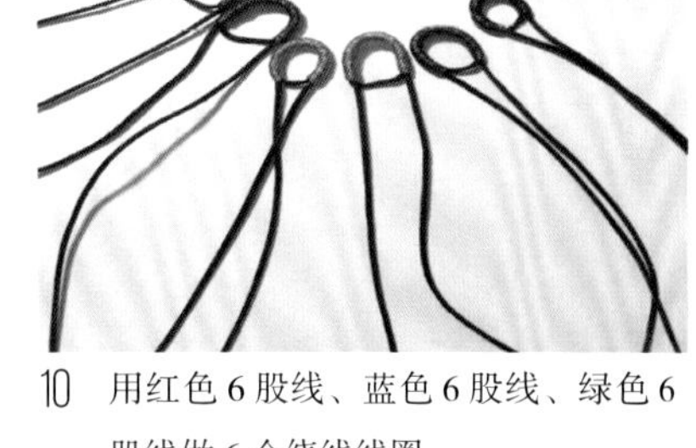

10 用红色 6 股线、蓝色 6 股线、绿色 6 股线做 6 个绕线线圈。

11 把绕线线圈分别套在大孔陶瓷珠上下，拉紧，剪掉多余夹心线。

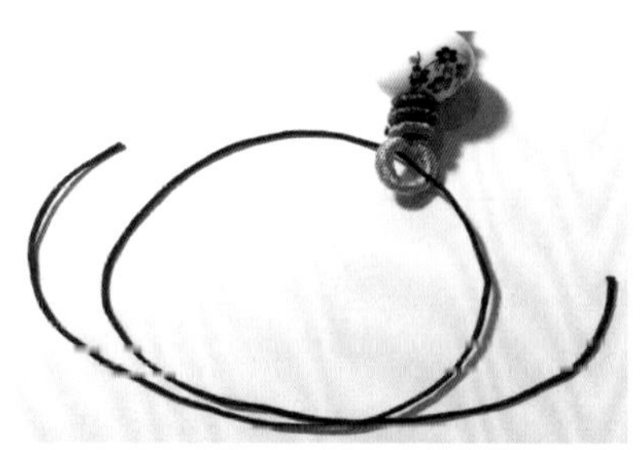

12 另取 1 根 20 厘米黑线穿过绕线线圈，交叉形成一个圈。

13 用红色 6 股线做一个绕线线圈，拉紧。

14 两根线同时穿过金属钥匙孔。

15 用左右最外侧 2 根线包中间 2 根线做 4 个蛇结固定。

16 留 0.1 厘米剪掉多余线，用打火机烧粘烫平。

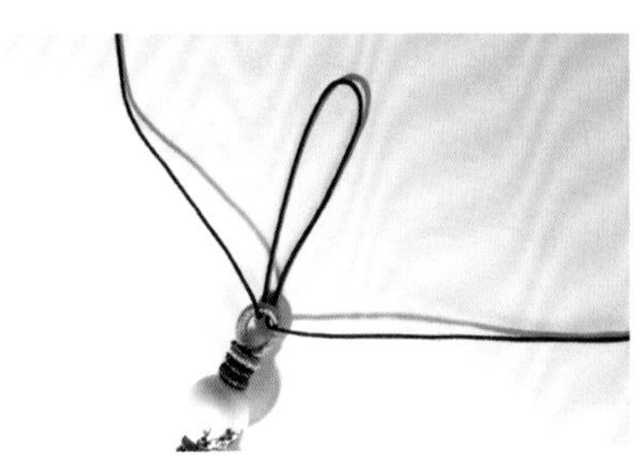

17 取 1 根 20 厘米黑色 72 号玉线对折，交叉穿过金色绕线线圈。

18 用左右最外侧 2 根线包中间 2 根线做 3 个蛇结。

19 留 0.1 厘米剪掉多余线，用打火机烧粘烫平。

20 完成。

07

紫菱

浅画香膏拂紫绵，

牡丹花重翠云偏。

材料及用量	蓝色 72 号玉线（简称 72 号蓝线）30 厘米 ¦ 2 根　紫色 0.65 南美蜡线（简称紫线）40 厘米 ¦ 2 根 蓝色 7 号线（简称 7 号蓝线）60 厘米 ¦ 2 根　紫色流苏线若干　蓝色 6 股彩金线（简称蓝色 6 股线）若干 玉髓平安扣 ¦ 1 个　玛瑙珠若干　大孔铜珠若干
耗　　时	1 小时
尺　　寸	案例长度 30 厘米
结　　法	平结、四股辫、绕线、流苏、平结线圈

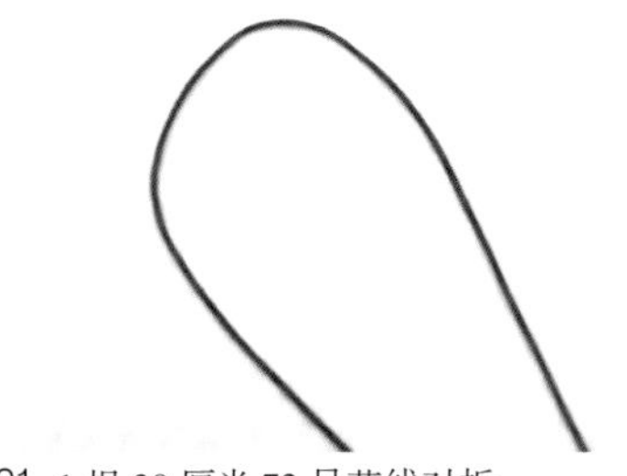

01 1 根 30 厘米 72 号蓝线对折。

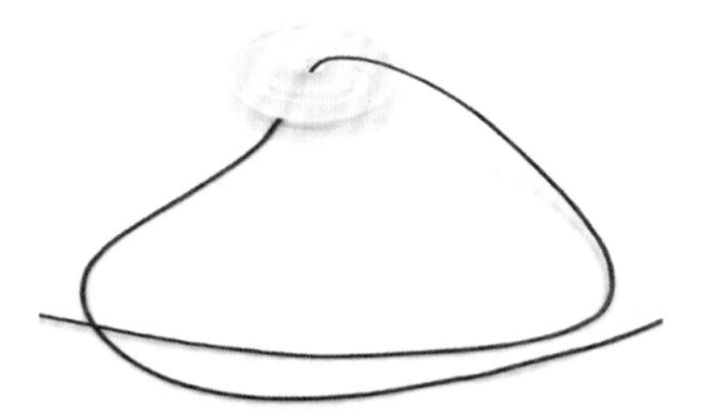

02 72 号蓝线交叉穿过平安扣，交叉重叠形成一个圈。

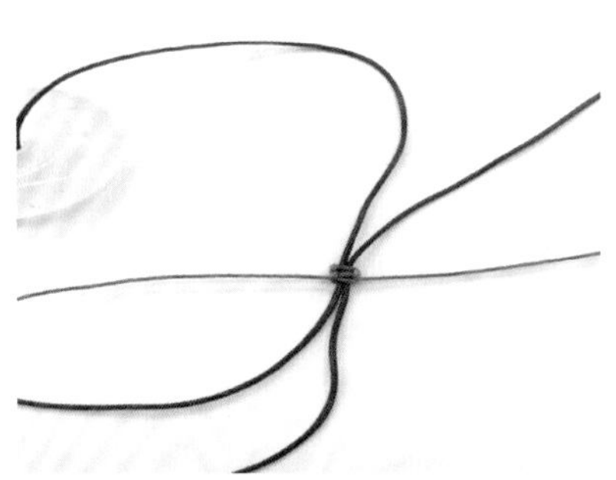

03 取 1 根 40 厘米紫线在蓝线交叉处做平结。

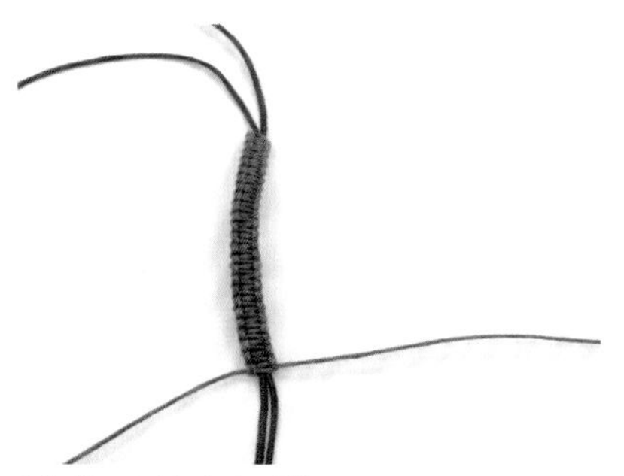

04 做 5 厘米左右平结。

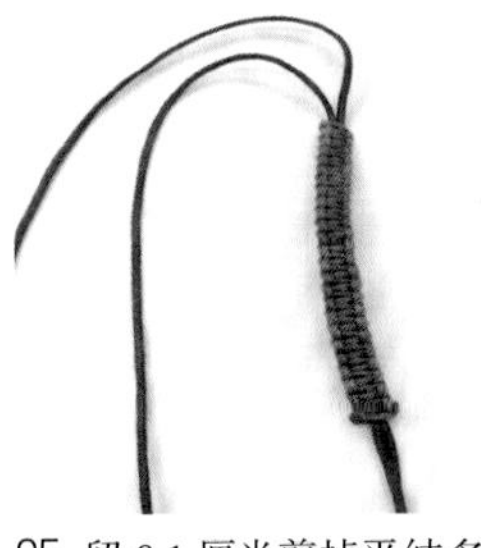

05 留 0.1 厘米剪掉平结多余线，用打火机烧粘烫平。

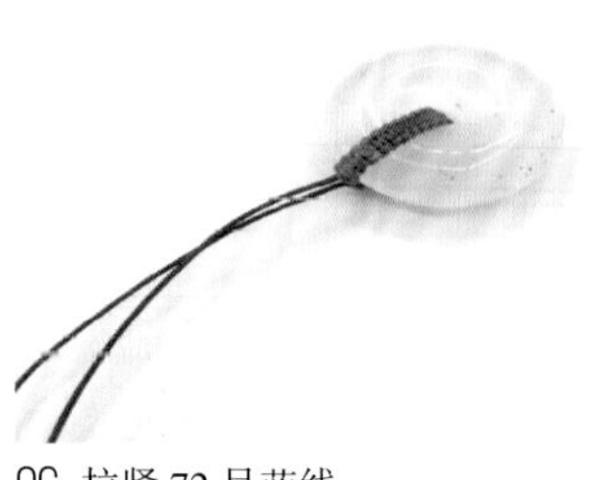

06 拉紧 72 号蓝线。

07 用两根 72 号蓝线同时穿好珠子。

08 用纸板绕一个流苏线。

09 用 72 号蓝线绑好流苏线。

10 用蓝色 6 股线做绕线，固定流苏线。

11 用剪刀把流苏线尾部剪整齐。

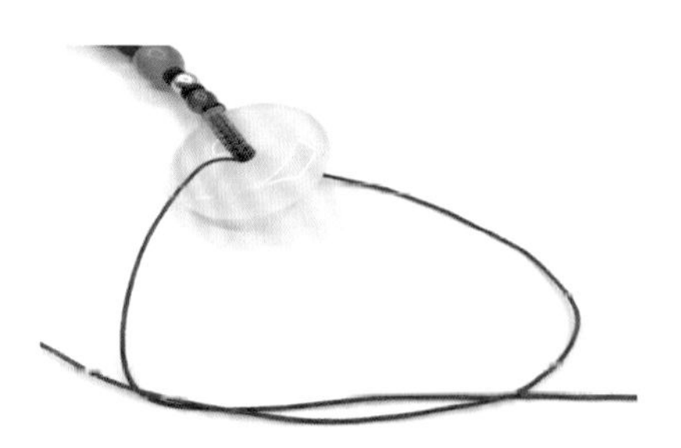

12 取另一根 72 号蓝线交叉穿过平安扣形成一个圈。

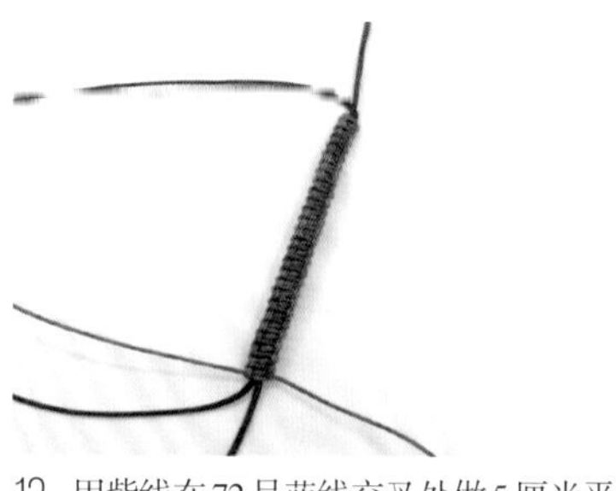

13 用紫线在 72 号蓝线交叉处做 5 厘米平结。

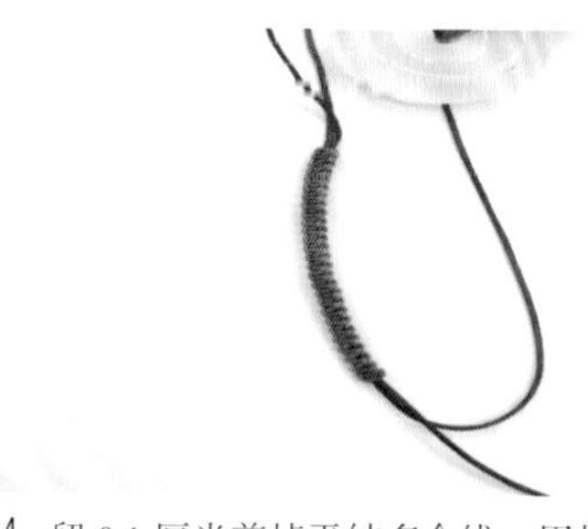

14 留 0.1 厘米剪掉平结多余线，用打火机烧粘烫平。

15 拉紧 72 号蓝线。

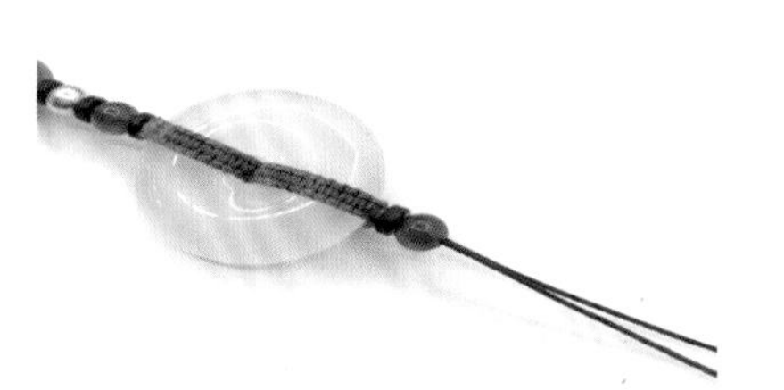

16 2 根 72 号蓝线同时穿好玛瑙珠。

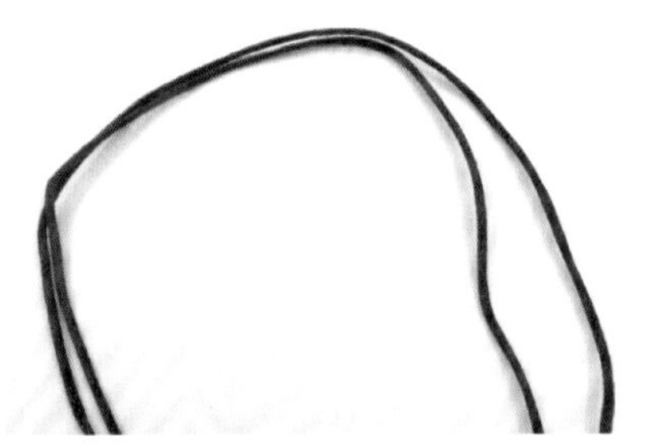

17 两根 7 号蓝线对折。

18 做 25 厘米长的四股辫。

19 四股辫两端穿大孔铜珠，留 0.1 厘米剪掉多余线，用打火机烧粘烫平。

20 将两根 72 号蓝线由后向前挂在四股辫上，用左右最外侧这 2 根线做两组平结固定。

21 留 0.1 厘米剪掉平结多余线，用打火机烧粘烫平。

22 用紫线做一个平结线圈套在两组四股辫上，拉紧。

23 完成。

08

卿我

郎骑竹马来，
绕床弄青梅。

材料及用量	红色A玉线（简称红线）45厘米 ┊ 2根　红色A玉线55厘米 ┊ 2根　1.4厘米陶瓷珠 ┊ 1个 0.6厘米黑玛瑙 ┊ 10个　0.8厘米红玛瑙 ┊ 2个　1厘米红玛瑙 ┊ 2个
耗　时	35分钟
尺　寸	案例长度10厘米
结　法	雀头结、平结

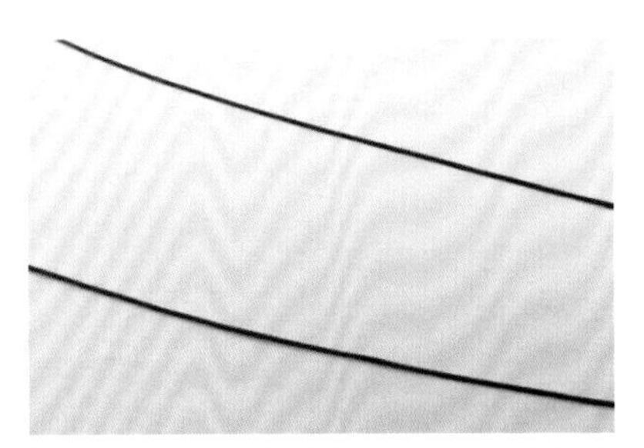

01 取 1 根 45 厘米红线和 1 根 55 厘米红线为一组。

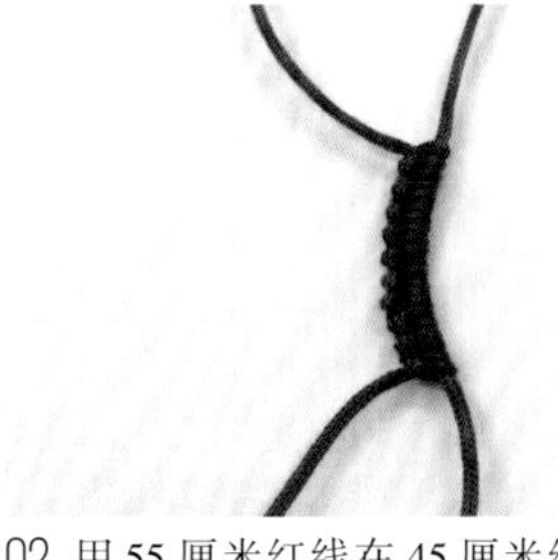

02 用 55 厘米红线在 45 厘米红线上做 10 个雀头结。

03 做好两组 10 个雀头结。

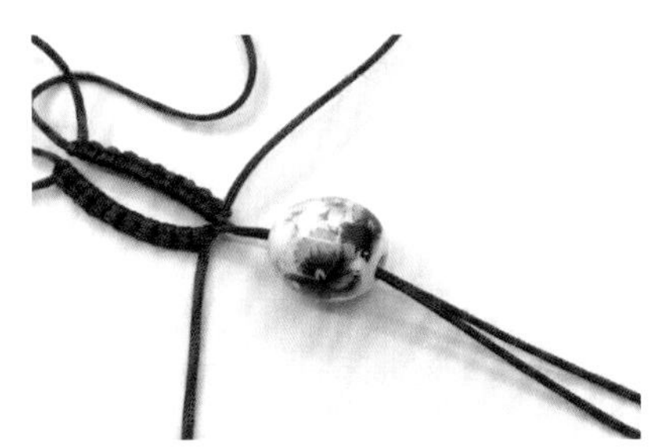

04 两组雀头结合并，中间两根线同时穿陶瓷珠。

05 将两组雀头结向下翻转，包住陶瓷珠，用左右最外侧两根红线穿过陶瓷珠，与上一步穿陶瓷珠的两根线形呈交叉状。

06 拉紧陶瓷珠两头的线。

07 选任意一侧，用左右最外侧 2 根线做两组平结。

08 留 0.1 厘米剪掉平结多余线，用打火机烧粘烫平。

09 将剩余两根线折下来做一个圈。

10 用左右最外侧两根线做两组平结。

11 留 0.1 厘米剪掉平结多余线，用打火机烧粘烫平。

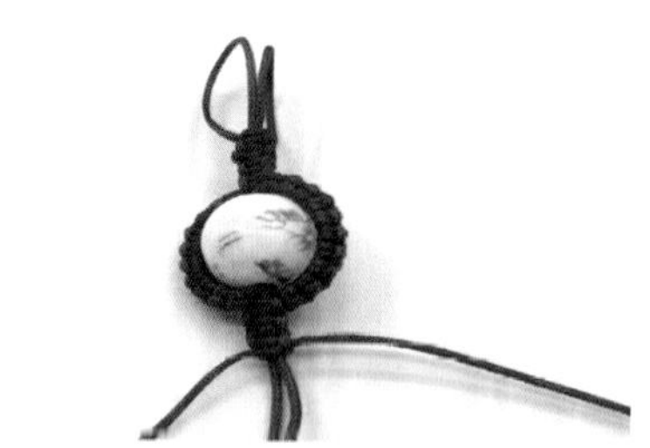

12 另一侧，用左右最外侧两根线做两组平结。

13 4 根线依次穿好玛瑙珠（左右两侧的线分别穿 2 颗 0.6 厘米黑玛瑙、1 颗 0.8 厘米红玛瑙。下面 2 根线分别穿 3 颗 0.6 厘米黑玛瑙、1 颗 1 厘米红玛瑙）。

14 4 根线分别打死结固定。

15 留 0.1 厘米剪掉多余线，用打火机烧粘烫平。

16 完成。

09 初见

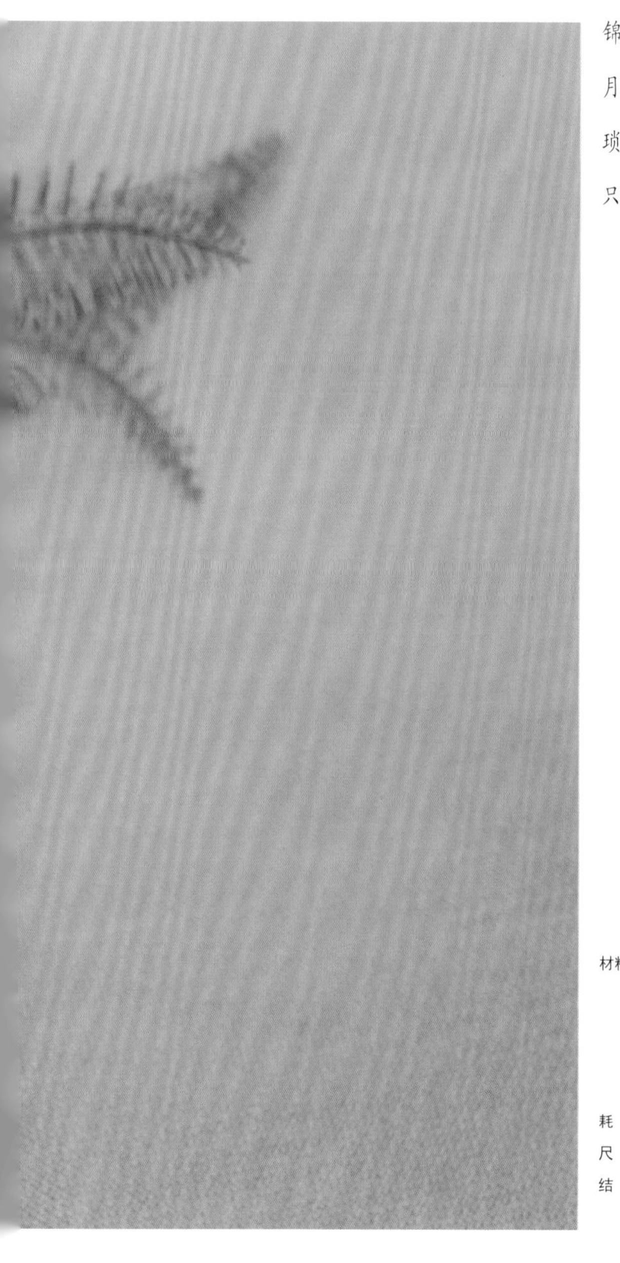

锦瑟年华谁与度？

月桥花院，

琐窗朱户，

只有春知处。

材料及用量　黑色 B 玉线（简称黑线）60 厘米 | 5 根
金色、红色 6 股彩金线（简称金色 6 股线、红色 6 股线）若干　红色 72 号玉线若干
黑色 72 号玉线若干　黄色 72 号玉线 10 厘米 | 1 根
0.8 厘米银珠 | 1 颗

耗　　时　45 分钟

尺　　寸　案例长度 15 厘米

结　　法　绕线、纽扣结、绕线线圈、凤尾结、平结线圈、平结、蛇结

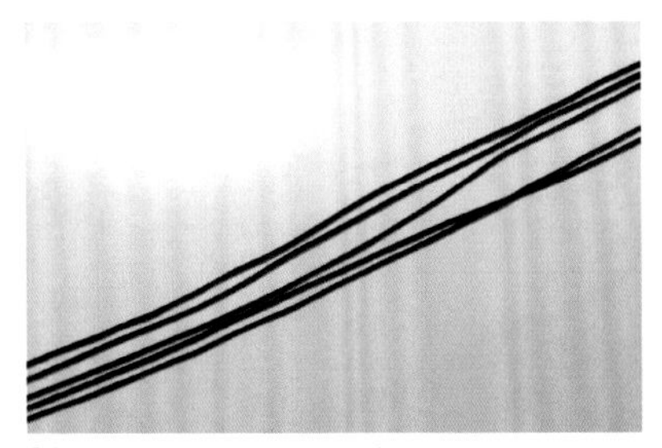

01 准备 5 根 60 厘米黑线。

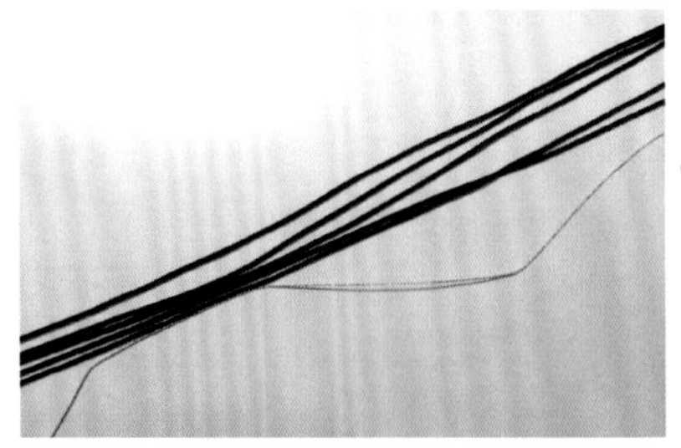

02 将 5 根黑线当夹心线，取中间位置，用金色 6 股线做长绕线。

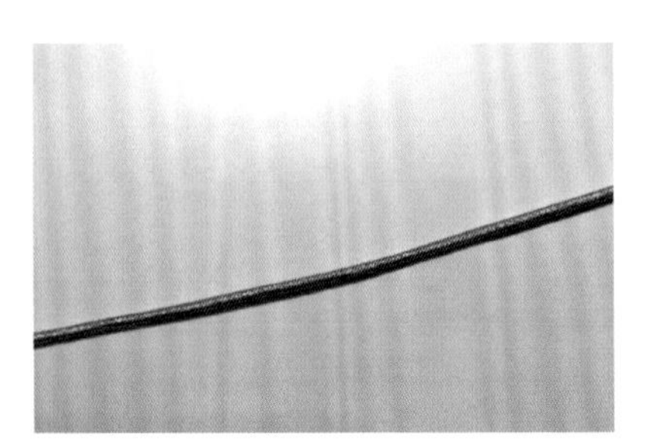

03 绕 30 厘米。

04 做一个纽扣结。

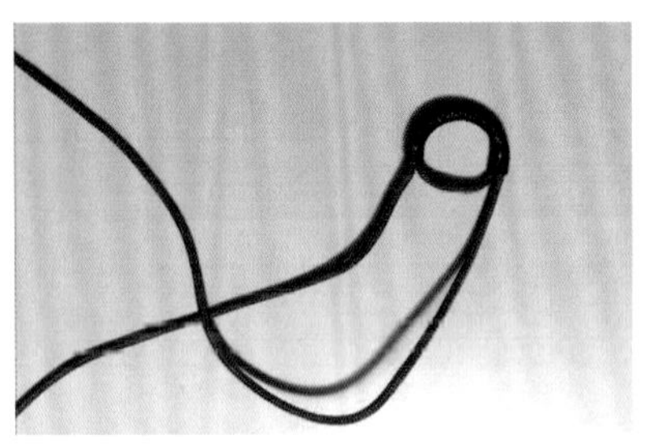

05 取 1 根红色 72 号玉线为夹心线，用红色 6 股线为绕线做一个红色绕线线圈。

06 把红色绕线线圈套在纽扣结上面拉紧。

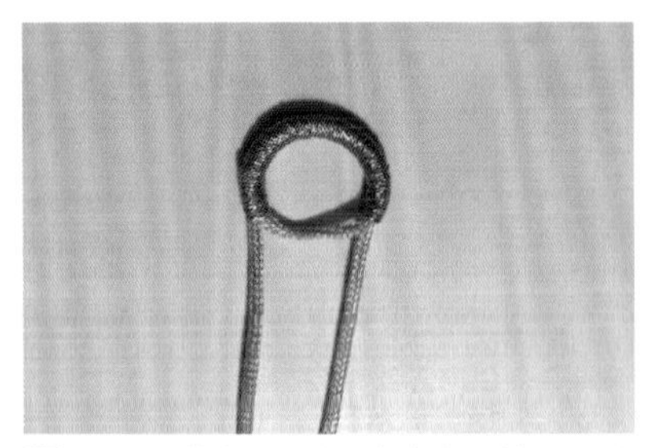

07 取 1 根黄色 72 号玉线为夹心线，用金色 6 股线为绕线做一个金色绕线线圈。

08 金色绕线线圈套在红色绕线线圈上面拉紧。

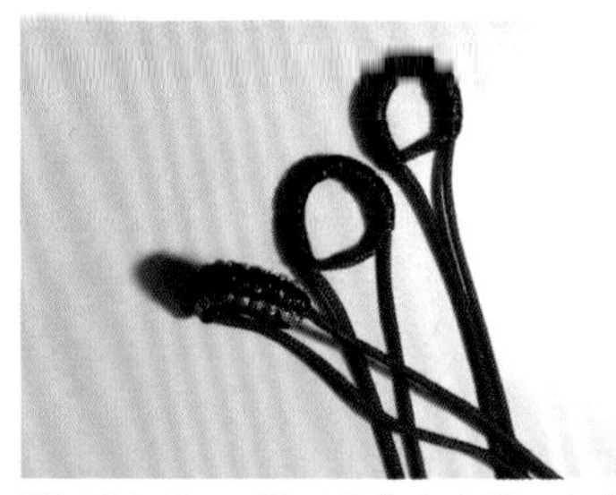

09 用红色 72 号玉线为夹心线，红色 6 股线为绕线做两个红色绕线线圈，用红色 6 股线和金色 6 股线接一段双色线，做一个双色平结线圈。

10 按照顺序，依次把红色绕线线圈和双色平结线圈套在纽扣结下面，拉紧。

11 调整线圈大小一致，剪掉多余的夹心线，用打火机烧粘烫平。

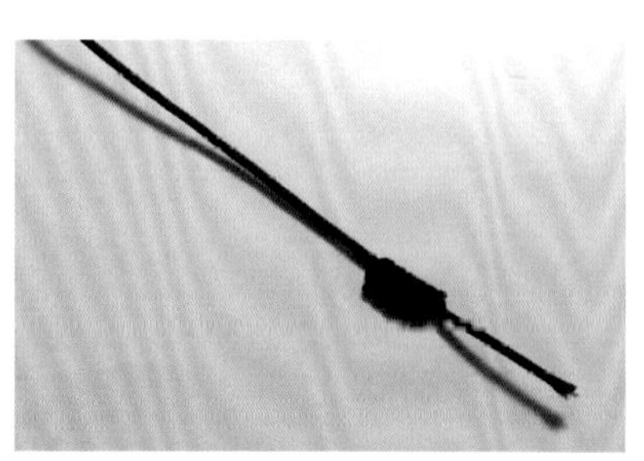

12 黑线末端做凤尾结。

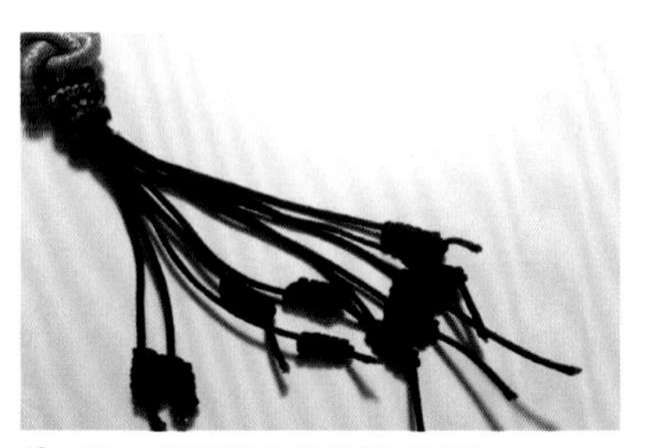

13 将 10 根黑线全部做好凤尾结。

14 留 0.1 厘米左右剪掉多余线，用打火机烧粘烫平。

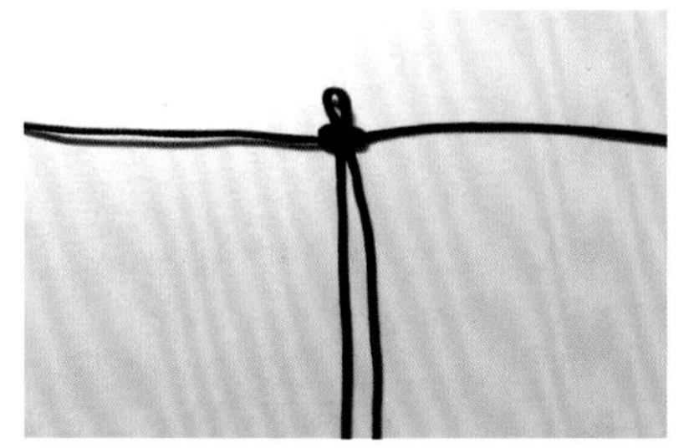

15 取 1 根 20 厘米黑色 72 号玉线对折为夹心线，对折处留个扣眼，用另一根 30 厘米黑色 72 号玉线在夹心线上做双向平结。

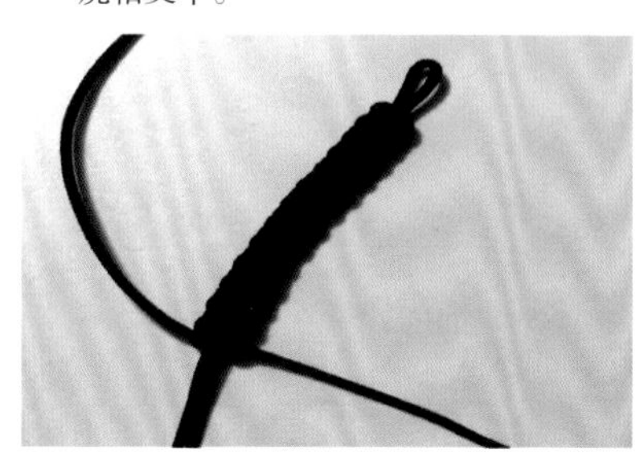

16 做一段 5 厘米左右的双向平结。

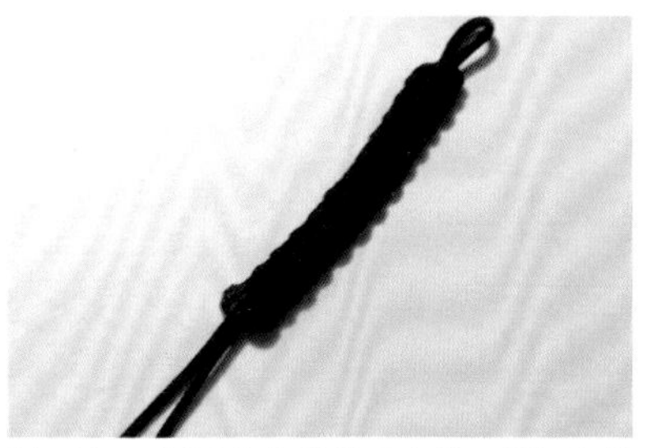

17 留 0.1 厘米左右剪掉多余线，用打火机烧粘烫平。

18 穿一颗 0.8 厘米银珠。

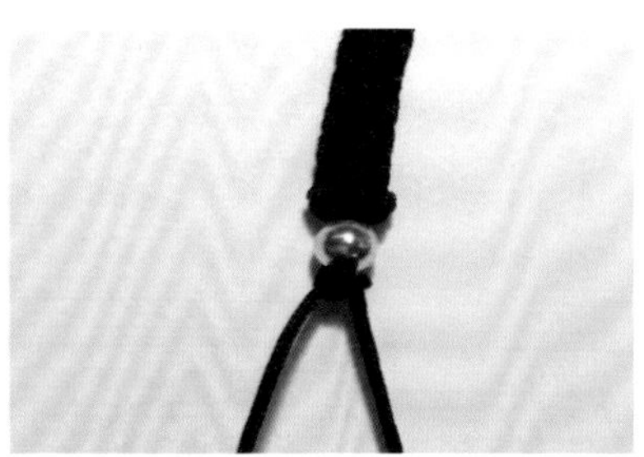

19 贴紧银珠做一个蛇结固定。

20 留 0.1 厘米左右剪掉多余线，用打火机烧粘烫平。

21 将平结套在纽扣结上面，把银珠塞进扣眼形成一个圈。

22 完成。

10

红妆

红妆欲醉宜斜日，
百尺清潭写翠娥。

材料及用量	黑色 A 玉线（简称黑线）70 厘米｜5 根　金色、红色 6 股彩金线（简称金色 6 股线、红色 6 股线）若干 红色 72 号玉线若干　红色 15 股股线 20 厘米｜1 根　0.6 厘米、0.8 厘米红玛瑙、黑玛瑙若干
耗　时	1 小时
尺　寸	案例长度 15 厘米
结　法	绕线、绕线线圈、双钱结、平结线圈

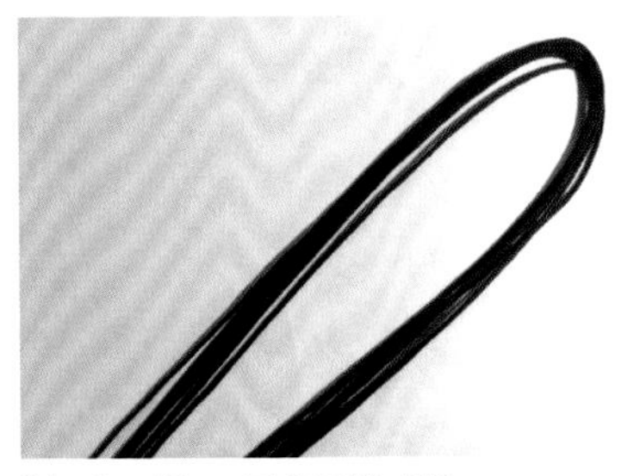

01 将 5 根 70 厘米黑线对折。

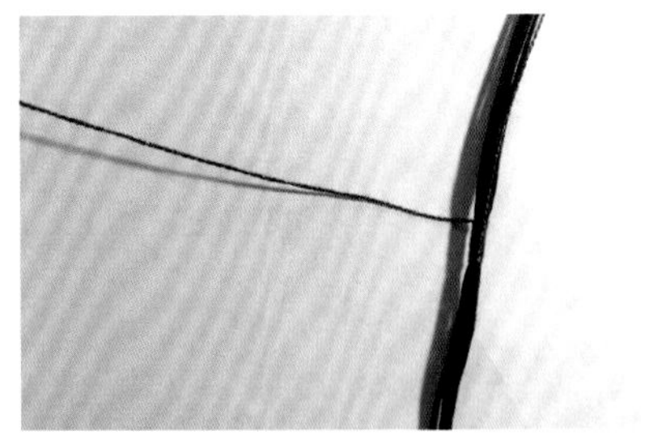

02 5 根黑线为夹心线，取中间位置用红色 6 股线做长绕线。

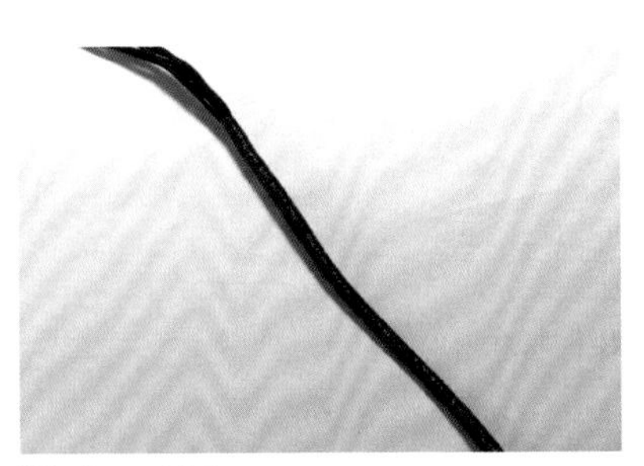

03 绕 35 厘米。

04 绕好的线取中间位置对折。

05 在其中一侧做一个单线双钱结。

06 另一侧同样做一个单线双钱结，形状调到大小一致。

07 取 1 根红色 72 号玉线为夹心线，用金色 6 股线为绕线做一个绕线线圈。

08 把绕线线圈套在两个双钱结上面。

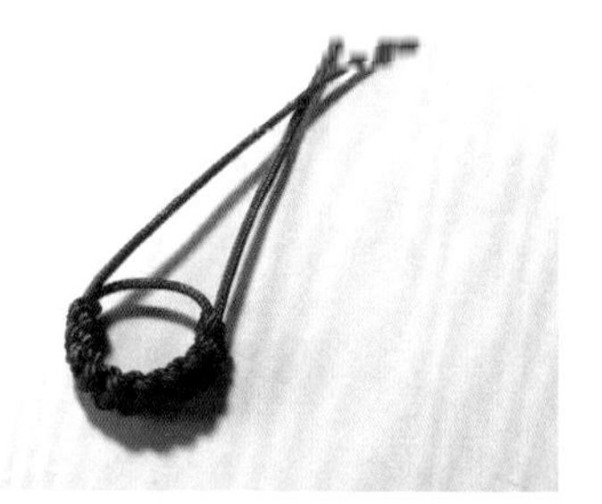

09 取 1 根红色 72 号玉线为夹心线，用红色 15 股股线做一个平结线圈。

10 将平结线圈套在双钱结上面。

11 再用 1 根金色 6 股线做一个绕线线圈，套在两个双钱结下面，

12 在黑线末端依次穿 1 颗 0.6 厘米红玛瑙、1 颗 0.6 厘米黑玛瑙、1 颗 0.8 厘米红玛瑙，然后在 0.8 厘米红玛瑙下面打一个死结。

13 其余黑线全部穿好打死结，留 0.1 厘米剪掉多余的黑线，用打火机烧粘烫平。

14 完成。

⑪ 疏影

断虹霁雨，

净秋空，

山染修眉新绿。

材料及用量	黑色A玉线20厘米｜1根　黑色B玉线90厘米｜2根　红色、绿色、蓝色、金色6股彩金线（简称红色6股线、绿色6股线、蓝色6股线、金色6股线）若干　黑色72号玉线10厘米｜3根　0.8厘米铜珠｜1个　蜜蜡配件｜1个
耗　　时	55分钟
尺　　寸	案例长度20厘米
结　　法	蛇结、绕线、吉祥结、绕线线圈

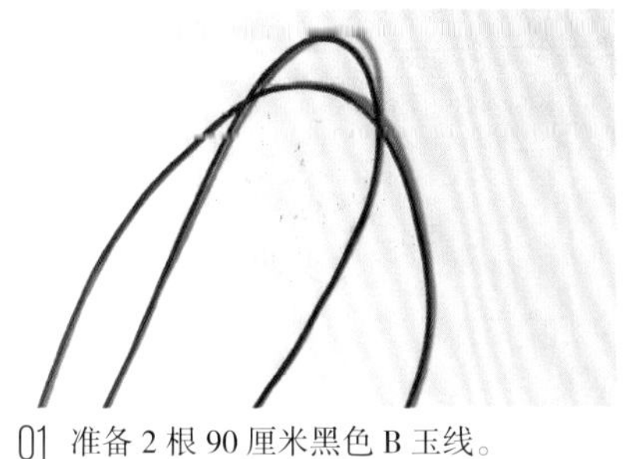

01 准备 2 根 90 厘米黑色 B 玉线。

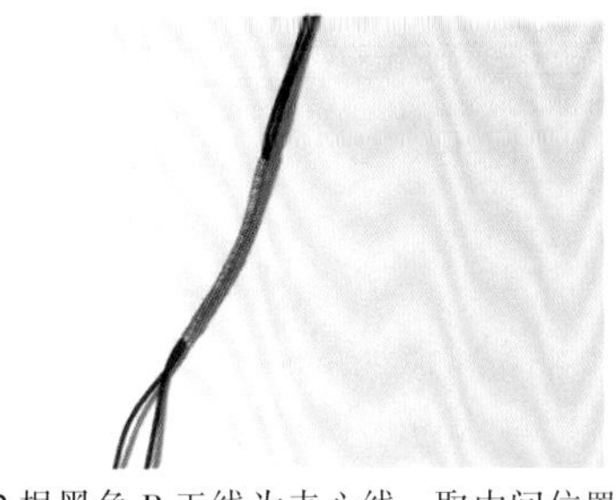

02 2 根黑色 B 玉线为夹心线，取中间位置用蓝色 6 股线做绕线 5 厘米。

03 右侧用红色 6 股线做长绕线 25 厘米。

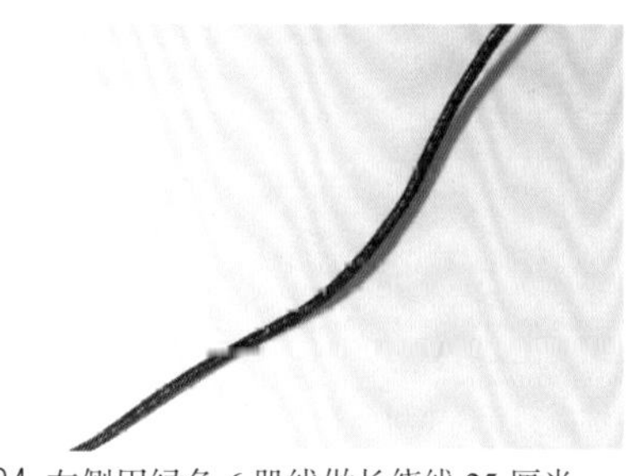

04 左侧用绿色 6 股线做长绕线 25 厘米。

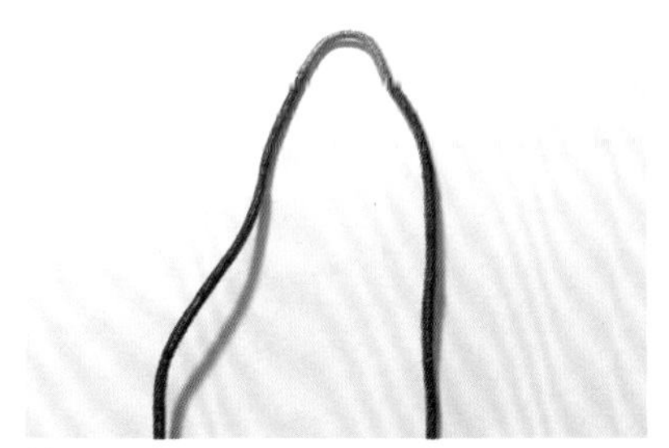

05 蓝线为中心点对折。

06 做一个吉祥结。

07 剪掉 2 根黑色 B 玉线，另外 2 根线同时穿一颗 0.8 厘米铜珠。

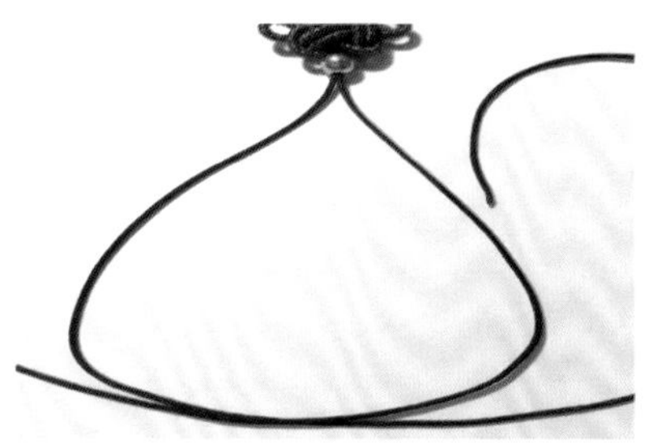

08 2 根线交叉形成一个圈。

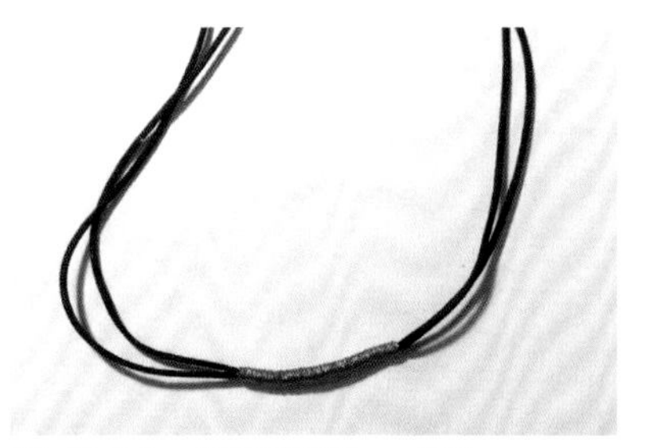

09 用蓝色 6 股线做绕线 3.5 厘米。

10 拉紧夹心线。

11 用两侧线包中间做一个蛇结固定。

12 留 0.1 厘米剪掉多余线，用打火机烧粘烫平。

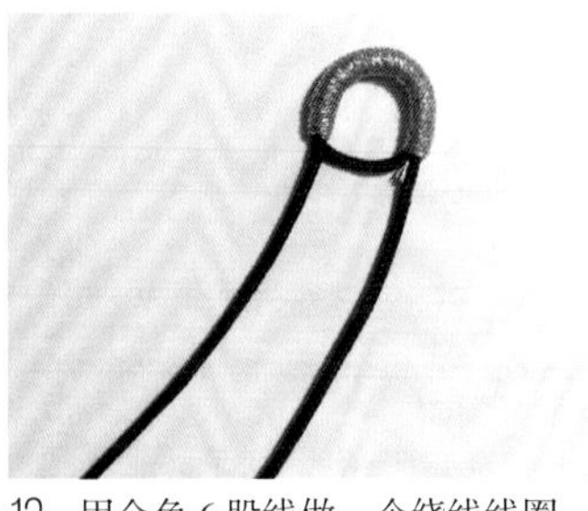

13 用金色 6 股线做一个绕线线圈。

14 将绕线线圈套在铜珠下面拉紧，剪掉多余线。

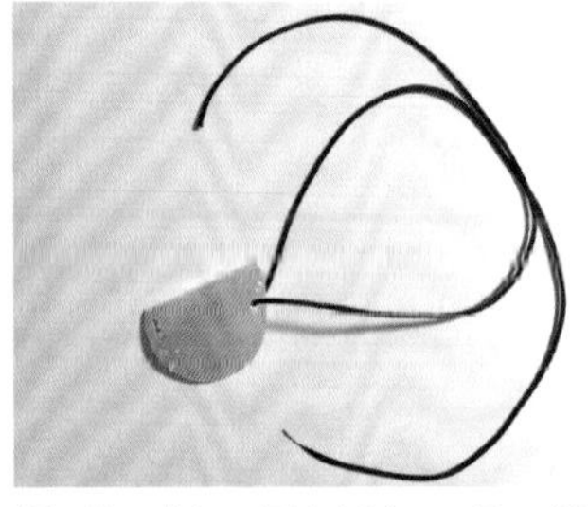

15 取 1 根 10 厘米黑色 72 号玉线穿过蜜蜡配件，交叉形成一个圈。

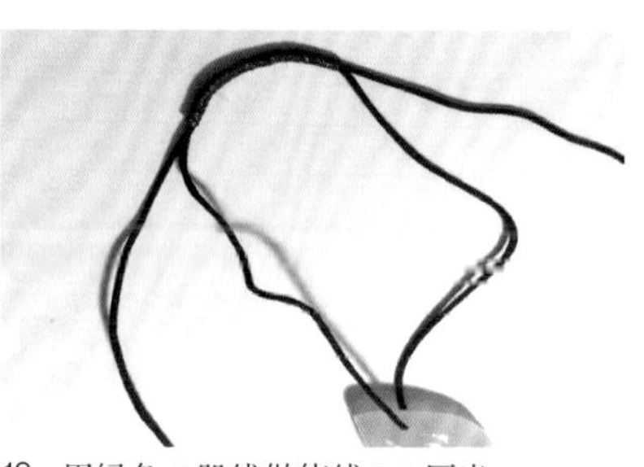

16 用绿色 6 股线做绕线 3.5 厘米。

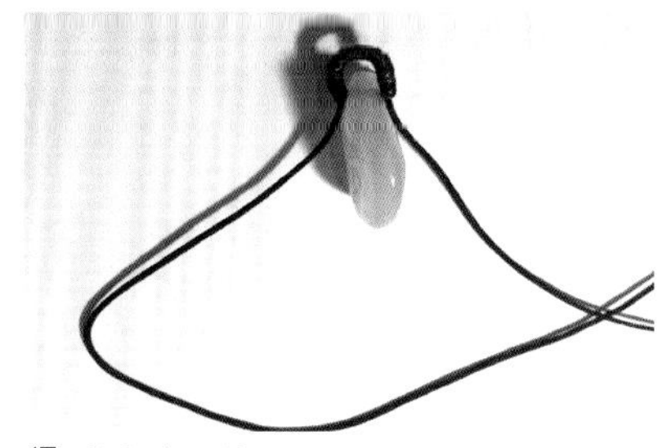

17 拉紧夹心线。

18 留 0.1 厘米剪掉多余夹心线，用打火机烧粘烫平。

19 取 1 根黑色 72 号玉线同时穿过蜜蜡配件和吉祥结线圈，交叉形成一个圈。

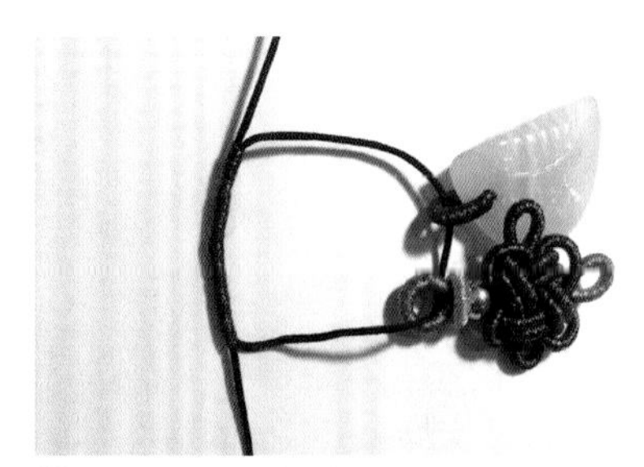

20 用红色 6 股线做绕线 3.5 厘米。

21 拉紧夹心线。

22 剪掉多余夹心线。

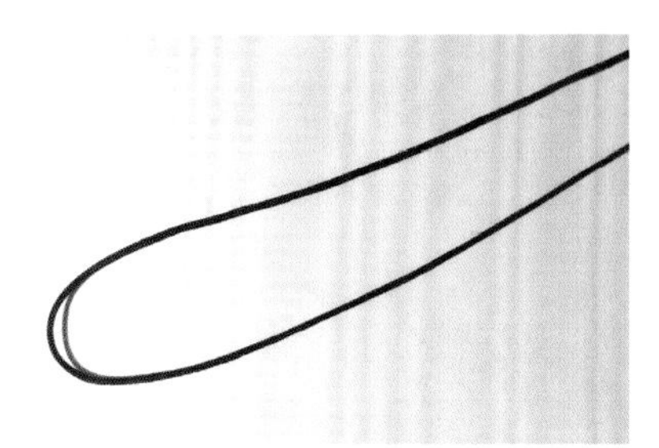

23 取 1 根 20 厘米黑色 A 玉线对折，并穿过吉祥结。

24 用左右最外侧 2 根线包中间 2 根黑线做 3 个蛇结。

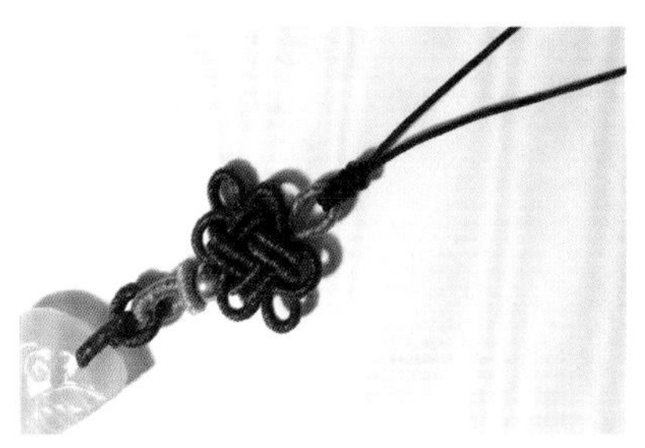

25 留 0.1 厘米剪掉多余线，用打火机烧粘烫平。

26 完成。